# ソフトセンサー入門
―― 基礎から実用的研究例まで ――

理学博士 　船津　公人
博士(工学)　金子　弘昌　共著

コロナ社

# まえがき

　ソフトセンサーを実用につなげるために必要な全容を記す機会を得たことに大きな喜びを感じている。

　化学プラントの安定運転と製品品質管理を目的として，仮想計測技術（通称ソフトセンサー）に高い関心が寄せられている。日本学術振興会第143委員会（プロセスシステム工学）ではこれに応えるために，2010年5月かっ約2年にわたり私が代表世話人となってワークショップ No.29「ソフトセンサー」が企画・運営された。このワークショップは化学関連企業研究者を主体に若干の大学研究者が加わり構成されたが，そこではソフトセンサーへの期待を自らの手で現実のものとするとの強い意欲と使命感に支えられながら，さまざまな問題点が浮き彫りにされ，解決されるべき課題が詳細かつ真剣に議論された。その過程で，正にソフトセンサーが今後化学プラントの安定運転と製品品質管理にとってコスト削減を伴う確かな武器となることを確信した次第である。

　しかしながらその一方で，このワークショップ参加メンバーとの議論の中で気付いたことは，ソフトセンサーの効果的な活用にあたって必ず直面する，データ収集・異常値除去・変数選択などのデータの前処理，そのデータを用いたソフトセンサーモデルの構築，解析，そして運用までの各ステップで生じる諸問題と課題に対する確実で体系的な対処法，つまり標準仕様が必ずしも確立されていないということであった。同様のことは海外の研究および運用事例でも垣間見えた。世の中にソフトセンサーを定着させるには，体系的な標準化が不可欠であり，それを理論的な基盤から支援するハンドブックが不可欠だと痛感した次第である。本書は，このような必要性を背景として企画されたものである。2章ではソフトセンサーの概要を解説し，3章ではソフトセンサーを実際に構築し運用するまでの問題点と課題を体系的に詳述し，4章ではそれに基

づいて実際の化学プラントデータなどを用いた実用的研究例を理論に根ざしながら紹介している．また，5章ではソフトセンサーにかかわるさまざまな統計的な知識を身に付けるために「ケモメトリックス」としてまとめている．以上のように，本書ではソフトセンサー実装にあたって留意すべき課題の解決の道筋が体系的に記されている．

　本書の副題が示すとおり，ソフトセンサー運用までの各ステップに対する基礎から実用的研究例までが網羅されている点でソフトセンサー研究従事者にとって本格的で，しかも必携の書と位置付けられよう．プロセスシステム工学を志す学生にとっても，化学プラントの安定運転と製品品質管理の視点からソフトセンサーの意義と仕組みを理解する教科書として手元に置いて繰り返し参考にしてもらえれば，著者としてこれに勝る喜びはない．

　本書では，特に化学プラント監視を目的としたソフトセンサー利用について解説をしてきたが，ソフトセンサー利用の最終目的はそれを用いた化学プラントの制御にあることはいうまでもなく，事実その研究成果も報告され始めている．ただ，紙面の都合もあり，本書ではそこまで含めることはできなかった．ソフトセンサーが我が国の化学プラントに定着し，さらに制御に関する研究成果が積み上がってきた適切な時期を捉えて，ソフトセンサーによる化学プラント制御を含めた内容へと本書を拡充したいといまから夢見ている．

　なお，本書の巻末にはソフトセンサー関連情報を得る手掛かりとして，適切な引用・参考文献を客観的に厳選して記載している．本書を読み進めていくにあたって，それらも参考にしていただければ確実で幅広い内容把握につながることはいうまでもない．

　個人的なことで申し訳ないが，化学情報学（ケモインフォマティクス）の分野に身を置くようになって 30 年．有機化合物の自動構造推定システムの開発に始まり，有機合成設計システムの開発，並行して分子設計，材料設計へと進み，多くの国内外の方々と触れ合う機会を得てきた．そしてまた 15 年ほど前に化学工学，プロセスシステム工学分野との接点を得た．人の命運などわからぬものである．物事を究めていけば多くのことに触発されつつ，そこには必然

であるかのように横の広がりが発生する。私の研究室でソフトセンサーの研究を始めたのは10年ほど前からであるが，それもまたこの道理の流れの中にあった。共著者である金子弘昌という逸材を得てソフトセンサー研究は急速に展開をし，本書へと結実した。そしてこれを世に送り出せることに喜びとともに新たな責任を感じている。

化学情報学に身を投じて以来，この研究領域は学際色を放ちながら国内的にも世界的にも大きく進歩してきた。そして，化学研究における理論的・実用的検討に，もはや不可欠の地位を確立したといってよい。思えば長い道のりを歩んできたものであるが，日は暮れてなお道は遠い。当初夢見たほどの展開には必ずしもなってはいない。しかし，筆者はこれを不名誉とは思わない。能う限りの努力は注いできたつもりだからである。人はかえりみて努力したと思える限り，物事の成らなかったことで名誉を失いはしない。怠惰に流れ成すことなく終わったときに初めて名誉を失うのだと自分に言い聞かせているからである。こののちも能う限り，この領域研究に身を投じていきたいと思っている。

本書ではソフトセンサーの能力を具体的に示すために，実際の化学プラントデータを利用したソフトセンサー応用の実例をたびたび紹介している。快くデータをご提供いただいた，三菱化学株式会社および三井化学株式会社の関係部署の方々に，この場をお借りして改めて御礼申し上げる次第である。また，宇部工業高等専門学校・荒川正幹准教授（元東京大学大学院工学系研究科助教）は船津研究室在籍中，初期のソフトセンサー研究の進展に貢献したことを申し添えなければならない。

最後になったが，本書発行はコロナ社の細部にわたるチェックを含めた出版への熱意に支えられた。ここに執筆者を代表して心より感謝の意を表したい。

2014年5月

船津　公人

# 目　　　次

## 1.　プロセスの監視・制御（プロセス管理）

## 2.　ソフトセンサー

2.1　ソフトセンサーとは………………………………………………………7
2.2　ソフトセンサーのモデル構築方法…………………………………………9
2.3　ソフトセンサーの適用先・実例……………………………………………11
2.4　ソフトセンサーの役割………………………………………………………19
2.5　ソフトセンサーの運用までの流れ…………………………………………23
2.6　ソフトセンサー解析の具体例………………………………………………25
　　2.6.1　ダイナミックシミュレーションデータの解析………………………26
　　2.6.2　実際のプラントにおける運転データの解析…………………………35

## 3.　ソフトセンサーの問題点・課題点

3.1　データ収集……………………………………………………………………41
3.2　データ前処理…………………………………………………………………43
3.3　モデル構築……………………………………………………………………45
3.4　モデル解析……………………………………………………………………48
3.5　モデル運用……………………………………………………………………50

## 4. ソフトセンサーの研究例

4.1 モデルの劣化，モデルのメンテナンス ……………………………… 54
   4.1.1 適応型モデル ………………………………………………………… 55
   4.1.2 適応型モデルの性能確認 …………………………………………… 59
   4.1.3 適応型モデルの特徴 ………………………………………………… 62
   4.1.4 プロセス特性が急激に変化する際の対応 ………………………… 72
   4.1.5 適応型モデルの選択 ………………………………………………… 79
   4.1.6 モデルの劣化要因を考慮したソフトセンサーモデルの構築 …… 84
4.2 適応型ソフトセンサーのためのデータベース管理 ………………… 96
4.3 モデルの適用範囲を考慮したソフトセンサー設計 ………………… 103
   4.3.1 異常値検出モデルを用いたソフトセンサー設計 ……………… 104
   4.3.2 モデルの適用範囲内判定モデルを用いたソフトセンサー設計（ポリマー重合プラントにおけるトランジション終了判定およびポリマー物性予測）
………………………………………………………………………… 114
4.4 プロセス変数の選択，動特性の考慮 ………………………………… 122
   4.4.1 GAVDS 法 …………………………………………………………… 124
   4.4.2 非線形 GAVDS 法 …………………………………………………… 135
4.5 ソフトセンサーモデルの予測誤差の推定 …………………………… 141
   4.5.1 ソフトセンサーモデルとの距離に基づく予測誤差の推定 …… 142
   4.5.2 時間差分モデルのアンサンブル予測による予測誤差の推定 … 150
   4.5.3 アンサンブル予測による予測誤差の推定 ……………………… 159
   4.5.4 データ密度による予測誤差の推定 ……………………………… 159
4.6 ノイズ処理 ……………………………………………………………… 166
4.7 外れ値検出 ……………………………………………………………… 169
4.8 ソフトセンサーを活用した異常検出 ………………………………… 172

## 5. ケモメトリックス

5.1　データセットの表現 ……………………………………………… 181
5.2　前　　処　　理 …………………………………………………… 184
5.3　3シグマ法 ………………………………………………………… 185
5.4　Hampel identifier …………………………………………………… 185
5.5　Savitzky–Goley（SG）法 …………………………………………… 186
5.6　主成分分析（Principal Component Analysis, PCA）……………… 187
5.7　独立成分分析（Independent Component Analysis, ICA）………… 190
5.8　最小二乗法による線形重回帰分析 ………………………………… 191
5.9　Partial Least Squares（PLS）法 …………………………………… 193
5.10　Support Vector Machine（SVM）法 ……………………………… 195
5.11　Support Vector Regression（SVR）法 …………………………… 198
5.12　Online SVR（OSVR）法 …………………………………………… 201
5.13　Least Absolute Shrinkage and Selection Operator（LASSO）法 … 204
5.14　Stepwise 法による変数選択 ……………………………………… 204
5.15　Genetic Algorithm-based PLS（GAPLS）法 ……………………… 205
5.16　Genetic Algorithm-based WaveLength Selection（GAWLS）法 … 205
5.17　$k$-Nearest Neighbor（$k$-NN）法 ………………………………… 206
5.18　One-Class SVM（OCSVM）法 …………………………………… 207
5.19　各種統計量 ………………………………………………………… 209

引用・参考文献 …………………………………………………………… 211
索　　　　引 ……………………………………………………………… 225

# 1 プロセスの監視・制御（プロセス管理）

本章ではプロセスの監視・制御，つまりプロセス管理について説明する。すでにプロセス管理に明るい方は読み飛ばして構わない。

プロセス管理の身近な例として車の運転を取り上げてみよう。通常，車の制限速度を守るため車の運転手は，車の速度を制限範囲内に管理しなければならない。いま，車の速度を 60 km/h から 70 km/h の間に管理する場合を考える。運転手は，速度メーターを見て車の現在の速度をチェックする。このとき，速度が 70 km/h を超え，例えば 71 km/h であれば，アクセルから足を離したりブレーキを踏んだりすることで速度を落とし，70 km/h 以下にする。一方，速度が 60 km/h を下回り，例えば 59 km/h になってしまった場合，ブレーキから足を離したりアクセルを踏んだりすることで速度を上げ 60 km/h 以上にする。運転手は，このようなアクセルとブレーキの操作を繰り返し行うことで，車の速度を 60 km/h から 70 km/h の間に保つことができる（図 1.1 参照）。ここで，運転手が車の現在の速度をチェックすることがプロセス監視

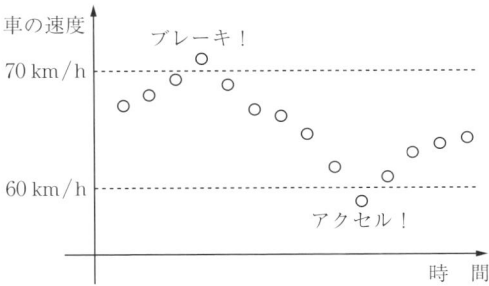

図 1.1　車の速度の制御

であり，ブレーキやアクセルにより車の速度を目的の速度に操作することがプロセス制御である。そして，プロセス監視およびプロセス制御により，対象のプロセスを適切にコントロールすることをプロセス管理と呼ぶ。

車の速度制御の例におけるプロセス管理の重要性はご存じのとおりである。適切にプロセス管理を行わなければ，交通事故を起こし多大な被害を及ぼしかねない。産業のさまざまな分野でも多くのプロセスが存在している。石油精製・石油化学プロセス，医薬品製造プロセス，生物プロセス，農業プロセスなどである（**図1.2** 参照）。

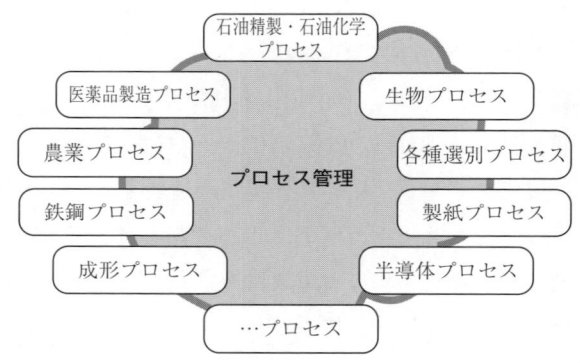

図1.2　産業分野におけるプロセス管理

以下にいくつかのプロセスを概観してみよう。

ガソリン・燃料・プラスチックや繊維などの原料など，私たちの身の回りの多くのものやその材料は，石油精製・石油化学プロセスにより製造されている。原油に対して化学的・物理的な変化を起こすことによりさまざまな製品が作られる。このような化学的・物理的な操作を単位操作と呼ぶ。単位操作には蒸留・反応・熱交換などがあり，それらの操作を行う装置が蒸留塔・反応器・熱交換器などである。この装置群のことをプラントと呼ぶ。現実のプラントでは，原料の変化や外気温の変化などの外乱によりプロセスが乱されてしまう。また，生産量や製品銘柄などの変更によりプラントの運転条件を変える必要もある。このような状況において

・各装置を安全かつ効率的に運転するため

・製品に求められる品質を満たし安定的に製造するため

・環境規制などの各種規制を順守するため

適切にプラントの管理を行わなければならない．プラントでは，温度・圧力・流量・液レベル・製品品質（濃度・密度など）などのプロセス変数が測定されており，その測定値が適切な値になるようにいろいろな操作が行われる．

　製薬において医薬品となりうる化合物を効率的に探索することも大事な課題の一つであるが，医薬品として採用され，例えばそれを主成分として錠剤を製造する際，原料のばらつきおよび製造設備の変動などの外乱がある中で，医薬品としての品質を満たすような錠剤を効率かつ安定的に製造しなければならない．粉砕・混合・造粒・乾燥・整粒・打錠・コーティングなどの工程を経て錠剤が製造される．しかし，各工程後の品質試験および最終製品試験に合格しなければ，その錠剤が市場に出ることはない．各種品質をチェックした後に，それが求められる品質を満たしていない場合は，各工程の運転条件が見直されることになる．

　生物プロセスの例として膜分離活性汚泥法（Membrane Bioreactor, MBR）[1)～3)]†を取り上げてみよう．MBRでは，まず有機物を分解する微生物（活性汚泥）に排水中の汚濁物質を代謝・消費させる．活性汚泥により有機物が$CO_2$, $N_2$に分解されるわけである．その後，膜によって処理水と活性汚泥を分離する．膜を用いることですべての固形物の流出を防げるが，その一方でMBRは活性汚泥，難溶性成分，高分子の溶質，コロイドなどのファウラントが膜細孔に詰まったり膜に堆積したりする膜のファウリングという問題を抱えている．例えば，MBRを処理水量が一定になるよう定量ろ過運転をした場合，このファウリングによる膜抵抗の上昇に伴い膜差圧が上昇してしまう．高い膜差圧を維持した運転には多くのエネルギーが必要となることから，ファウラントを除去するための薬品洗浄が定期的に行われる．ただ，頻繁な薬品洗浄には

---

　†　肩付き数字は，巻末の引用・参考文献番号を表す．

コストがかかるために，適切な時期に洗浄を行わなければならない。このようにMBRでは膜差圧を監視することで，膜差圧がある管理限界を超えた場合に薬品洗浄が実施される。MBR以外でも生物プロセスにおいて，例えば酵素を利用した化合物の合成などの生物機能を活用した物質生産においても，プロセスの管理は必須となる。

おいしいお米や野菜を作るためには，水管理・栄養分管理などの田畑の適切な管理が重要である。農作物によっては，乾燥した土地や痩せた土地，水が多すぎたり富栄養化した土地では作物がしっかり育たない場合もある。このように，農業において農作物の品質および生産性を向上させるための，田畑における水分量や窒素量を始めとする土壌成分の量の管理もプロセス管理の一つといえる。

以上のように，各プロセスにおいてプロセス管理は重要な役割を演じていることがわかる。まとめるとプロセス管理とは，プロセスの仕様を満たす設備・機器などの運転を行うためプロセスを監視し，異常が発生した場合および発生しそうな場合はその早期検出，診断と原因の特定，そして正常状態への復帰を行うことである[4]。

例えば，先ほどの車の速度制御のように，管理したいプロセス変数が一つの場合のプロセス管理について考えてみよう（**図1.3**参照）。このような単変量プロセス管理では，プロセス変数に閾値を設け，それを超えたかどうかで異

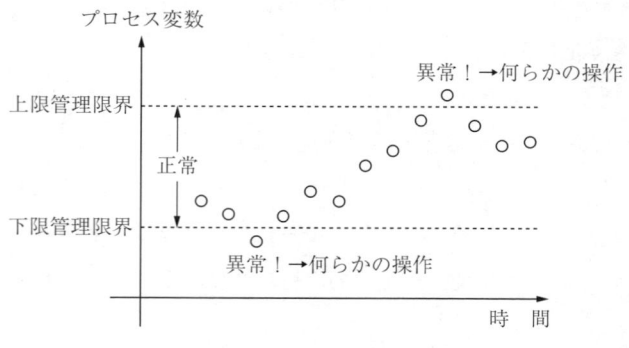

図1.3　シューハート管理図

常を診断する。閾値を超えて異常と診断された場合は，正常な範囲内に戻すために何らかの操作を行う。このような異常診断（プロセス監視）および異常に応じた操作（プロセス制御）により，対象のプロセス変数を安定的に管理するのである。この図（図1.3）のことをシューハート管理図と呼ぶ。図1.1と図1.3は対応していることに注意したい。

図1.1における車の速度の上限管理限界（70 km/h）および下限管理限界（60 km/h）は，道路交通法や運転手の主観などによって決められる。このように，事前にプロセス管理者が管理限界を決定することがある一方で，測定されたデータに基づき管理限界を決定することもある。この場合の管理限界の計算方法として，既存の正常データから計算された平均値からの範囲を，同じくデータから計算された標準偏差の3倍とした3シグマ法を用いることが多い。上限管理限界が『平均値+3×標準偏差』となり，下限管理限界が『平均値−3×標準偏差』となる。対象のプロセス変数についてデータが正規分布に従う場合，上限管理限界と下限管理限界の間に，99.7%のデータが含まれることになる。正常データから計算された管理限界をあるデータが超えた際，そのデータは異常なデータとして扱われる。もちろん，管理限界を超えた場合でも0.3%（=100%−99.7%）の確率で正常である可能性があるため注意が必要である。

実際の車の運転を想像してもわかるとおり，あるプロセスにおいて一つのプロセス変数を管理していればよいというわけではない。車を運転する際も，車の速度のみならず，中央帯からの距離，前の車および後ろの車との車間距離，雨天時のフロントガラスの水滴量などを管理しなければならない。車の運転時はそれらを個別に管理すれば特に問題はないが，一般の産業プロセスにおいて温度や圧力などのプロセス変数間に関係性がある場合，それらの変数をまとめて管理した方が効率的な場合がある。そのような多くのプロセス変数を一緒に管理する方法が，多変量統計的プロセス管理である。詳細は4.8節に記載する。

自動的なプロセス制御の方法は古くから研究されており，さまざまな手法が提案され多くの実績を挙げている。これらについては，文献5)〜7)に詳しく

記載されているので参照されたい．

　以上のような単変量または多変量のプロセス管理を行う場合，重要なことは管理したいプロセス変数の値を常時（リアルタイムに）知ることである．車の運転をする場合，たまにしか車の速度がわからず，例えば30分おきにしかわからなければ，いつブレーキを踏めばよいのか，いつアクセルを踏めばよいのか判断できない．しかし，一般の産業プロセスにおいては，測定困難なプロセス変数が存在する．そのようなプロセス変数については，つねに測定値が得られるわけではない．例えば

●石油精製・石油化学プロセスにおける製品の濃度・密度
●医薬品製造プロセスにおける錠剤中の有効成分量，有効成分の含量均一性
●農業プロセスにおける土地の水分量・窒素量

などである．また，MBRにおいては薬品洗浄時期を事前に知るために，現在から将来にかけてどのように膜差圧が上昇するか把握する必要がある．このようなプロセス変数を管理するにはどうすればよいだろうか？この問題を解決する一つの方法がソフトセンサーである．次章に詳しく説明する．

# 2 ソフトセンサー

　プロセス管理の重要性については1章で見てきたとおりである。本章では，プロセス管理で活用されるソフトセンサーについて，その全体像を大まかに把握することを目的としている。そのために，ソフトセンサーのモデル構築方法および実際の適用例に触れた後，ソフトセンサーのさまざまな役割を説明する。ソフトセンサー運用までの流れを示し，最後に具体例を通して実際のソフトセンサー解析について学ぶ構成となっている。各項目の中では，詳しいアルゴリズムや計算手法などの詳細には触れないが，それらは3～5章で解説しており，その位置についてはこの章の中で指示しているので，必要に応じて参照されたい。

## 2.1　ソフトセンサーとは

　化学・産業プラントなどの安全で安定した運転のためには，その運転状態を監視し，温度・圧力・流量・濃度などのプロセス変数を適切に制御する必要がある。管理すべきプロセス変数の値を頻繁かつリアルタイムに測定できれば問題ないが，頻繁な測定が困難であったり，測定に時間がかかったりするプロセス変数も存在する。その理由として，技術的に困難であること，分析結果が得られるまでに多くの時間を要すること，分析機器の設備費などが高いことなどが挙げられる。そのようなプロセス変数をリアルタイムに制御することは難しく，制御に時間遅れが生じてしまう。
　そこで，リアルタイムに測定が困難なプロセス変数の値をリアルタイムに推定する手法としてソフトセンサーが利用されている。ソフトセンサーとは，オ

ンラインで測定可能な変数 **X** と測定困難な変数 **y** との間で数値モデル $f$ を構築し，目的とした変数の値を推定する手法である（図 2.1 参照）。**X** のプロセス変数のことを説明変数や入力変数，**y** のプロセス変数のことを目的変数や出力変数と呼ぶ。リアルタイムに測定される **X** の値をソフトセンサーモデル $f$ に入力することで，リアルタイムに **y** の値を推定することが可能となる。製品品質の安定化やプラント運転の効率化などを目的として，ソフトセンサーを実プロセスへ適用することが一般的となっている。

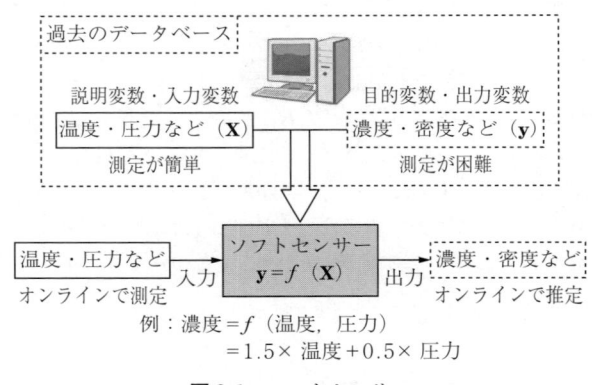

図 2.1 ソフトセンサー

対象を直接測定するハードセンサー（温度計・圧力計・流量計など）に対して，ソフトセンサーではハードセンサーなどからの測定値をコンピュータに入力することで間接的に **y** の値が得られる（図 2.1 参照）。このようにソフトセンサーとは，コンピュータシステム上で何らかの処理を行うプログラムや手続きを意味するソフトウェア的なセンサーである。これがソフトセンサーと呼ばれるゆえんである。ソフトセンサーのほかにも，ソフトセンシング技術，仮想計測技術，バーチャルメトロロジー（Virtual Metholorogy），Process Analytical Technology（PAT）といった呼び方もされる。

日本学術振興会プロセスシステム工学第 143 委員会ワークショップ No.29「ソフトセンサー」において 2010 年 6 月に日本の化学系企業を対象にしたアンケート調査を実施した。実際に使用しているソフトセンサー，使用を終了した

ソフトセンサー，使用を検討しているソフトセンサー，使用を見合わせているソフトセンサーの個数を**表 2.1**に示す。なお回答者数は 21 であり，重複も含まれている。表 2.1 より実際に使用されているソフトセンサーの数が非常に多いことがわかる。また，使用を検討しているとされるソフトセンサーもあることから，今後もソフトセンサーの導入が進むと思われる。

表 2.1 ソフトセンサーの個数に関するアンケート調査結果

|  | 個　数 | 割　合〔%〕 |
|---|---|---|
| 実際に使用しているソフトセンサー | 319 | 86.7 |
| 使用を終了したソフトセンサー | 11 | 3.0 |
| 使用を検討しているソフトセンサー | 34 | 9.2 |
| 使用を見合わせているソフトセンサー | 4 | 1.1 |

## 2.2　ソフトセンサーのモデル構築方法

ソフトセンサーモデル $f$（図 2.1 参照）を計算する方法は，大きく分けてつぎの三つに分類できる。

① 対象のプロセスの化学的・物理的な背景や知識を方程式化する方法
② プロセスで測定されたデータを用いて統計的に $\mathbf{X}$ と $\mathbf{y}$ の関係式を計算する方法
③ ① と ② を組み合わせた方法

① で構築されたモデルを物理モデルやホワイトボックスモデル，② で構築されたモデルを統計モデルやブラックボックスモデル，③ で構築されたモデルをハイブリッドモデルやグレイボックスモデルなどと呼ぶ。① の例として，自由落下運動をモデル化することを考える。落下してからの時間を $t$，重力加速度を $g$ とすると，速度 $v$ は

$$v = gt \tag{2.1}$$

と表される。図 2.1 において $t$ を $\mathbf{X}$，$v$ を $\mathbf{y}$ とすると，式 (2.1) も一つのソフトセンサーモデルである。ある程度複雑な系でも，質量保存則，エネルギー保

存則および反応速度式などを組み合わせることで対象のプロセスをモデル化できる場合がある。しかし①のアプローチにおいては，プロセスの理想的な状態が方程式の形で記述され，プロセスの外乱は考慮されていない場合が多い[8]。実際のプロセスには多様な外乱が入り，またプロセス特性は徐々にあるいは急激に変化する。多くのプロセスでは，①の方法で構築された物理モデルからは精度の良い推定はできない。加えて，各プラントなどの現場では膨大な量の測定データが蓄積されていること，また計算機の能力が向上したことから，②の純粋にデータに基づくモデル構築手法や，③のように事前にプロセス知識を取り入れた上でデータに基づきモデル構築を行う手法がソフトセンサー手法として主流になっている[9]。

2.1節でも述べた日本学術振興会プロセスシステム工学第143委員会ワークショップNo.29「ソフトセンサー」において実施されたアンケート調査の中で，実際に使用している各モデルの個数を集計した結果を**表2.2**に示す。なお，回答数は21であり重複も含まれている。表2.2より80％以上が②の統計モデルを使用しており，ほとんどのソフトセンサーモデルが統計的に構築さ

**表2.2** 実際に使用している各モデルの個数に関するアンケート調査結果（21の回答の合計）

| モデル | 個数 | 割合〔%〕 | 備考（理由など） |
|---|---|---|---|
| ① 物理モデル | 32 | 13.2 | 分析計による測定が不可能<br>統計モデルの作成が難しい<br>精密な物理モデルが得られる<br>保全性・導入コストを考慮 |
| ② 統計モデル | 197 | 81.4 | 対象を線形式で表現できそう<br>データが十分ある<br>モデル作成が容易<br>導入コストが低い<br>汎用性がありほかの用途にも使える<br>十分な予測精度であった<br>処理時間が短く応答性に優れている<br>ソフトウェアの標準機能 |
| ③ ハイブリッドモデル | 13 | 5.3 | 物理モデルでの実用結果が良くなかった<br>予測精度の高いモデルが得られた<br>広い範囲で推定精度が良好であった<br>ほかに方法がなかった |

れていることがわかる。ただ，統計モデルを使用する以上，モデルの性能はモデル構築時に用いたデータに依存してしまう。言い換えると，予測したいデータがモデル構築時のデータの範囲内であれば，ある程度の精度で $\mathbf{y}$ の値を予測可能であるが，予測したいデータがモデル構築時のデータの範囲外である外挿領域の場合は予測誤差が大きくなってしまう。統計モデルに化学的・物理的な背景や知識を取り入れることで，外挿領域であっても良好な予測を行えるように工夫している例も見られた。一方，そもそも対象を分析計で測定できない場合は，統計モデルを構築できないため物理モデルを検討しなければならない。

② で使用される統計手法の例を表 2.3 に示す。プロセスが線形，つまり図 2.1 の例のように $\mathbf{X}$ と $\mathbf{y}$ の間の関係が線形結合で表される場合，おもに Partial Least Squares（PLS）法が用いられている。非線形手法の中では，理論的背景の確立されている Support Vector Regression（SVR）法の注目度が高い。PLS 法・SVR 法などの統計手法の詳細は 5 章に記載されている。

表 2.3 ソフトセンサーモデルの構築に使用される統計手法の例

| 線形回帰分析手法 | 非線形回帰分析手法 |
|---|---|
| Ordinary Least Squares（OLS） | Kernel PLS（KPLS） |
| Principal Component Regression（PCR） | Artificial Neural Netwcrk（ANN） |
| Partial Least Squares（PLS） | Support Vector Regression（SVR） |
| Ridge Regression（RR） | Logistic Regression（LR） |
| Least Absolute Shrinkage and Selection Operator（LASSO） | Regression Tree（RT） |

## 2.3 ソフトセンサーの適用先・実例

図 1.2 にある各プロセス管理におけるソフトセンサーの活用について述べる。

石油精製・石油化学プロセスではソフトセンサーの利用が一般的になっている。管理すべき製品品質の中には，リアルタイムな測定や頻繁な測定が難しい

ものが多いためである．製品品質として，製品におけるさまざまな成分の濃度，90%留出温度，ポリマーの密度や流動性を表す指標である Melt Flow Rate（MFR）などの値をソフトセンサーによりリアルタイムに予測することで，その予測値を使用して迅速かつ効率的なプロセス管理が達成される．これにより大きなコスト削減につながる．

　一つの例として，ポリマー重合プラントにおけるソフトセンサーの活用例を示す．ポリマー重合プロセスでは，一つのプラントで多種多様な銘柄のポリマーを製造することが多い．密度および流動性が高いポリマー，密度は高いが流動性は低いポリマー，密度は低いが流動性は高いポリマー，密度および流動性が低いポリマーなどである．銘柄ごとに密度・MFR の上限管理限界と下限管理限界を設定し，その範囲内のポリマー，つまり規格内のポリマーのみが製品となる．一つのプラントで多くの銘柄のポリマーを製造するため，製造コストの低減を目的として銘柄の切替え（トランジション）の際に切替え後の銘柄における規格外のポリマー量を減らすことが重要となっている．トランジションの概念図として**図 2.2** に，銘柄 A から銘柄 B のポリマーに切り替える際の密度の時間プロットを示す．初めは銘柄 A が生産され，つぎに銘柄切替え，

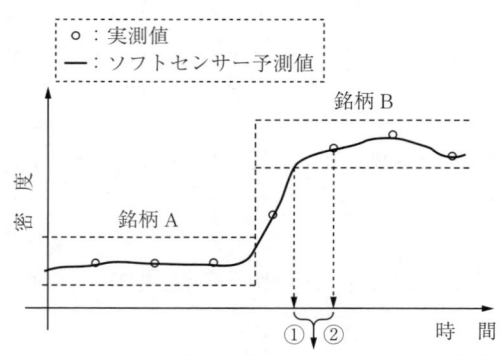

図 2.2　ポリマーの銘柄切替え

つまりトランジションが起こり，その後に銘柄Bが生産されている．このトランジション中のポリマーは，両銘柄において規格外の無駄なポリマーとなるため製品にはならない．なるべく早く銘柄Bの規格（図2.2における密度の上限・下限）を満たすポリマーに切り替えることはもちろんのこと，そのようなポリマーが実際に生産されていることを早く確認する，つまり実際のトランジション終了を早く判定することが重要となる．密度・MFRといったポリマー物性を連続的にオンラインで測定することは一般的に困難であるため，図2.2のように数時間ごとに飛び飛びの測定値しか得られず，また各測定値を得るにも数時間の時間遅れが生じてしまう．このように実測値を用いたトランジション監視の場合は，② の時間の密度測定値が得られて初めて生産されているポリマーが銘柄Bの規格内であることがわかる．実際，② のデータも数時間後にしか得られないため，多くのポリマーは実際には規格内にもかかわらず規格外とされ無駄になってしまう．

一方，精度の高いソフトセンサーを使用した場合を見てみよう．図2.2の実線がソフトセンサー予測値であり，連続的に密度の値を予測できていることがわかる．さらに各予測値はリアルタイムに計算されるため，① の時間にトランジションが終了したと判定できる．そのため無駄となるポリマー量を大きく削減できるのである．このようにソフトセンサーを活用することで効率的にプロセス管理を行うことが可能となる．

大北は三菱化学株式会社におけるソフトセンサーの導入対象を単位操作別に分類した[10]．**表2.4**にソフトセンサー導入対象の割合を示す．また**表2.5**に上述した日本学術振興会プロセスシステム工学第143委員会ワークショップNo.29「ソフトセンサー」において実施されたアンケート調査の中で，実際に使用しているソフトセンサーの個数を集計した結果を示す．表2.4より蒸留が全体の70%以上を占めており，表2.5でも蒸留が60%以上，蒸留・反応を合わせると80%以上になり，蒸留の割合が最も大きいことがわかる．この理由として，蒸留は反応を伴わないため，予測したい変数とその他のプロセス変数との関係が単純に表される場合が多いことが挙げられる．蒸留塔や精油所を対

**表 2.4** 三菱化学株式会社におけるソフトセンサー導入対象の割合[10]

| ソフトセンサー導入対象 | 割 合 [%] |
|---|---|
| 蒸 留 | 72.5 |
| 反 応 | 24.6 |
| 蒸 発 | 1.5 |
| その他 | 1.5 |

**表 2.5** 実際に使用しているソフトセンサーの個数に関するアンケート調査結果（21の回答の合計）

| ソフトセンサー導入対象 | 個 数 | 割 合 [%] |
|---|---|---|
| 蒸 留 | 201 | 63.0 |
| 反 応 | 43 | 13.5 |
| 蒸留+反応 | 58 | 18.2 |
| 蒸 発 | 1 | 0.3 |
| その他 | 16 | 5.0 |

象としたソフトセンサーに関する研究は古くから行われており，多くの成果を挙げている[11]〜[18]。一方で，反応を伴う複雑な系へのソフトセンサーの適用を望む声も多く，盛んに研究が行われている。例えば，先に述べたポリマー重合プロセスにおける粘度・MFRの予測[19]〜[25]や，水素化処理プロセスにおける硫黄含有量[26]や，バイオマスプロセスにおけるエタノールなどの濃度[27]〜[30]などの予測である。

医薬品プロセスにおけるプロセス管理の重要性は1章で述べたとおりである。製造工程終了後の品質チェックにおいて規格外とされてしまった錠剤はすべて廃棄されることになり，多大な損害となってしまう。そこでReal Time Release Testing（RTRT）というシステムが注目されている。RTRTとは，粉砕・混合・造粒・乾燥・整粒・打錠・コーティングなどの工程ごとに医薬品中の有効成分（Active Pharmaceutical Ingredient, API）の含有量，APIの混合均一性，水分量，粒子コーティング含量，コーティング性能などの品質を監視し，その結果に応じて各工程で適切な操作を行う方法である。つまり，安定した品質の錠剤をプロセスで作り込むのである。リアルタイムに品質を監視する技術として，非破壊で迅速な分析技術であるNear Infrared（NIR）Spectroscopyが着目されている。例えば，NIRスペクトルとAPI含有量の間でソフトセンサーモデルを構築し，それを実際のプロセスで使用することで，NIRスペクトルから非破壊かつリアルタイムにAPI含有量を推定することができる。高精度のソフトセンサーを使用することで，オンラインで非破壊による錠剤の品質

検査が達成され，信頼性の高い RTRT が実現する．図 2.3 に RTRT の例を示す．ソフトセンサーにより各工程における重要品質を監視することで，リアルタイムに適切な制御を行うことが可能になる．この分野では，最終製品の品質を厳格に保証することが目的であり，品質の設計，つまり管理限界の設定および各工程での品質の作り込みのことを Quality by Design（QbD），各工程において原材料・中間製品・中間体の重要品質および性能特性を適時に計測・監視して適切に管理を行うことを Process Analytical Technology（PAT）と呼ぶ．また他の PAT 技術としてラマン分光法も着目されている．

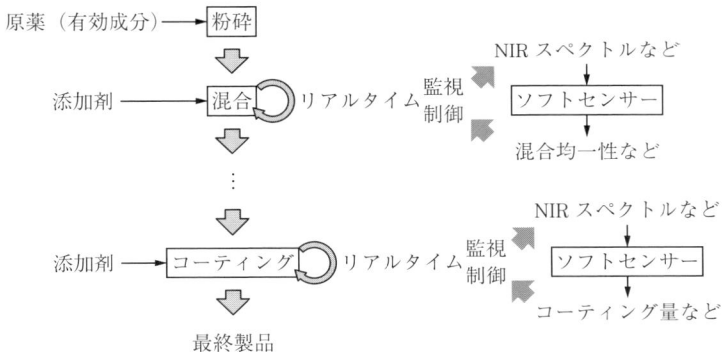

図 2.3　RTRT の例

膜分離活性汚泥法（Membrane Bioreactor, MBR）では物理的に除去できないファウラントが膜に堆積してしまうため，定期的に薬品洗浄を行っている．時間当りの処理水量が一定になるよう MBR を定量ろ過運転した場合，ファウラントの堆積による膜抵抗の上昇に伴い膜差圧が上昇する．高い膜差圧のままで MBR を運転すると運転コストがかかるため，膜差圧を監視して膜差圧の値がある値以上になれば薬品洗浄が実施される．しかし，薬品洗浄を行うためには薬品の準備に時間がかかる．薬品洗浄の適切な時期を逃してしまうと，薬品洗浄でもファウラントの除去が不可能になり，高価な膜を交換しなければならない．したがって薬品洗浄を適切な時期に行うため，長期的にファウリングを予測する必要がある[1)〜2)]．ファウリングの予測とは，定量ろ過運転の場合は膜差

圧を予測すること，定圧ろ過運転の場合は処理流量を予測することである．さらに近年，MBRを住宅地や工場などへ分散設置することで，排水の原点処理および処理水を有効活用しやすい社会の実現に対する機運が高まっている．このような分散型MBRを達成するためには，無人運転でMBRを遠隔管理する必要がある．遠隔地における薬剤洗浄時期を計画するには，将来の膜差圧や処理流量の予測が必須となってくる．図2.4にソフトセンサーによる膜差圧予測の概念図を示す．例えば，現在は膜洗浄日から5日目であり，膜差圧は図2.4の実線のように上昇してきたとしよう．将来の膜差圧を予測するソフトセンサーモデルを用いることで，図2.4の点線のように5日目以降の膜差圧を予測できる．予測値が上限管理限界を超えた日を薬品洗浄の予定日とすることで，事前に薬品を準備することが可能となる．また仮定したさまざまなMBR運転条件をソフトセンサーモデルに入力することで，各条件における膜差圧の予測値の軌跡を描くことができる．この軌跡を見て膜差圧が上昇しにくいMBR運転条件の探索を行うことも可能といえる．また，ソフトセンサーは各種廃水処理プロセスにおける$NO_x$やアンモニアの濃度予測にも活用されている[31]．

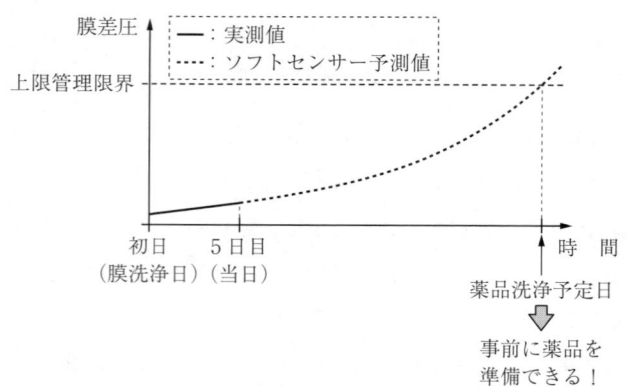

図2.4　ソフトセンサーによる膜差圧予測

農作物の品質および生産性を向上させるため，田畑において水分量や窒素量を始めとする土壌成分の量を適切に管理しなければならない．しかし，農業従事者の減少や高齢化などの理由から田畑の適切な管理が困難になっている地域

も多い.そこで精密農業[32]が注目されている.精密農業とは,農作物の生育やそのプロセス管理の場面に情報技術を利用した農業システムである.農地の土壌情報,農作物の収量情報,環境汚染といった情報はコンピュータ解析によって可視化・モデル化・知識化される.これにより農地の現状を把握し,収量や環境影響を考慮した適切な操作を自動的に行うことが可能になる.例えば,土中の可視・近赤外スペクトルを測定し,そのスペクトルから土中の水分量・窒素量などを予測することで,田畑の管理の基礎となる各種土壌情報マップを得ることができる[33],[34].この土壌情報マップを基に,適切な散水・施肥を行うことで最適な土壌管理と農作物の生育というプロセス管理が達成される(**図 2.5** 参照).

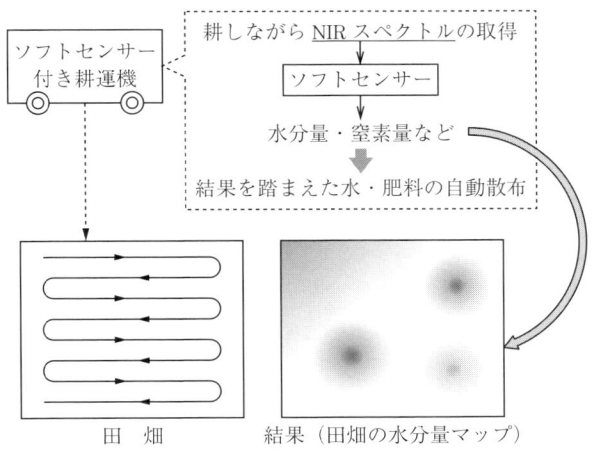

**図 2.5** 精密農業の例

各種選別プロセスにおいてもソフトセンサーは活用されている.食品産業の出荷工場では,商品の受入れから包装や荷詰みまでがライン化されており,効率化のために商品の品質を速やかに検査することが求められている.特に果物については,集荷場に集まる商品数が多く,さらに人の目による果物の内部品質の確認(例えば腐っているかどうかの確認)ができない.そこで非破壊で全数検査を行うことが可能な近赤外光センサーを使用して果物の選別を行うこと

が普及している.本章の医薬品製造プロセスの説明部分で述べたように,近赤外光は非破壊かつ非接触で容易に内部観察が可能という特徴を持つ.この近赤外光を用いた自動的な果物の内部品質予測に関する研究が行われている[35),36)].例えば,りんごの近赤外スペクトルと糖度,蜜の量,褐変の量などの内部品質との間でソフトセンサーモデルを構築しておくことで,出荷工場において一つひとつのりんごに対して測定された近赤外スペクトル情報をソフトセンサーモデルに入力するだけで,りんごの内部品質を迅速かつ高精度に予測可能となる.予測された内部品質に基づいて果物の選別が行われる(図2.6参照).

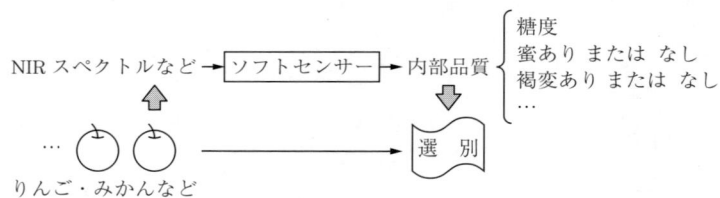

図2.6 果物の選別の例

検知対象は大きく変わるが,駅や空港などの大規模集客施設では爆発物を適切に検出することが重要である.テロの脅威が増加していることに伴い,爆発物検出器の性能を向上させる技術開発が世界各国で行われ成果を挙げつつある.例えば,ミリ波を用いた検出器,UV-TOF-MS を用いた検出器,中性子線を用いた検出器による爆発物検出システムが提案されている[37)].いくつかの爆発物および非爆発物に対するミリ波・VUV-SPI-TOFMS・中性子の検出器データを測定し,そのデータを用いて爆発物か非爆発物かを選別するソフトセンサーモデルが構築される.実際の現場でそのモデルを用いることで,ミリ波を用いた検出器,UV-TOF-MS を用いた検出器,中性子線を用いた検出器のみの情報から対象物が爆発物か非爆発物か,爆発物であればその種類は何かを判別することが可能となる.

またソフトセンサーは,製鉄プロセスにおける end point[38)] や粉体の平均粒子径[39)] や,大気中の $NO_x$ 濃度[40)] やオゾン濃度[41)],半導体デバイスの製造工程

におけるウェーハ特性[42]などの予測にも用いられており，分野にとらわれることなく適用対象を拡大している。今後もソフトセンサーが対象とする分野の範囲はさらに広がると予想される。

## 2.4 ソフトセンサーの役割

前述したように，ソフトセンサーはさまざまな産業の分野で活躍している。そのソフトセンサーの役割は，大きく分けて以下の四つに分類される。

① 分析計の代替
② 分析計の異常検出
③ プロセス変数間の関係の解明
④ 効率的なプロセス制御

〔1〕 分析計の代替

最も基本的な役割として，ソフトセンサーの予測値を分析計の実測値の代わりに用いること，つまりソフトセンサーを分析計の代替として使用することが挙げられる（図2.1参照）。分析計は測定に時間遅れを伴い，またつぎの測定まである程度の時間間隔が必要となる。一方，ソフトセンサーを使用することで，オンラインで連続的に対象の値を推定できる。このように，ソフトセンサー予測値を実測値の代替としてプロセス管理へ応用することにより，迅速な制御を連続で行うことが可能となる[11],[43]。さらに，ソフトセンサーの信頼性が向上して分析計で測定する頻度を低減できれば大きなコスト削減につながる[44]。

〔2〕 分析計の異常検出

ソフトセンサーの予測値とその後測定された分析計の実測値を比較することで，分析計の異常検出を行うことが可能となる（図2.7参照）[45]〜[47]。分析計による実測値と高精度のソフトセンサーによる予測値とが大きく離れている場合，分析計からのデータは異常，つまり分析計が故障したと考えられる。ソフトセンサーの予測誤差にあらかじめ閾値を設定しておくことで，予測誤差がそ

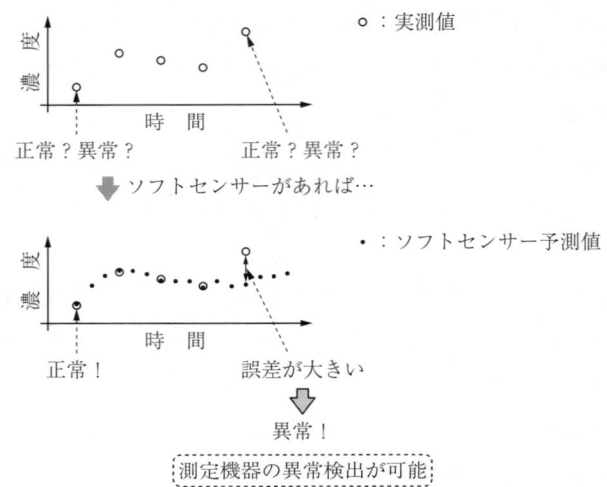

図 2.7 ソフトセンサーを用いた分析計の異常検出

の閾値を超えた際に分析計故障と診断できる。4.3.1 項で述べるように，分析計故障によって実測値が異常な値を示す場合と，プラントの変動中に予測値が異常な値を示す場合とを識別できなければならない[45),46)]という課題があるものの，分析計とソフトセンサーを併用することで，分析計指示値の信頼性が保証されるといえる。このような分析計の信頼性の保証により，分析計故障を迅速に検出できるだけでなく，分析計故障のため異常値を指示しているにもかかわらず，その指示値を制御に用いてしまうことを防止できる。

〔3〕 プロセス変数間の関係の解明

構築されたソフトセンサーモデルを解析することで，プロセス変数間の関係，つまり説明変数 $\mathbf{X}$ （温度，圧力など）と $\mathbf{y}$ （濃度など）との間にどのような関係が成り立っているかを解明できる（図 2.8 参照）。実際は，$\mathbf{X}$ の変数間には相関関係が存在するため単純ではないが，例えば図 2.8 のようなソフトセンサーモデルが構築された際，温度は濃度に対して正に効いているだろう，流量は濃度に対して負に効いているだろう，と推定できる。得られたモデルが非線形で複雑な場合，図 2.8 のように単純な形で表すことができないが，モデル

## 2.4 ソフトセンサーの役割

濃度 = $f$ (温度, 流量)
　　　 = 2.5 × 温度 − 1.5 × 流量

温度は濃度に対して, 正に効いている
流量は濃度に対して, 負に効いている

現象の理解に役立つ

図2.8　プロセス変数間の関係の解明

にさまざまな **X** の値を入力することで，**y** の応答を確認することが有効である。

### 〔4〕 効率的なプロセス制御

効率的なプロセス制御を行うため，ソフトセンサーに将来の操作変数の値を入力して出力の将来予測を行うことで，ソフトセンサーのモデル予測制御への応用も可能となる。つまりモデル予測制御において，ソフトセンサーを用いて将来の出力の値を予測し，その予測値が目標値に近付くように操作を決定する。ただ，操作変数と出力変数の因果関係や，3.4節で述べるソフトセンサーモデルの適用範囲などを考慮しなければならず，注意が必要である。

また，ソフトセンサーを用いて **y** の目標範囲を実現する **X** の値を効率的に探索することも可能である[58]。製品の銘柄切替え時など，**y** の設定値変更を行う際に **X** の値をどのように動かせば迅速かつ効率的に **y** の目標値に到達できるかを把握することは重要である。**X** と **y** との間に良好なソフトセンサーモデルがすでに構築されている場合を考える。**X** の時間変化の候補を多数用意し，それらをソフトセンサーモデルに入力することで，**y** の予測値の時間変化が得られる（**図2.9**参照）。その中から望ましい **y** の時間変化を選択することで，それに対応する **X** の時間変化が選択される。この時間変化のように **X** を操作することで，迅速かつ効率的に製品品質を目的の値に近付けることが可能になる。

このようなモデルの解析方法は，ケモインフォマティクス[48]およびケモメトリックス[49]の分野では逆解析と呼ばれており，活発に研究が行われている[50]〜[57]。なお，逆解析の際にはモデルの適用範囲（3.4節参照）を考慮しな

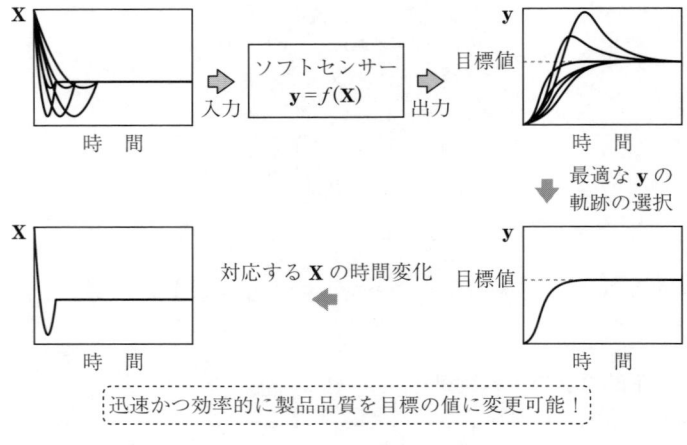

**図 2.9** ソフトセンサーを活用したプロセス制御

ければならない。

　実際の現場でのソフトセンサー導入目的として，大北は三菱化学株式会社におけるソフトセンサー開発目的について調査した[10]。**表 2.6** にソフトセンサー導入用途の割合を示す。表 2.6 より，ソフトセンサーによって連続的に製品品質を推定することで，品質の安定化を目的とした利用が最も多いことがわかる。また，これにより製品の規格付近で連続的に制御することが可能となり，用役・原料使用量の削減が達成される。さらに，オンライン分析計の信頼性向上を目的としたものも多い。例えばガスクロマトグラフィーのようなオンライン分析計で測定された値を被制御量として用いている場合など，その指示値が

**表 2.6** 三菱化学株式会社におけるソフトセンサー導入用途の割合[10]

| ソフトセンサー導入用途 | 割合〔%〕 |
|---|---|
| 連続推定による品質安定化 | 37 |
| 用役・原料使用量削減 | 28 |
| オンライン分析計の信頼性向上 | 18 |
| 運転安定化 | 9 |
| 手分析の頻度削減 | 6 |
| 特殊分析計導入回避 | 1 |
| 品質変動要因解明 | 1 |

誤った値を示した際，重大な品質トラブルを招くおそれがある。そこで，ソフトセンサーの予測値とガスクロ計の指示値を随時比較することで，ガスクロ計故障を検出することが可能となる。またソフトセンサーの予測値自体を制御変数に用いることにより，計測の遅れ時間がなくなり制御性能の向上が期待できる[11),43)]。なお，前述した日本学術振興会プロセスシステム工学第143委員会ワークショップNo.29「ソフトセンサー」において実施されたアンケート調査の結果から，ソフトセンサーを用いた制御を実際に適用している企業も見られた[9)]。一方，構築されたソフトセンサーモデルを適切に解釈することで，品質変動の要因を解明することも可能である。

また表2.6において，手分析（化学分析など）の頻度削減や分析計導入回避の割合がまだ少ない。ソフトセンサーモデルの予測精度や信頼性がさらに向上することで，それらも容易に達成できると考えられ，実際に化学分析の頻度削減や分析計削減の検討をしている企業も存在する。

## 2.5 ソフトセンサーの運用までの流れ

2.2節における統計モデル（ブラックボックスモデル）およびハイブリッドモデル（グレイボックスモデル）を使用する場合について，図2.10にソフトセンサー運用までの流れを示す。

まず，ソフトセンサーの目的に応じて使用するデータを収集する。予測能力の高いソフトセンサーモデル構築のためには適切な運転データが必要となる。例えば，$y$の幅広い範囲を予測したい場合は，その範囲に分布しているデータを集めなければならない。ただし，$y$の範囲を満たしていても$X$の範囲を満たしているとは限らない。一般に$X$の変数は複数あり単純ではなく，後に述べるモデルの適用範囲を考慮する必要がある。ソフトセンサーを構築する目的によって追求する精度や予測したいデータ範囲は異なるため，その目的に合う適切なデータを収集する。5.1節のようなデータが得られることになる。

データを取得した後に，そのデータに対して適切な前処理を行う必要があ

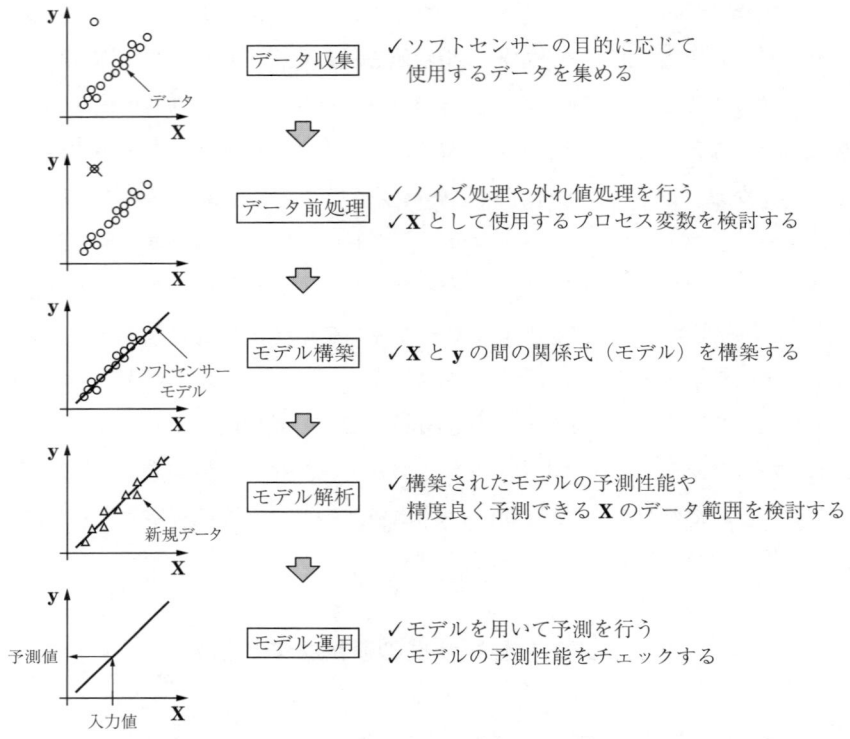

図 2.10　ソフトセンサー運用までの流れ

る。実際のデータにはノイズが含まれており，データに含まれるノイズの割合が大きい場合には，予測的なモデル構築が困難となる。これは，モデル構築用データのノイズにも適合するようなモデルが作成されるオーバーフィッティングの問題（3.3 節参照）として知られており，過適合（オーバーフィット）したモデルを用いて予測された新しいデータの予測誤差は非常に大きくなってしまう。ノイズ処理の手法として，移動平均[59]および Savitzky Goley 法[60],[61]などのスムージング法や PCA を用いることが多い。また，つぎのステップであるモデル構築時に，PLS 法や SVR 法などのノイズに対して頑健な回帰分析手法を使用してノイズに対応することもできる。

　データの中に外れ値が混入していると，そのデータを用いた適切なモデル構

築は困難になってしまう。そのため正確に外れ値を除去するか，除去した後に他のデータに基づいて補間する必要がある[45),46),62)〜64)]。また，プロセスの背景知識を踏まえた$\mathbf{X}$や$\mathbf{y}$の変換や$\mathbf{X}$として使用する変数の選択も重要といえる。例えば，McAuleyとMacGregorはポリマー重合プラントにおいて製品のMFRを予測する際に，対数変換（エネルギー次元への変換）後のMFRの値を$\mathbf{y}$とした[65)]。このように化学的・物理的な知識やプロセス知識を適切にモデルに取り入れることで，オーバーフィッティングの防止やモデルの精度向上が達成される。

続いて，処理されたデータを用いてソフトセンサーモデルを構築する。モデルの構築方法については2.2節で述べたとおりである。統計手法を用いる際に，データの特徴から適切な回帰分析手法を選択できれば問題ないが，実際は事前に回帰分析手法を選択することは困難といえる。複数の手法を用いてモデルを構築し，各モデルの予測性能などを踏まえて使用するモデルを選ぶことになる。予測性能の指標としては5.19節を参照されたい。また，データの前処理の段階でノイズ処理をしていなくても，ノイズに強いPLS法やSVR法を用いることで，ある程度のノイズには対応可能であることが多い。

モデルを運用する前にそのモデルの検証を行い，実装できるかどうか見極めることになる。モデルの検証方法として，モデル構築用データとは別のモデル検証用データを準備し，モデルがどの程度の予測能力を持っているか，$\mathbf{X}$の各変数のどの範囲であれば安定した予測が可能であるか，などを確認することが挙げられる。

このようにして得られたモデルを実装して対象のプロセス変数の予測を行うことになる。もちろん適時，モデルの性能をチェックし，予測性能が低下した場合は再度データの収集から見直す必要がある。

## 2.6 ソフトセンサー解析の具体例

この節では図2.10で示した流れに沿って具体的にソフトセンサー解析を行

う. 使用するデータはダイナミックシミュレーションによって得られたデータおよび実際の蒸留塔の運転データである.

### 2.6.1 ダイナミックシミュレーションデータの解析

今回はダイナミックシミュレータとして Visual Modeler[66)] を使用した. 対象とした系は図 2.11 に示す脱プロパン蒸留塔である. **図 2.11** 中の計装記号について, A, T, P, F, L はそれぞれ濃度・温度・圧力・流量・液レベルといったプロセス変数を表し, I, C, R はそれぞれ指示・制御・記録といった機能を表している. 具体的には**表 2.7** を参照されたい. この蒸留塔は Visual Modeler 研修プログラムの中に採用されており, 実際の設計書を基に作成されている. 蒸留塔の体積は $41\text{ m}^3$, 全段数は 28, 原料供給は 12 段目である. 目的変数 **y** は塔底の不純物成分, つまり ethane, propane, isopentane を合わせたモル分率であり, **x** は表 2.7 に記載された 15 変数である. 各計器や制御系についてはデフォルトの値を用いた. 今回の分析計 (図 2.11 の AIR) で不純物成分のモル分率は 30 分ごとに測定されており, その他の温度や圧力などのプロセス

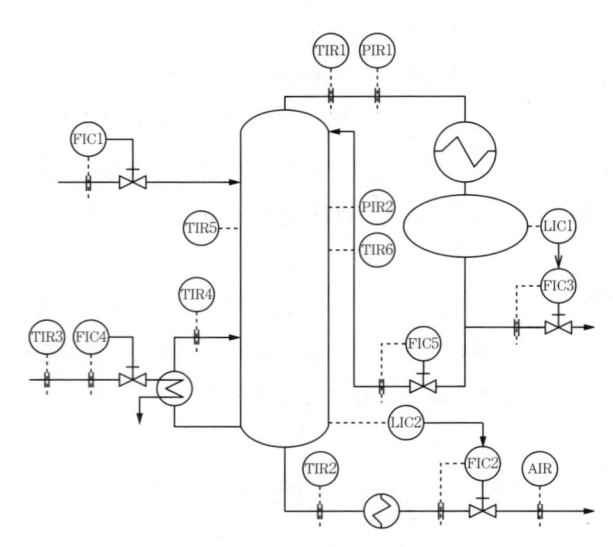

図 2.11 シミュレートした脱プロパン蒸留塔の概念図

表 2.7 脱プロパン蒸留塔におけるプロセス変数

| | 計装記号 | 省略記号 | 目的変数 (**y**) | 単 位 |
|---|---|---|---|---|
| | AIR | A | 不純物成分のモル分率 | — |
| | 計装記号 | 省略記号 | 説明変数 (**X**) | 単 位 |
| 1 | FIC1 | F1 | 原料の流量 | kg/s |
| 2 | FIC2 | F2 | 塔底流量 | kg/s |
| 3 | FIC3 | F3 | 塔頂流量 | kg/s |
| 4 | FIC4 | F4 | スチームの流量 | kg/s |
| 5 | FIC5 | F5 | 還流量 | kg/s |
| 6 | PIR1 | P1 | 塔頂圧力 | kPa |
| 7 | PIR2 | P2 | 塔内2段目圧力 | kPa |
| 8 | TIR1 | T1 | 塔頂温度 | ℃ |
| 9 | TIR2 | T2 | 塔底温度 | ℃ |
| 10 | TIR3 | T3 | スチーム温度 | ℃ |
| 11 | TIR4 | T4 | リボイラ後の温度 | ℃ |
| 12 | TIR5 | T5 | 塔内8段目温度 | ℃ |
| 13 | TIR6 | T6 | 塔内18段目温度 | ℃ |
| 14 | LIC1 | L1 | 塔頂タンク液レベル | % |
| 15 | LIC2 | L2 | 塔底液レベル | % |

変数は1分ごとに測定されていると仮定した.

〔1〕 デ ー タ 収 集

原料の温度を 87.8℃,原料のモル分率として ethane を 0.002,propane を 0.65,isobutane を 0.047,$n$-butane を 0.30,isopentane を 0.001 と設定した.原料の流量変化に伴い,スチームの流量と還流量で塔頂と塔底の不純物濃度を抑えて管理する状況を想定し,原料の流量 (F1),スチームの流量 (F4),還流量 (F5) を図 2.12 のように変化させてシミュレーションを行いデータを取得した.また外乱として,スチーム温度 (T4) を図 2.12 のように 8640 分 (144 時間) に急低下させた.なお,実際の蒸留塔では原料の流量,スチームの流量,還流量,スチーム温度は絶えず微小変化している.ただし,それらは不規則に変動しているわけでなく,それぞれ過去の状態の影響を受けて変化していると考えられる.そこで,今回は原料の流量,スチームの流量,還流量,

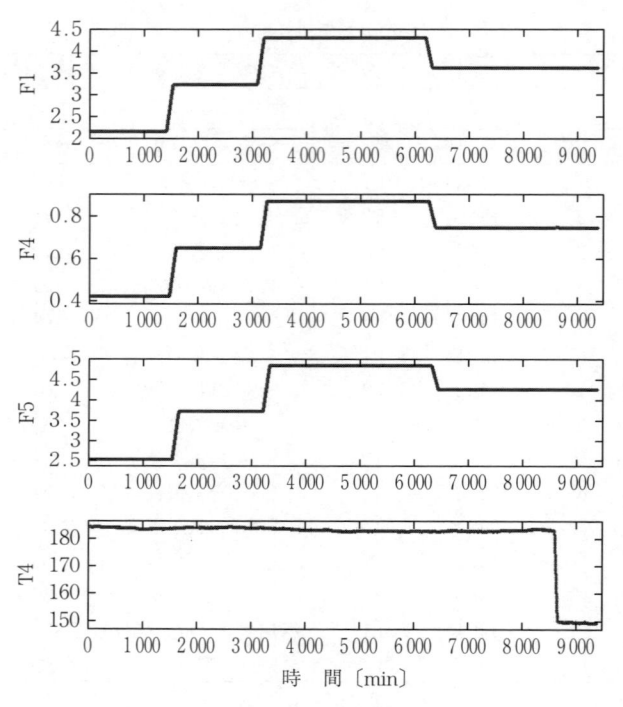

**図 2.12** F1, F4, F5, T4 の時間プロット

スチーム温度の微小変化にマルコフ性[67]を仮定し,それぞれランダムウォークさせた(図 2.12 参照)。図 2.12 のようにシミュレートした際の説明変数 **X** の時間プロットを**図 2.13**,**y** の時間プロットを**図 2.14** に示す。各流量およびスチーム温度の変化に伴い **X** および **y** の値が変動していることがわかる。図 2.13 の **X** は毎分測定されている一方で,図 2.14 の **y** は 30 分ごとにしか測定されていないことに注意されたい。

最初の 4 800 分(80 時間)のデータをモデル構築用データ,その後の 4 620 分(77 時間)のデータをモデル検証用データとした。データセットのイメージは 5.1 節でつかんでいただきたい。

〔2〕 **データ前処理**

今回はシミュレーションにおいて外れ値を発生させておらず,図 2.13,図

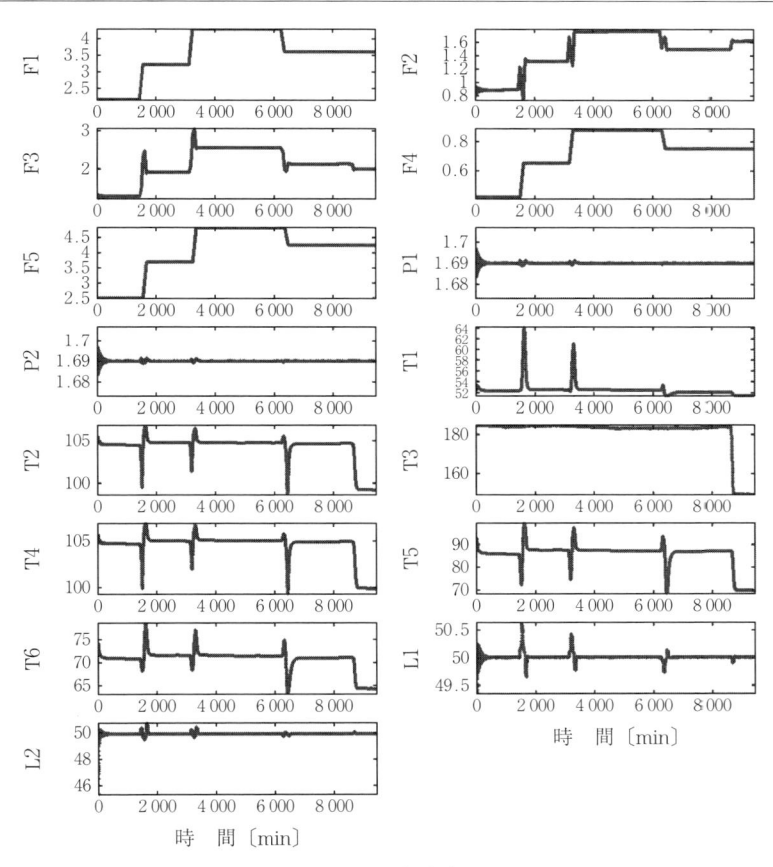

2.6 ソフトセンサー解析の具体例

図 2.13 **X** の時間プロット

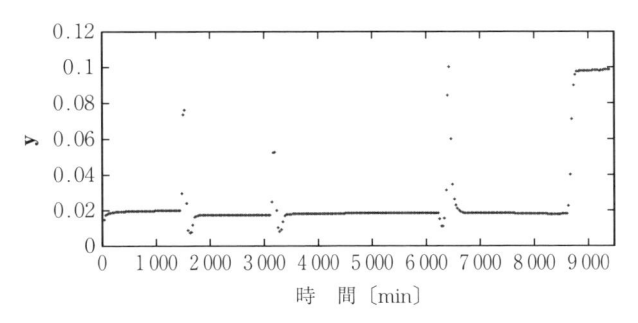

図 2.14 **y** の時間プロット

2.14のデータプロットを見ても外れ値は確認できないことから外れ値処理は行わなかった。またノイズ処理も行わず，ノイズに強い回帰分析手法の一つであるPartial Least Squares（PLS）法（5.9節参照）を使用することで対処した。

使用する**X**の変数として，表2.7の**X**の全15プロセス変数を用いる場合とT1，T2，T4の3変数のみを用いる場合とで比較した。

〔3〕 モ デ ル 構 築

**X**として15変数もしくは3変数を使用した際にPLS法によりモデル構築を行った。モデルを構築した際の各統計量の値を**表2.8**に示す。$r^2$は決定係数，$r_{\mathrm{CV}}^2$はクロスバリデーション（5.19節参照）を行った際の$r^2$であり，それぞれ1に近いほどモデルの精度および予測性能が高いことを示す。Root Mean Squared Error（RMSE），$RMSE_{\mathrm{CV}}$はそれぞれ$r^2$，$r_{\mathrm{CV}}^2$に対応する誤差の指標であり，0に近いほど良好なモデルであるといえる。各統計量の詳細は5.19節を参照されたい。表2.8より**X**が15変数および3変数の場合において$r^2$，$r_{\mathrm{CV}}^2$が高く$RMSE$，$RMSE_{\mathrm{CV}}$が図2.14の**y**の変動と比較して小さいことから，精度と予測性の高いモデルが構築されたことがわかる。3変数で構築したモデ

表2.8 モデル構築の結果

| **X** | $r^2$ | $RMSE$ | $r_{\mathrm{CV}}^2$ | $RMSE_{\mathrm{CV}}$ |
|---|---|---|---|---|
| 15変数 | 0.999 | $2.16 \times 10^{-4}$ | 0.998 | $3.64 \times 10^{-4}$ |
| 3変数（T1, T2, T4） | 0.997 | $4.29 \times 10^{-4}$ | 0.994 | $5.83 \times 10^{-4}$ |

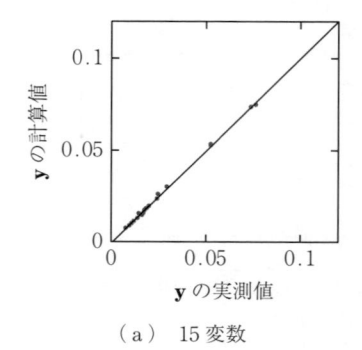

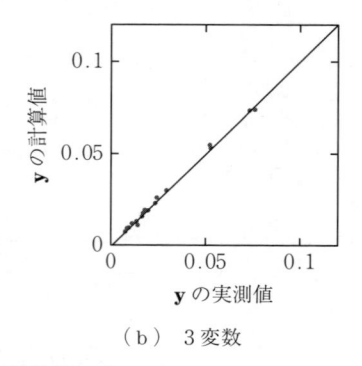

（a） 15変数　　　　　　　　　　（b） 3変数

図2.15 **y**の実測値と計算値のプロット

ルより15変数で構築したモデルの方が，$r^2$，$r_{CV}^2$ が高く，RMSE，$RMSE_{CV}$ が小さくなった。図2.15にyの実測値と計算値のプロットを示す。Xとしてどちらを用いた場合でも，全体的にデータが対角線付近に固まって分布しており，精度の高いモデルが構築されたといえる。

〔4〕 モ デ ル 検 証

15変数および3変数を使用して構築された二つのモデルの標準回帰係数の値をそれぞれ表2.9および表2.10に示す。このケースではXの変数間に強い相関があるため，標準回帰係数の値をyへの寄与度とすることは危険である。例えば，T5とT6は段数が異なるだけで同じ塔内の温度であり，図2.13の時間プロットを見ても同じような変動であるため，yへの寄与度は類似していると考えられるが，表2.9より標準回帰係数の値は正負が逆になっている。15変数を使用した際のT4の標準回帰係数は負であるのに対し，3変数の場合のT4の標準回帰係数は正であり，表2.8よりモデルの精度はほぼ同じであるが，用いる変数を変えることで同じプロセス変数の係数が逆になってしまっている。このように，標準回帰係数により構築されたモデルを解釈する際は細心の注意が必要である。

表2.9 15変数を使用した際の標準回帰係数

| X | 標準回帰係数 | X | 標準回帰係数 |
|---|---|---|---|
| F1 | 0.041 | T1 | 0.306 |
| F2 | 0.013 | T2 | −0.562 |
| F3 | 0.057 | T3 | 0.003 |
| F4 | 0.020 | T4 | −0.547 |
| F5 | 0.005 | T5 | −0.187 |
| P1 | 0.015 | T6 | 0.154 |
| P2 | 0.016 | L1 | −0.009 |
|   |   | L2 | 0.029 |

表2.10 3変数を使用した際の標準回帰係数

| X | 標準回帰係数 |
|---|---|
| T1 | 0.341 |
| T2 | −2.459 |
| T4 | 1.325 |

3変数を用いた際のXとyの関係式は以下のように表される。

$$y = 0.00152 \times T1 - 0.0296 \times T2 + 0.017 \times T4 + 1.26 \tag{2.2}$$

表2.10の標準回帰係数はXの各変数の標準偏差を1にした後の回帰係数であ

り，式 (2.2) の回帰係数とは異なることに注意されたい。

構築されたモデルを用いてモデル検証用データを予測した結果を**表 2.11** に示す。$r_P^2$，$RMSE_P$ はそれぞれモデル検証用データの $r^2$，$RMSE$ である。$r_P^2$ が大きいほど，$RMSE_P$ が小さいほどモデル検証用データに対するモデルの予測性能は高い。表 2.11 より 15 変数を用いた場合のモデルより 3 変数のモデルの方が，$r_P^2$ が大きく $RMSE_P$ は小さく，予測性能は高いことがわかる。表 2.8 よりモデル構築時は 15 変数のモデルにおける $RMSE$ 値が $2.16 \times 10^{-4}$，$RMSE_{CV}$ 値が $3.64 \times 10^{-4}$ であったのに対し，外部データを予測した場合には $RMSE_P$ 値が $34.7 \times 10^{-4}$ と非常に大きくなってしまった。これは，モデルがモデル構築用データに過度に適合するオーバーフィッティングの問題として知られており，モデル構築およびモデル検証時に十分注意する必要がある。一方，3 変数でモデルを構築した場合は，$RMSE_P$ 値が $7.77 \times 10^{-4}$ となり，モデル構築時の $RMSE$ 値 4.29 および $RMSE_{CV}$ 値 $5.83 \times 10^{-4}$ と大きな変化は見られなかった。使用する変数を削減してシンプルなモデルを構築したことで外部データに対しても予測精度を維持できたと考えられる。

表 2.11　予測結果

| X | $r_P^2$ | $RMSE_P$ |
|---|---|---|
| 15 変数 | 0.986 | $34.7 \times 10^{-4}$ |
| 3 変数（T1, T2, T4） | 0.999 | $7.8 \times 10^{-4}$ |

15 変数および 3 変数の場合のモデルを使用した際のモデル検証用データにおける **y** の実測値と予測値のプロットを**図 2.16** に示す。15 変数のモデルの結果（図 2.16（a）参照）では，**y** の値が大きい場合に対角線から外れる傾向があったのに対し，3 変数モデルを用いることでデータが全体的に対角線付近にかたまっており精度良く予測できていることがわかる（図 2.16（b）参照）。

各モデルを用いた際の **y** の予測結果として，**y** の時間プロットを**図 2.17** および**図 2.18** に示す。白丸（○）が **y** の実測値であり，点（・）が **y** の予測値である。ただし，**y** の予測値は連続的に得られているため，点が重なり線のよ

2.6 ソフトセンサー解析の具体例　　33

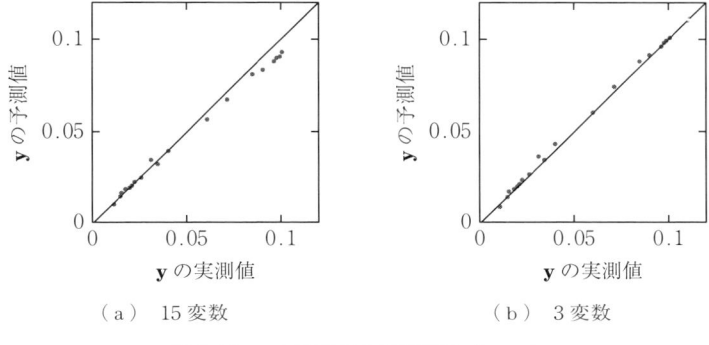

（a） 15 変数　　　　　　　　　　　　（b） 3 変数

図 2.16　yの実測値と予測値のプロット

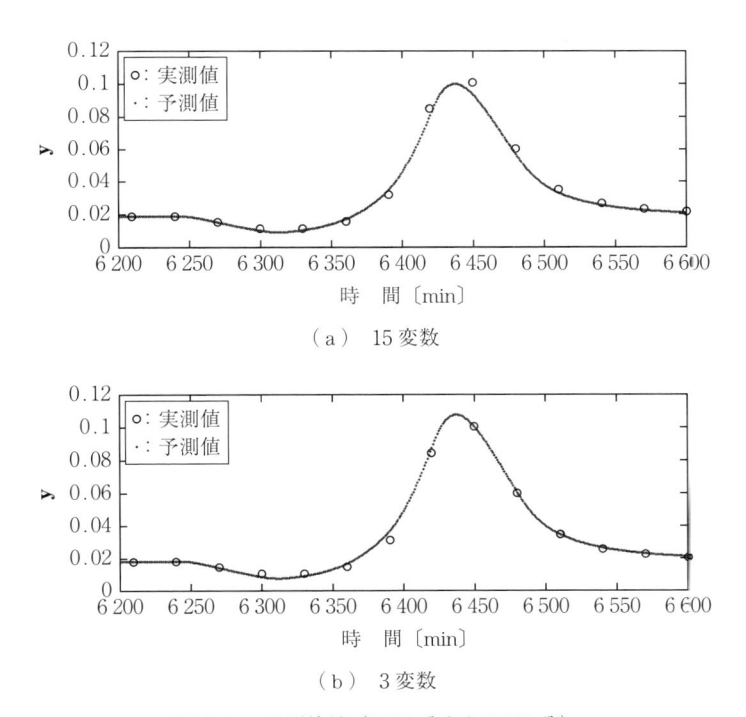

（a） 15 変数

（b） 3 変数

図 2.17　予測結果（6 200 分から 6 600 分）

(a) 15 変数

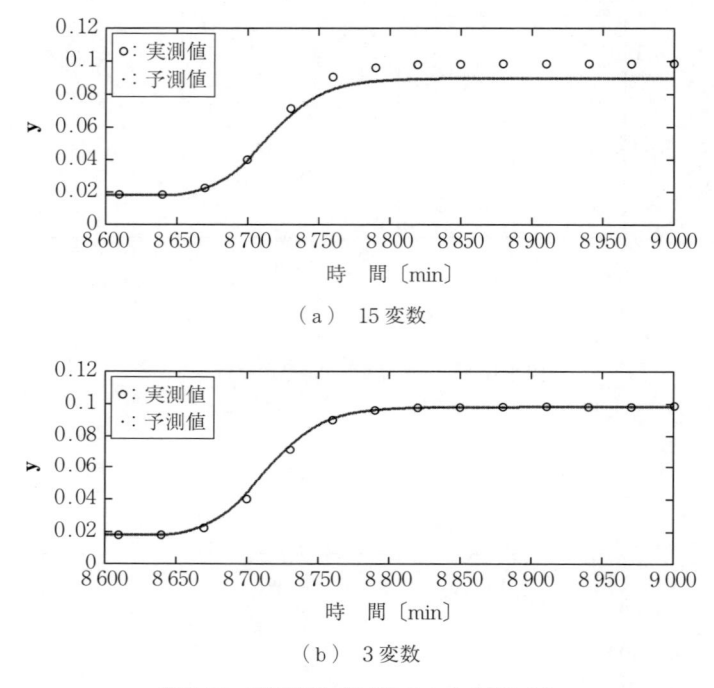

(b) 3 変数

図 2.18 予測結果（8 600 分から 9 000 分）

うになっている。yの実測値は30分おきにしか測定されていないのに対し，yの予測値は毎分リアルタイムに得られていることがわかる。図2.17および図2.18より，15変数を用いた場合（図2.17（a），図2.18（a）参照）では，yの値が大きいときに○と・の差である予測誤差が大きくなってしまったが，3変数を用いることでそのような場合でも誤差が小さく適切に予測できていることがわかる（図2.17（b），図2.18（b）参照）。今回構築したソフトセンサーモデルにより，yの変動に追随しながら予測可能であることを確認した。図2.10のモデル運用で述べたように，構築されたモデルを実機に搭載することで，30分おきにしかyが測定されないプロセス変数や測定に時間がかかってしまうプロセス変数を毎分リアルタイムに予測できる。この予測値を，例えばプロセス制御に用いることで，迅速かつ効率的なプロセス管理が達成される。

## 2.6.2 実際のプラントにおける運転データの解析

実際にプラントが運転されている際に測定されたデータを用いたソフトセンサー解析を見てみよう。対象としたプラントは，三菱化学水島事業所の蒸留塔である。蒸留塔の概略図を**図 2.19**，測定されたプロセス変数を**表 2.12** に示す。塔底の低沸点成分濃度が目的変数 **y** であり，温度・圧力・流量などの 19 変数が説明変数 **X** である。**y** は 30 分おきにしか測定されておらず，**X** はすべて毎分リアルタイムに測定されている。

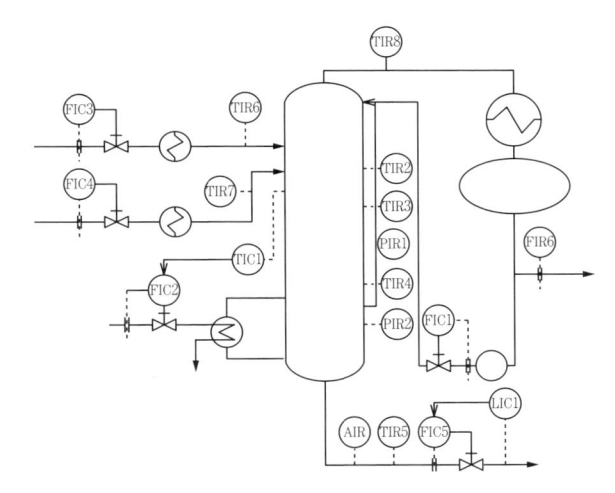

図 2.19 運転データを使用した蒸留塔の概念図

〔1〕 デ ー タ 収 集

図 2.19 のプラントにおいて実際に測定された運転データを用いた。今回使用したデータにおける **y** の時間プロットを**図 2.20** に示す。この **y** には，平均が 0，標準偏差が 1 となるように前処理が行われている（そのため値が負の数になることがある）。最初の 39 000 分（650 時間）のデータをモデル構築用データ，つぎの 45 960 分（766 時間）のデータをモデル検証用データとした。5.1 節を見ると，データセットのイメージを把握できるだろう。

〔2〕 デ ー タ 前 処 理

データプロットを確認しても外れ値が見られなかったため，今回のデータに

表 2.12 蒸留塔におけるプロセス変数

| | 計装記号 | 省略記号 | 目的変数 ($y$) |
|---|---|---|---|
| | AIR | A | 塔底の低沸点成分濃度 |
| | 計装記号 | 省略記号 | 説明変数 ($X$) |
| 1 | FIC1 | F1 | 還流量 |
| 2 | FIC2 | F2 | スチーム流量 |
| 3 | FIC3 | F3 | 原料流量 1 |
| 4 | FIC4 | F4 | 原料流量 2 |
| 5 | FIC5 | F5 | 塔底流量 |
| 6 | FIR6 | F6 | 塔頂流量 |
| 7 | LIC1 | L1 | 塔底液レベル |
| 8 | PIR1 | P1 | 塔内差圧 |
| 9 | PIR2 | P2 | 塔内圧力 |
| 10 | TIC1 | T1 | 塔内温度 1 |
| 11 | TIR2 | T2 | 塔内温度 2 |
| 12 | TIR3 | T3 | 塔内温度 3 |
| 13 | TIR4 | T4 | 塔内温度 4 |
| 14 | TIR5 | T5 | 塔底温度 |
| 15 | TIR6 | T6 | 原料温度 1 |
| 16 | TIR7 | T7 | 原料温度 2 |
| 17 | TIR8 | T8 | 塔頂温度 |
| 18 | — | F4/F3 = R | 還流比 |
| 19 | — | F1/F6 = F | 原料流量比 |

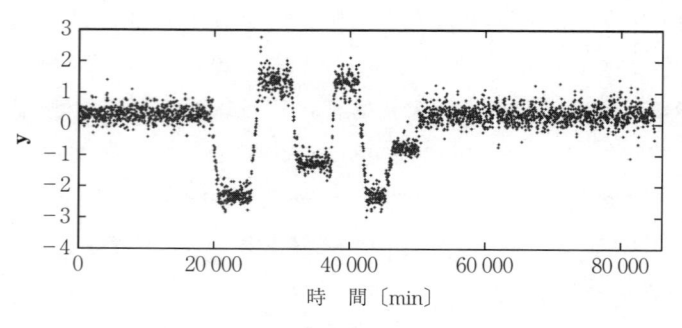

図 2.20 $y$ の時間プロット

おいても外れ値処理は行わなかった。また，事前のノイズ処理も行わず PLS 法（5.9 節参照）でノイズに対処することにした。$\mathbf{X}$ として用いたプロセス変数は，表 2.12 に記載されている 19 のプロセス変数である。

〔3〕 モ デ ル 構 築

PLS 法によりソフトセンサーモデルを構築した結果を**表 2.13** に示す。各統計量の詳細については 5.19 節を参照されたい。表 2.13 より $r^2$ および $r_{CV}^2$ が 0.9 を超え，$RMSE$ および $RMSE_{CV}$ が図 2.20 の $\mathbf{y}$ の変動と比較して小さいことから，精度および予測性能の高いモデルを構築できたことがわかる。**図 2.21** に $\mathbf{y}$ の実測値と計算値のプロットを示す。全体的にデータが対角線付近にかたまっており精度の高いソフトセンサーモデルであった。

表 2.13 モデル構築の結果

| $r^2$ | $RMSE$ | $r_{CV}^2$ | $RMSE_{CV}$ |
|---|---|---|---|
| 0.936 | 0.295 | 0.933 | 0.300 |

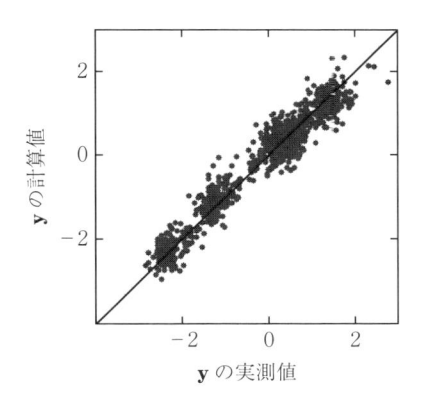

図 2.21 $\mathbf{y}$ の実測値と計算値のプロット

〔4〕 モ デ ル 検 証

構築されたモデルを用いてモデル検証用データを予測した結果を**表 2.14** に示す。$r_P^2$ の値は 0.768 とモデル構築時（表 2.13）と比較して小さくなってしまい，$RMSE_P$ の値を見ると 0.399 であり，表 2.13 の $RMSE$ 値 0.295 および $RMSE_{CV}$ 値 0.300 と比較して 0.1 程度大きくなってしまった。モデル構築用データにおけるプラント状態とモデル検証用データのプラント状態が異なり，モデルが新しいプラント状態に対応できなかったと考えられる。これはモデルの劣化の問題として知られており，詳細は 3.5 節で述べる。ただ，データの $\mathbf{y}$

表 2.14 予測結果

| $r_\mathrm{P}^2$ | $RMSE_\mathrm{P}$ ($\times 10^{-4}$) |
|---|---|
| 0.768 | 0.399 |

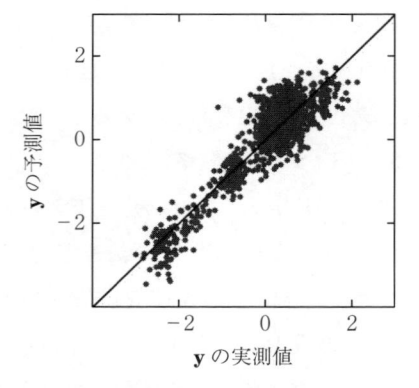

図 2.22　yの実測値と予測値のプロット

のばらつきが小さいと，$r^2$ や $r_\mathrm{P}^2$ の値が小さくなる傾向があることも述べておく。モデルの精度や予測性能を検討する際は，$r_\mathrm{P}^2$, $RMSE_\mathrm{P}$ などの複数の指標を同時に確認することが重要である。

図 2.22 が y の実測値と予測値のプロットである。y が 0 から 1 くらいの間でばらつきが少し大きくなってしまったが，それ以外では図 2.21 と同様に精度良く予測できていることがわかる。

図 2.23 に予測結果として y の時間プロットの一部を示す。それぞれの時間において実測の y が変動しているが，ソフトセンサーモデルはそのような変動も適切に予測できていることがわかる。y の実測値の代わりに予測値を用いてプロセス制御を行うことで，連続かつリアルタイムな制御が達成され，プロセス管理に対して大きく貢献する。

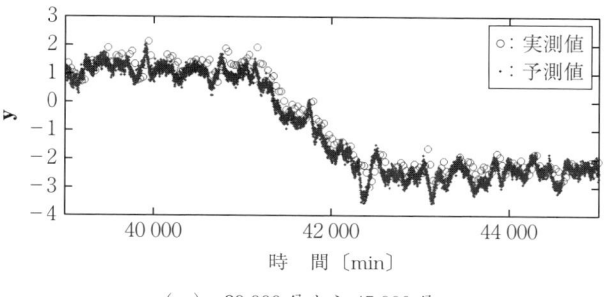

## 2.6 ソフトセンサー解析の具体例

(a) 39 000 分から 45 000 分

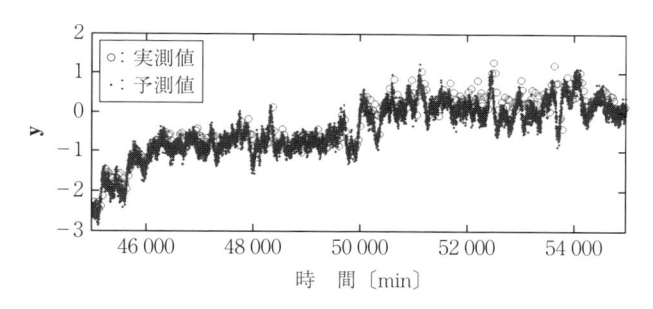

(b) 45 000 分から 55 000 分

図 2.23 予測結果

# 3 ソフトセンサーの問題点・課題点

これまで述べたように,ソフトセンサーは非常に有用な手法であるが,一方で問題点および課題点も存在する。本章では,現状のソフトセンサーの問題点・課題点を確認する。図2.10で示したソフトセンサー運用までの流れに対して,各段階における現状の問題点・課題点を**図3.1**に示す。段階ごとに順に説明する。

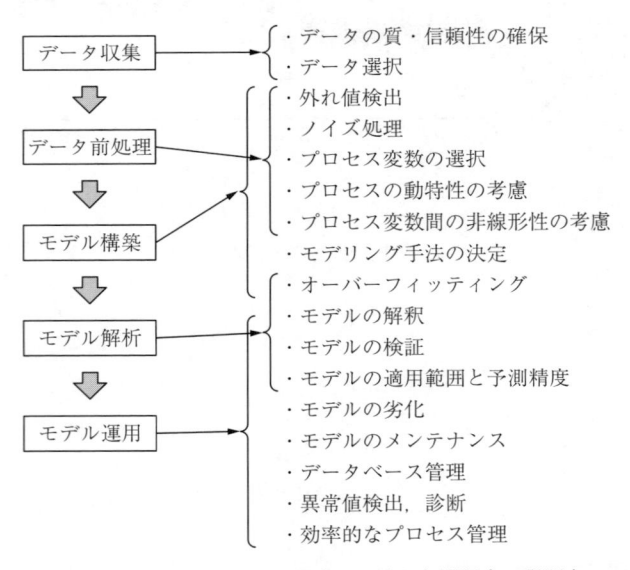

```
データ収集    ┬ ・データの質・信頼性の確保
              └ ・データ選択
   ⇩
データ前処理  ┬ ・外れ値検出
              ├ ・ノイズ処理
              └ ・プロセス変数の選択
   ⇩
モデル構築    ┬ ・プロセスの動特性の考慮
              ├ ・プロセス変数間の非線形性の考慮
              └ ・モデリング手法の決定
   ⇩
モデル解析    ┬ ・オーバーフィッティング
              ├ ・モデルの解釈
              ├ ・モデルの検証
              └ ・モデルの適用範囲と予測精度
   ⇩
モデル運用    ┬ ・モデルの劣化
              ├ ・モデルのメンテナンス
              ├ ・データベース管理
              ├ ・異常値検出,診断
              └ ・効率的なプロセス管理
```

**図3.1** ソフトセンサー運用までの流れと問題点・課題点

## 3.1 データ収集

　予測能力の高いソフトセンサーモデル構築のためには，まず適切な運転データを収集しなければならない．この段階においては，質・信頼性の高いデータを収集すること，そしてソフトセンサーの目的に応じたデータを取得することが課題である．

　データの質・信頼性はソフトセンサーモデルの精度および予測性能に直結する．$\mathbf{y}$の変動に関係のない変動（例えば測定ノイズなど）が，$\mathbf{X}$の変動に対して占める割合が大きいと，精度の高いモデル構築が困難になるだけでなく，構築されたモデルを用いて予測を行う際に予測誤差が大きくなってしまう．このように，データに含まれる無意味な変動（ノイズ）の割合が大きい場合およびデータに外れ値が含まれる場合には，予測的なモデル構築が困難となる．これは，モデル構築用データのノイズや外れ値にも適合するようなモデルが作成されるオーバーフィッティングの問題として知られており，オーバーフィットしたモデルを用いて予測された新しいデータの予測誤差は，非常に大きくなってしまう．オーバーフィッティングの問題は3.3節でも扱う．

　また，ソフトセンサーを構築する目的によって，追求する精度や予測したいデータ範囲は異なるため，その目的に合う適切なデータを収集しなければならない．例えば，温度が150℃から200℃の間におけるある成分濃度を予測したいときに，温度が50℃から100℃のデータセットを用いてソフトセンサーモデルを構築したとしても，温度が150℃から200℃の間のデータの予測誤差は大きいと考えなければならない．$\mathbf{X}$の広い範囲の値で$\mathbf{y}$の値を予測したい場合は，目的の$\mathbf{X}$の範囲内で多様な$\mathbf{X}$の値を持つデータセットを取得する必要がある．ただし，$\mathbf{X}$について広い範囲のデータを用いて構築されたモデルは，$\mathbf{X}$の局所的な精度は低くなる場合があることに注意しなければならない．例えば，ポリマー重合プラントにおけるポリマー密度を予測するソフトセンサーモデルを構築する場合を考える．図3.2に，全体の傾向はつかめるが局所的な精

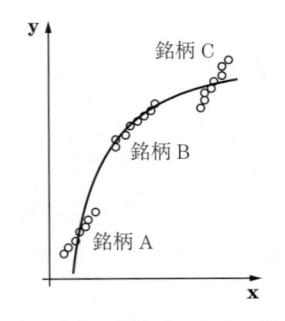

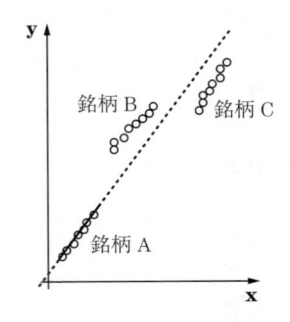

## 3. ソフトセンサーの問題点・課題点

(a) 全体の傾向はつかめるが、局所的な精度は低いモデル

(b) 局所的な精度は高いが、予測できる範囲が狭いモデル

**図 3.2** モデルの精度と予測できる範囲の違い

度は低いモデル（a）と，局所的な精度は高いが予測できる範囲が狭いモデル（b）の例を示す。銘柄 A，B，C をすべて考慮して構築された（a）のモデルの場合，銘柄間の関係を把握して全体的な $\mathbf{X}$ と $\mathbf{y}$ の関係はつかんでいるが，銘柄 A，C の予測誤差は銘柄 B の誤差と比較して大きくなってしまっている。一方，銘柄 A のデータのみを用いて構築された（b）のモデルでは，銘柄 A における予測精度は高いといえるが，銘柄 A 以外の銘柄の予測には使用できないことがわかる。使用するデータによって構築されるモデルの精度や予測できる $\mathbf{X}$ の範囲は変化する。

　要するに，さまざまな銘柄のポリマーが製造されている中で，それらの銘柄の密度の全体的な傾向をつかみたい場合は，なるべく多くの銘柄のポリマー密度のデータを取得することが望ましい。ただ，このような多種多様な銘柄の運転データで構築されたソフトセンサーモデルは，銘柄間の全体的な密度の傾向は予測できるものの，銘柄ごとの密度の予測精度は低いと考えられる。銘柄ごとの密度の予測精度を向上させたい場合は，対象の銘柄のポリマーデータのみ収集し，その銘柄の密度予測に特化したソフトセンサーモデルの構築が必要となる。このように，ソフトセンサーモデルを利用する目的に応じて，使用するデータを選択する必要がある。

## 3.2 データ前処理

データを取得した後に，そのデータに対して適切な前処理を行う必要がある。この前処理の際，外れ値検出，ノイズ処理，$\mathbf{X}$の変数選択，動特性の考慮，$\mathbf{X}$や$\mathbf{y}$の変数変換が重要となる。これらの前処理はプロセスの背景知識を踏まえたり，モデルの精度・予測性能を考慮したりして行われる。この意味で図 3.1 のデータ前処理とモデル構築における問題点・課題点の多くは重複している。

データの中に外れ値が混入していると，そのデータを用いた適切なモデル構築は困難になってしまう。そのため，注意深く外れ値を検出し，そのデータを除去するか，他のデータで補間する必要がある[45),46),62)~64)]。

では，どのデータが外れ値でどのデータが意味のある変動かを，どのように見分ければよいだろうか（図 3.3 参照）。また，ノイズとプロセスの変動をどのように区別すればよいだろうか（図 3.3 参照）。外れ値検出手法として，1 章でも記載した 3 シグマ法（5.3 節参照）のほかに，Hampel identifier[68),69)]（5.4 節参照），Moving Hampel[69)]（5.4 節参照）などが挙げられる。ノイズ処理手法として，移動平均法[59)]および Savitzky Goley 法[60),61)]などのスムージング法や PCA[75)]が用いられる。また，モデル構築時に PLS 法[70)]や SVR 法[71)]などのノイズに頑健な手法を用いることで対応することもある。ノイズ処理・外れ値検出についてはそれぞれ 4.6 節，4.7 節に記載する。

2.6.1 項におけるダイナミックシミュレーションデータ解析でも示したが，適切な $\mathbf{X}$ の変数のみを使用することでモデルの予測性能が向上する場合もある。$\mathbf{y}$ と関係のない不必要な $\mathbf{X}$ の変数はモデルの精度を低下させるため，$\mathbf{y}$ と関係の深い $\mathbf{X}$ の変数の組合せのみでモデルを構築することが望ましい。一方，プロセス変数はある時間遅れを伴って $\mathbf{y}$ に影響を与えている場合があり，その時間遅れの設定によってはモデルの精度が変化する[11),74)]。最適な時間遅れを決定することで精度の向上や解釈のしやすさの向上が期待できる。

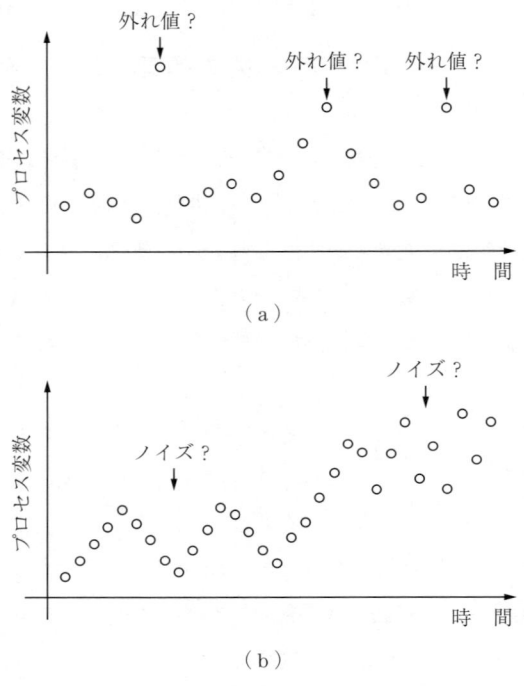

図3.3 外れ値・ノイズ

　Xやyに適切な変換を施すことでモデルの精度は大きく変化する場合がある。2章でも述べたことであるが，例えばポリマー重合プラントにおいて製品のMFRを予測する際に，対数変換（つまりエネルギー次元への変換）後のMFRの値をyとする例もある[65]。

　外れ値検出，ノイズ処理，Xの変数選択，動特性の考慮，Xやyの変数変換などのデータ前処理は，化学的・物理的な知識およびプロセスの知見を考慮するだけでなく，モデル構築時の精度・予測性能を考慮して実施するとよい。いくつかの方法で並行してデータの前処理を行った後にモデル構築・予測を行い，5.19節で示すような評価指標の値の確認を通して，どの前処理方法が最も予測性能の向上寄与するかを確認するという，ある程度の試行錯誤が必要といえる。

## 3.3 モデル構築

モデル構築における課題の一つがモデリング手法の決定である。対象のプロセス知識に基づく物理モデル・統計手法によって構築される統計モデル、それらを組み合わせたハイブリッドモデルの中から適切なモデルを選択することになる。たとえ的確な物理モデルが構築されたとしても注意しなければならない。なぜなら、実際のプロセスには多様な外乱が入り、またプロセス特性は徐々に変化するからである。このような場合は、統計手法を用いてデータから外乱や特性変化に関する情報を抽出することが望ましい。ただ、統計手法にはさまざまな手法があり、それらを線形回帰分析手法・非線形回帰分析手法に分けたとしても、さらにそれぞれに多くの手法が存在する（表 2.3 参照）。

統計手法によってはデータに精度良く適合するモデルを構築できる場合があるが、これまでもたびたび指摘してきたようにモデルがデータに過適合（オーバーフィット）している可能性も否定できない。図 3.4 にオーバーフィッティングの例を示す。図（a）は良好なモデルの例である。モデル構築用データにある程度適合したモデルが構築されており、下を見るとそのデータとは別のモデル検証用データに対する予測性能も良好といえる。一方、図（b）がオーバーフィットしたモデルの例である。モデル構築用データに対してはほとんど誤差がなく正確に適合しているが、そのモデルを用いてモデル検証用データを予測すると、予測誤差が非常に大きくなってしまう。モデル構築時はこのようなオーバーフィッティングに気を付けなければならない。例えばプロセスの知見を導入したりモデル構築時に適切なパラメータ（例えば 5.9 節の PLS モデルにおける最適成分数、5.11 節の SVR モデルにおける $\varepsilon$、$C$、$\gamma$ もしくは $\nu$、$C$、$\gamma$）を選択したりするなどして、モデルの自由度を抑えることで、オーバーフィッティングを回避しノイズに対して頑健なモデルが構築できる。このように、ソフトセンサーの対象によってどのモデルを用いるべきかを、実プラントにおける予測能力も踏まえて検討する必要がある。ただ実際は、統計的モデリ

(a) 良好なモデル　　　　　(b) 過適合(オーバーフィット)したモデル

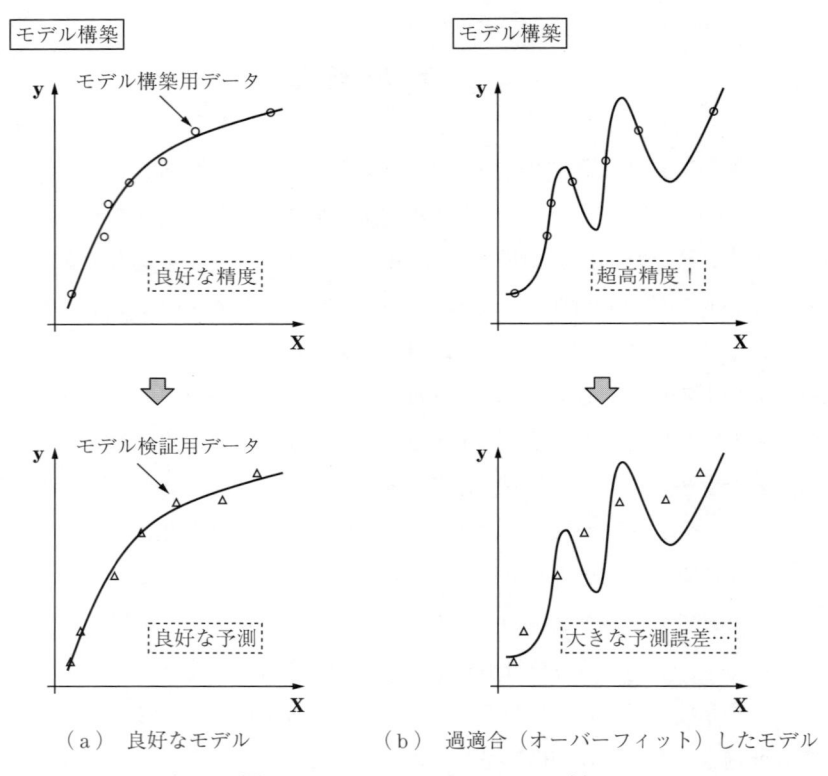

図 3.4　オーバーフィッティングの例

ング手法や事前にプロセス知識を取り入れた後に統計モデルを構築する手法を使用することが多いのが現状である[9]。

統計手法を用いる際，プロセス変数間の関係が線形で表される場合は，最小二乗法による線形重回帰分析 (Multiple Linear Regression, MLR) の適用が可能であるが，MLR では $\mathbf{X}$ をそのまま回帰分析に用いるため，$\mathbf{X}$ の変数間に強い相関がある場合にモデルが不安定になるという問題がある。これは共線性の問題として知られている。図 3.5 に共線性の例を示す。$\mathbf{X}$ を 2 変数 $\mathbf{x}_1$，$\mathbf{x}_2$ として，○のデータを用いて $\mathbf{x}_1$，$\mathbf{x}_2$ と $\mathbf{y}$ との間に回帰モデルを構築することは回帰平面を作成することに対応する。いま，$\mathbf{x}_1$ と $\mathbf{x}_2$ の間に強い相関関係が成り立っている場合，図 3.5 の太線を中心にして回帰平面が回転しやすい，つまり

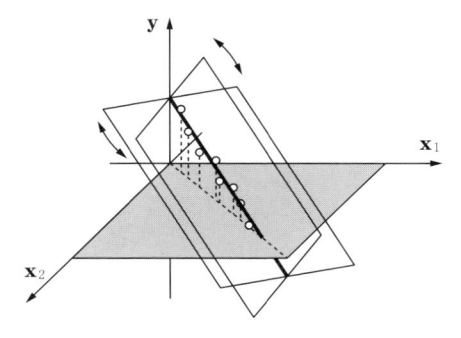

**図 3.5**　共線性の例

回帰係数が不安定になってしまう．例えば，データを追加したり削除したりして回帰モデルを再度構築すると，回帰係数が大きく変化してまったく別の回帰モデルになる．共線性のある場合にMLRを用いると回帰モデルが不安定になってしまう．またMLRでは，$\mathbf{X}$の変数の数がサンプル数より多い場合，回帰モデルを構築することは不可能である．これらの問題を解決する手法として，PCR法[75]やPLS法[70]が知られており，ソフトセンサーモデルの構築に広く用いられている．PCR法やPLS法においては，$\mathbf{X}$を相互に無相関な成分に変換した後に回帰式を作成するため，モデルを安定化させることや$\mathbf{X}$の変数の数がサンプル数より多い場合にも適用することが可能となる．

一方，プロセス変数間の関係が非線形である場合は，3.2節のMFRのようにプロセス変数を変換することや，ANN法[71]やSVR法[71]などの非線形手法（表2.3参照）を用いることや，局所的に線形モデルを作成すること[76],[77]が行われている．いずれにしても，複雑なモデルを作成する場合は，モデルがデータに過度に適合するオーバーフィッティングの問題を十分注意する必要がある．

また，3.2節のデータの前処理で述べたように$\mathbf{y}$と関係のない不必要な$\mathbf{X}$の変数はモデルの精度を低下させるため，$\mathbf{y}$と深い変数の組合せのみでモデルを構築することが望ましい．実際，Least Absolute Shrinkage and Selection Operator (LASSO) 法[78]，Stepwise法[79]，Genetic Algorithm-based PLS

（GAPLS）法[80],[81]などの変数選択法によって，少数の変数のみで予測精度の高いモデルを構築する試みがなされている。

さらに，あるソフトセンサーにおけるプロセス変数は，時間遅れを伴って$\mathbf{y}$に影響を与えている場合があり，その時間遅れの設定によってはモデルの精度は変化する[11],[74]。$\mathbf{y}$に対する$\mathbf{X}$の各変数の最適な時間遅れを決定することで，予測能力や解釈のしやすさの向上が期待できる。時間遅れ変数の取り入れ方については4.4節を参照されたい。

## 3.4 モデル解析

モデルが構築された後，そのモデルの解釈を行うことで対象のプロセス知識が得られることがある。しかし，$\mathbf{X}$の共線性の問題もあり，例えば線形回帰式における標準回帰係数の値を単純に$\mathbf{y}$への$\mathbf{X}$の影響度や寄与度とすることは危険である[82]。例えば，表3.1のデータセットを用いて線形の回帰モデル

$$\mathbf{y} = b_1 \mathbf{x}_1 + b_2 \mathbf{x}_2 \tag{3.1}$$

を構築することを考える。このとき，$(b_1, b_2)$の候補は，$(4, 0)$，$(0, 2)$，$(2, 1)$のように無数に存在する。回帰係数が各変数のモデルへの寄与の大きさであるとはいえない。

表3.1 共線性のあるデータ例

| $\mathbf{y}$ | $\mathbf{x}_1$ | $\mathbf{x}_2$ |
|---|---|---|
| 4 | 1 | 2 |
| 8 | 2 | 4 |
| 12 | 3 | 6 |
| 16 | 4 | 8 |

また，モデルを運用する前にそのモデルの検証を行い，実装できるかどうか見極めることになる。モデルの検証方法として，モデル構築用データとは別のモデル検証用データを準備し，モデルがどの程度の予測能力を持っているか，$\mathbf{X}$の各変数のどの範囲であれば安定した予測が可能であるか，などを確認する

## 3.4 モデル解析

ことが挙げられる。3.3節で挙げたオーバーフィッティングの存在もしっかりと確認する必要がある。

すべてのプラント状態において高精度で予測できるソフトセンサーは存在せず，プラント状態によってソフトセンサーの信頼性は変化する。そこで，ソフトセンサーモデルが十分な性能を発揮できる $\mathbf{X}$ のデータ範囲として定義される，モデルの適用範囲[47),64),83)~92)] を適切に設定する必要がある。図3.6に適用範囲の例を示す。○で表されたデータを用いて構築されたソフトセンサーモデル（実線の曲線）により△の新規データを予測した場合，誤差が小さいデータと大きいデータが存在していることがわかる。○のモデル構築用データが多く存在している範囲では△のデータの予測誤差も小さいが，○のデータが少ない範囲においては予測誤差が大きい。予測誤差が小さいデータが存在している範囲をこのモデルの適用範囲ということができる。このように周辺にデータが多く存在している領域においてはモデルがよく学習されていると考えられ，予測性能も高い。図3.7に示したようにデータの密度を指標にすることで適用範囲を考えることもできる。このような適用範囲を超えた場合，現状のソフトセンサーは使用不可能となるため，適用範囲はソフトセンサーの運用が可能な領域ともいえる。モデルの適用範囲の詳細は4.3節に記載する。

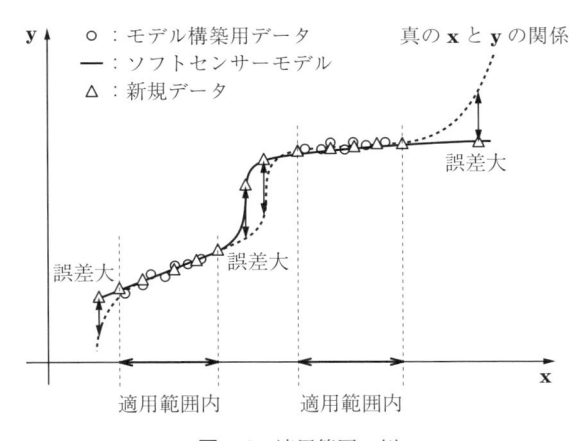

図3.6 適用範囲の例

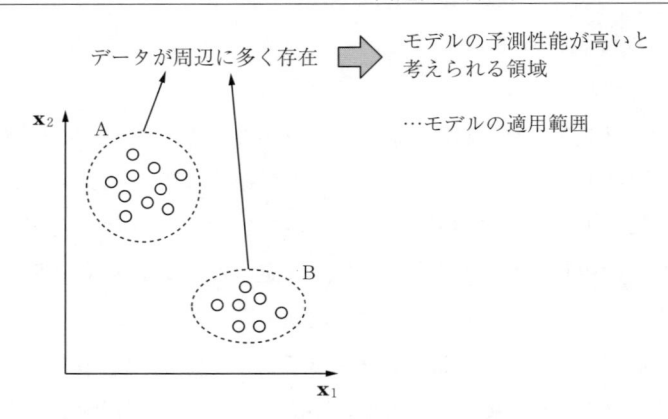

図 3.7　データの密度によるモデルの適用範囲

## 3.5　モデル運用

ソフトセンサーモデルを運用する際の大きな問題の一つとして，モデルの劣化が挙げられる[45),46),64),93),94)]。モデルの劣化とは，触媒の劣化，熱交換器や配管などへの汚れ付着，原料組成の変化，外気温変化，各センサーの故障やドリフトなどのプロセス特性の変化によってモデルの予測精度が低下する（予測誤差が大きくなる）現象のことである。図 3.8 は，それぞれ 1 変数である $\mathbf{x}$ と $\mathbf{y}$ の関係が直線で表現できる際のモデルの劣化の概念図である[94)]。モデル構築用データと予測データとの間で $\mathbf{x}$ と $\mathbf{y}$ の傾きは変化せず，各変数の値がシフトする場合（$\mathbf{y}$ の値シフト，$\mathbf{x}$ の値シフト）と，$\mathbf{x}$ と $\mathbf{y}$ の傾きが変化する場合

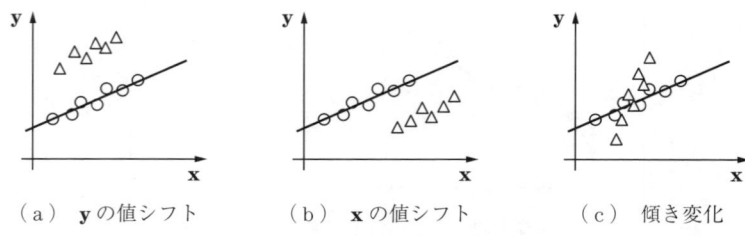

　（a）　$\mathbf{y}$ の値シフト　　　（b）　$\mathbf{x}$ の値シフト　　　（c）　傾き変化

○：モデル構築用データ　　——：ソフトセンサーモデル　　△：新規データ（劣化後のデータ）

図 3.8　モデルの劣化[94)]

（傾き変化）を示す．それぞれの場合において，ソフトセンサーモデルは劣化後のデータに対応できず，実測値との誤差が大きくなっていることがわかる．もちろん $y$ の値シフト，$x$ の値シフト，傾き変化が同時に複数起こる場合もある．また，$y$ の値シフト，$x$ の値シフト，傾き変化のそれぞれにおいて，触媒の劣化，熱交換器や配管などへの汚れ付着，各センサーの故障やドリフト，緩やかな運転条件変更や外乱などのように劣化が徐々に起こる場合と，急な運転条件変更のように劣化が急激に起こる場合と，ドリフト校正，配管の詰まり，突発的な外乱などのように変化が一瞬で起こる場合とがある．

このモデルの劣化問題に対して，新しいデータが得られた際に自動的にモデル更新することでプラント変化に追随させる研究[25),42),45),46),95)～100)]，予測したいデータに対して毎回新しいモデルを構築することで新しいプロセス状態に適したモデル構築を行う研究[101)～104)]，プロセス変数の時間差分に基づきモデルを構築する研究[64),93),108)]，複数のモデルを組み合わせて最終的な予測値とすることで過去のさまざまなプラント状態を考慮に入れて予測する研究[105)～107)] などが行われており，それぞれにモデルの劣化の低減が試みられている．これらのモデルのことを適応型モデル（adaptive model）と呼ぶ．詳細は 4.2 節に記載する．

しかし，上記のようにモデルをリアルタイムに再構築する際，再構築用のデータに混入した異常データはモデルに悪影響を及ぼす．つまり，$y$ の分析計故障時のデータや，異常なプロセス変動時のデータを含めてモデルを構築してしまうと，そのモデルの予測精度が著しく低下する．一方で，十分な頻度でモデルが再構築されないと，プロセスの特性変化に対応できないことから，リアルタイムな異常値の検出とその異常原因の診断を正確に行う必要が出てくる[45),46),109)]．

ソフトセンサーモデルを再構築する際，3.1 節で述べたようにモデルの精度は用いるデータの量や質に依存する．例えば，モデル構築用データにあまりばらつきがない場合，その後に起こるプロセスの急激な変化にモデルは対応できない[110)]．つまり，変動の少ないデータでソフトセンサーモデルが再構築され

ると，その後に大きなプロセス変動が起きた際に予測精度が低下し，それに伴い予測誤差が大きくなってしまう。ただ一方で，プロセスやハードセンサーの感度などが時間的にゆっくりとドリフトする場合も多く，モデルを更新しないとそれらのドリフトの影響を受けてモデルが劣化する。このように，幅広いデータ範囲において予測精度の高いソフトセンサーモデルを構築するためには，モデルの再構築に使用するデータベースを適切に管理しなければならない(4.2節参照)。

　データベースの管理はモデルの適用範囲と密接に関連している。図3.7においてAおよびBの領域のデータがデータベース内に存在している場合は，そのデータを用いて構築されたモデルを用いることで，同じ領域のデータの予測を適切に行うことができると考えられる。しかし，Bの領域のデータがまだ測定されていなかったり，古いデータとしてデータベースから除去されてしまった場合は，Bの領域のデータを予測する際は予測誤差が大きくなる。

　**図3.9**，**図3.10**には，変動が大きいモデル構築用データ，ほとんど変動がないモデル構築用データを使用した際のソフトセンサーモデルの構築と予測のイメージをそれぞれ示した。図3.9の例ではモデル構築用データにある程度の変動があるため，予測データが適用範囲の中にあり適切に予測できるといえる。一方，図3.10の例ではモデル構築に用いるデータに変動がほとんどない。予測する際に変動が起きており，予測データはモデルの適用範囲の外になっているため予測誤差も大きくなる。

　また，モデルを運用する際は，上記のモデルの劣化への対応，データベースの管理，再構築されたモデルの予測性能などの確認および検証を行う必要がある。プラントでは数多くのソフトセンサーを運用している場合もあり[10]，その数に比例してソフトセンサーのメンテナンスにかかる時間や労力が大きくなってくる。ソフトセンサーモデルのメンテナンス負荷の低減が望まれている。

## 3.5 モデル運用

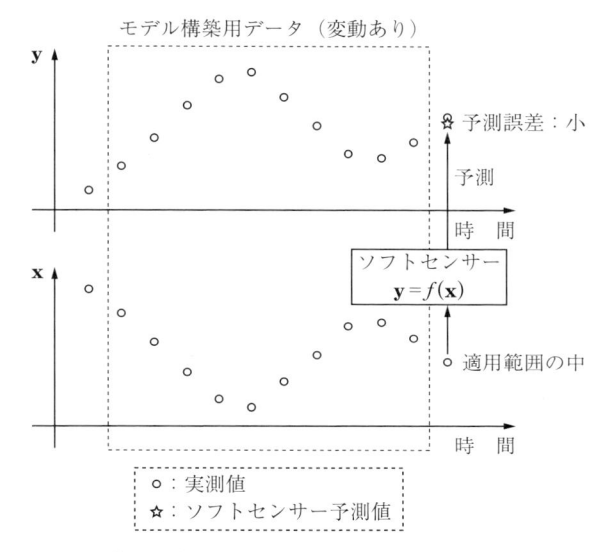

**図 3.9** 変動が大きいモデル構築用データを使用した際のソフトセンサーモデルの構築と予測

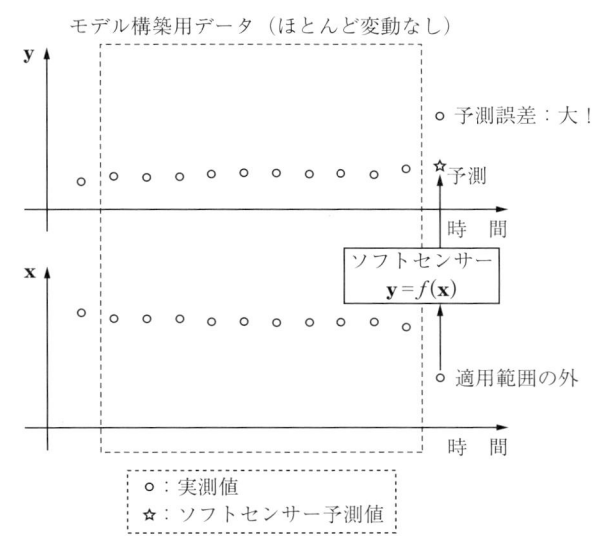

**図 3.10** 変動がほとんどないモデル構築用データを使用した際のソフトセンサーモデルの構築と予測

# 4 ソフトセンサーの研究例

本章では，3章で示したソフトセンサーの運用にあたってのさまざまな問題点・課題点についての詳しい解説とその解決法の例を記載する。

## 4.1 モデルの劣化，モデルのメンテナンス

3章でも記載したとおり，モデルの劣化，モデルのメンテナンスは最も重要な問題点・課題点の一つである。モデルの劣化を低減させるためのアプローチとしては，以下の二つが考えられる。

① 最新の運転データを活用してプラントの状態変化にモデルを追随させる
② モデルの劣化要因を推定し，それを踏まえたモデル構築および予測を行う

①のように最新のプラント状態に適応しながら目的変数 $y$ の値を予測するモデルは適応型モデル（adaptive model）と呼ばれる。適応型モデルは大きく分けて，Moving Window（MW）モデル[25],[42],[45],[46],[95]~[100]，Just-In-Time（JIT）モデル[101]~[104]，時間差分（Time Difference, TD）モデル[64],[93],[108]の三つに分類される。中には複雑なモデルも開発されている[105]~[107]が，基本的には上記の三つのモデルのどれかがベースとなっている。4.1.1項では，適応型モデル（MW モデル・JIT モデル・TD モデル）のメンテナンスについて解説し，さらに 4.1.2項では実データを使用して適応型モデルの性能を確認し，それを受けて 4.1.3項では図 3.8 のモデルの劣化の分類結果を踏まえた各適応型モデルの特徴を説明する。また，モデルの劣化の中でプロセス特性が急激に変化する劣

化が最も対応困難であるが，4.1.4項ではそのような劣化に対応する手法として，非線形回帰モデルの更新と時間変数を組み合わせた手法も紹介する。このほか，大きく分けて三つに分類される適応型モデルについて，プロセスの状態および適応型モデルの特徴を踏まえて最適な適応型モデルを選択する方法が提案されている。詳細は4.1.5項に記載する。

②のアプローチの利点として，モデルの劣化を低減するために新規なデータが不要な点が挙げられる。4.1.1項で述べるように各適応型モデルは，プロセスの新しい状態に適応するため，その状態において測定されたデータを使用しなければならないが，モデルの劣化の要因を推定してそれを考慮したモデル構築ができれば，そのモデルを再構築することや予測に $\mathbf{y}$ の新規データを用いることなくプロセスの新しい状態における $\mathbf{y}$ の予測ができる。4.1.6項にこの研究例を紹介する。これにより，劣化後における将来のプロセスの状態を考慮したプロセス設計も可能となる[111]。

### 4.1.1 適応型モデル

モデルの劣化とは，プラントの運転状態が変化してソフトセンサーモデルの予測精度が低下してしまう現象である。このモデルの劣化を低減するため，最新の運転データを活用してプラントの状態変化にモデルを追随させる試みがなされている。このように，最新のプラント状態に適応しながら $\mathbf{y}$ の値を予測するモデルは適応型モデルと呼ばれ，多数の研究例が報告されている。本項では，適応型モデルとしてMWモデル・JITモデル・TDモデルの順に説明する。

〔1〕 **MWモデル**

ある時刻の $\mathbf{y}$ の値を予測する際，その時刻のプロセス状態と同じ状態のデータで構築されたモデルを使用することが望ましい。対象の時刻と近い時間は同じプロセス状態と考えられることから，直近のデータのみを用いてモデルを構築する手法が考案された。これがMWモデルである。MWモデルの概念図を**図4.1**に示す。△の $\mathbf{y}$ の値を予測する際，直近の破線で囲まれたデータを用いて回帰モデルを構築する。構築されたモデルに△の $\mathbf{X}$ のデータを入力するこ

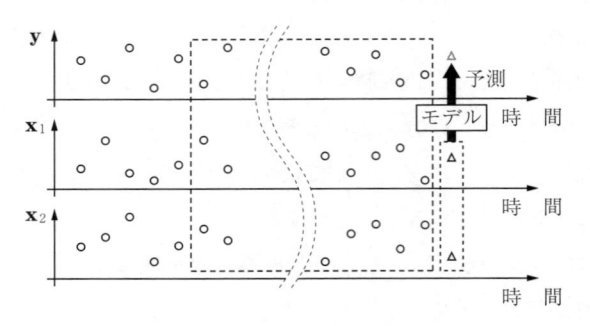

**図 4.1** MW モデルの概念図

とで **y** の値が予測される．この **y** の実測値が得られた後に，そのデータをモデル構築用データに追加して最も古いデータをモデル構築用データから削除する．このように，破線で囲まれた区間（窓）を動かしながらモデル構築と予測を繰り返すことから Moving Window（MW）モデルと呼ばれる．最新のデータが得られるごとにモデルを再構築するため，計算時間の少ない PLS 法（5.9 節参照）などの線形回帰分析手法がモデル構築法として用いられることが多い．ただ，非線形の回帰モデルである SVR モデル（5.11 節参照）を効率的に再構築する手法である online SVR[112] 法（5.12 節参照）も存在する．どの回帰分析手法を用いたとしても，構築用データ数（窓サイズ）は事前に決定する必要がある．例えば，窓サイズを 100 に設定した場合は，最新の 100 データを用いて構築されたモデルを用いて対象の時刻における **y** の値を予測する．

MW モデルと同様に，予測したいデータに近いプロセス状態に追随させることを目的として，逐次最新のデータを用いてモデルを更新する方法もある．例えば，最小二乗法による線形モデル（5.8 節参照）を更新する recursive least squares[95] 法，PLS モデルを更新する recursive PLS[96] 法などである．最新のデータをモデル構築用データに含めてモデルを再構築する MW モデルと比較して効率的なモデル構築が達成される反面，recursive PLS 法では PLS モデルの最適成分数（5.9 節参照）を固定しなければならないという制約も存在する．Recursive モデルにおいては窓サイズの概念は存在しないが，窓サイズのような古いデータをどの程度考慮するかを制御するパラメータである忘却係数

を事前に設定する必要がある.本書では,recursive モデルも合わせて MW モデルと表記する.

〔2〕 **JIT モデル**

JIT 法は,$\mathbf{X}$ の空間においてデータが近いとそのプロセス状態も近いと仮定し,$\mathbf{X}$ の空間において類似したデータのみを用いてモデルを構築したり,$\mathbf{X}$ の空間における類似度に基づいてデータに重みを付けてモデルを構築したりする方法である.重み付けとモデル構築を同時に行う手法として,局所最小二乗法[117]や局所 PLS 法[103],[104]がある.また類似度の指標として,データ間のユークリッド距離・マハラノビス距離[118]・相関係数・カーネル関数[119]などが使用される.**図 4.2** に JIT モデルの概念図を示す.例えば,予測したいデータ(△)とデータベース内のデータとの間で距離を計算し,距離の近いいくつかのデータのみを用いてソフトセンサーモデルを構築する.あるいは,距離が近いほど大きい重みをデータに付けてソフトセンサーモデルを構築する.$\mathbf{X}$ のデータ(△)を構築されたモデルに入力することで $\mathbf{y}$ の値が予測される.ここで,ソフトセンサーモデルを構築するデータ数や重みの決定方法は事前に決めておかなければならない.

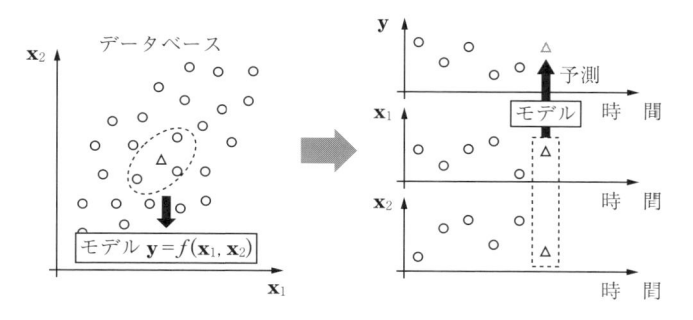

**図 4.2** JIT モデルの概念図

〔3〕 **TD モデル**

TD モデルとは,単純に $\mathbf{X}$ と $\mathbf{y}$ の時間差分の間で構築されたモデルである(**図 4.3** 参照).各プロセス変数の時間差分の間でモデルを作成することによ

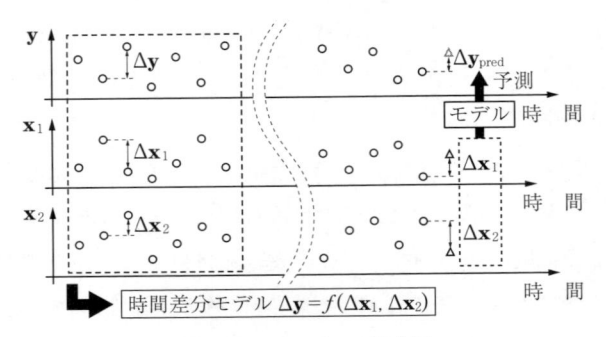

**図 4.3** TD モデルの概念図

り，モデルを再構築することなく，一定に経時変化すると仮定できるものに対応可能である．つまり，時間的に一定に起こるプロセス変数のドリフトやプラント変化の影響を受けないモデルが構築される．さらに，ドリフトの影響を受けないと考えられる時間差分形式でデータが表現されているため，プロセス変数のドリフトを校正する前と後のデータが混在するデータを用いても，予測的なモデル構築が可能である．ただ，ドリフト校正の直前と直後との間で計算された時間差分のデータについては，あらかじめ除去しなければならない．

最初の時刻が $t$ であるデータセットを考える．時間差分を用いる場合，まず説明変数 $\mathbf{X}(t)$，目的変数 $\mathbf{y}(t)$ と，ある時間 $i$ だけ遅らせた $\mathbf{X}(t-i)$，$\mathbf{y}(t-i)$ とを用いて時間差分 $\Delta\mathbf{X}(t)$，$\Delta\mathbf{y}(t)$ を準備する．

$$\Delta\mathbf{X}(t) = \mathbf{X}(t) - \mathbf{X}(t-i) \tag{4.1}$$

$$\Delta\mathbf{y}(t) = \mathbf{y}(t) - \mathbf{y}(t-i) \tag{4.2}$$

そして，$\Delta\mathbf{X}(t)$ と $\Delta\mathbf{y}(t)$ の間でモデリングを行う．

$$\Delta\mathbf{y}(t) = f(\Delta\mathbf{X}(t)) + \mathbf{e} \tag{4.3}$$

ここで，$f$ はある回帰モデル（TD モデル），$\mathbf{e}$ は計算誤差である．時間 $t'$ の $\mathbf{y}$ の値を推定する場合は，予測データ $\mathbf{x}$ の時間差分 $\Delta\mathbf{x}(t')$ を計算して $f$ に入力することで，$\mathbf{y}$ の時間差分の予測値 $\Delta y_{\mathrm{pred}}(t')$ を出力する．

$$\Delta\mathbf{x}(t') = \mathbf{x}(t') - \mathbf{x}(t'-i) \tag{4.4}$$

$$\Delta y_{\mathrm{pred}}(t') = f(\Delta\mathbf{x}(t')) \tag{4.5}$$

$y(t'-i)$ は既知であるため，以下のように $y_{\text{pred}}(t')$ を計算できる．

$$y_{\text{pred}}(t') = \Delta y_{\text{pred}}(t') + y(t'-i) \tag{4.6}$$

この方法は，時間差分間隔 $i$ が一定でない場合に容易に拡張可能である．また，TD モデルはプロセス変数間に非線形性が存在する場合[108]や，プロセス変動が起きている場合[64]にも適用できるよう改良されている．なお，データセットの表記方法については 5.1 節を参照されたい．

時間差分による時間的に一定に変化する項の除去，$\mathbf{X}$ と $\mathbf{y}$ の間に線形関係が成り立つ場合の式展開，時間差分モデル構築の際に考慮すべき信号対雑音比 (signal-to-noise ratio，SN 比)，時間差分モデルの予測性能，および自己相関とモデルの性能については文献 120) を参照されたい．

### 4.1.2 適応型モデルの性能確認

MW モデル・JIT モデル・TD モデルによりモデルの劣化が低減されることを実際のプラントで測定されたデータを用いて確認してみよう．使用するデータは，2.6.2 項で使用した三菱化学株式会社水島事業所の蒸留塔データである．プロセスとプロセス変数などの詳細は 2.6.2 項を確認されたい．今回は，ある 39 000 分（650 時間）のデータをモデル構築用データ，その後の 133 800 分（2 230 時間）のデータをモデル検証用データとして用いた．

比較したモデルは，通常のモデルとして PLS 法（5.9 節参照）により構築されたモデル（PLS モデル），MW モデルとして予測用データに時間的に近いデータのみを用いて構築された PLS モデル（MWPLS モデル），JIT モデルとして予測用データとユークリッド距離の近いデータのみで構築された PLS モデル（JITPLS モデル），TD モデルとして PLS 法により構築された TD モデル（TDPLS モデル）である．JITPLS モデルを構築するためにデータを選択するデータベースには測定後のデータがすべて蓄積されているものとし，MWPLS モデル・JITPLS モデルにおけるモデル構築用データ数は 100 とした．

モデル構築結果およびモデル検証用データの予測結果を，それぞれ**表 4.1** および**表 4.2** に示す．各統計量の詳細については 5.19 節を参照されたい．$r_{\text{CV}}^2$，

表 4.1 モデル構築結果

|  | PLS | TDPLS |
|---|---|---|
| $r^2$ | 0.936 | 0.970 |
| $RMSE$ | 0.394 | 0.269 |
| $r_{\mathrm{CV}}^2$ | 0.933 | 0.969 |
| $RMSE_{\mathrm{CV}}$ | 0.401 | 0.273 |

表 4.2 モデル検証用データの予測結果

|  | PLS | MWPLS | JITPLS | TDPLS |
|---|---|---|---|---|
| $r_{\mathrm{P}}^2$ | 0.381 | 0.704 | 0.641 | 0.784 |
| $RMSE_{\mathrm{P}}$ | 0.579 | 0.400 | 0.440 | 0.342 |

$RMSE_{\mathrm{CV}}$ を計算するクロスバリデーションとして，5-fold クロスバリデーションを使用した．適応型でない PLS モデルの結果より，モデルを構築した際の $r^2$, $r_{\mathrm{CV}}^2$ の値と比較して，予測した際の $r_{\mathrm{P}}^2$ の値が小さく，$RMSE$, $RMSE_{\mathrm{CV}}$ の値と比較して $RMSE_{\mathrm{P}}$ の値が大きくなってしまった．PLS モデルの劣化が起きている．表 4.2 より，MWPLS モデル・JITPLS モデル・TDPLS モデルといった適応型モデルを使用することで，PLS モデルと比較して $r_{\mathrm{P}}^2$ 値が向上して

（a） PLS モデル

（b） MWPLS モデル

（c） JITPLS モデル

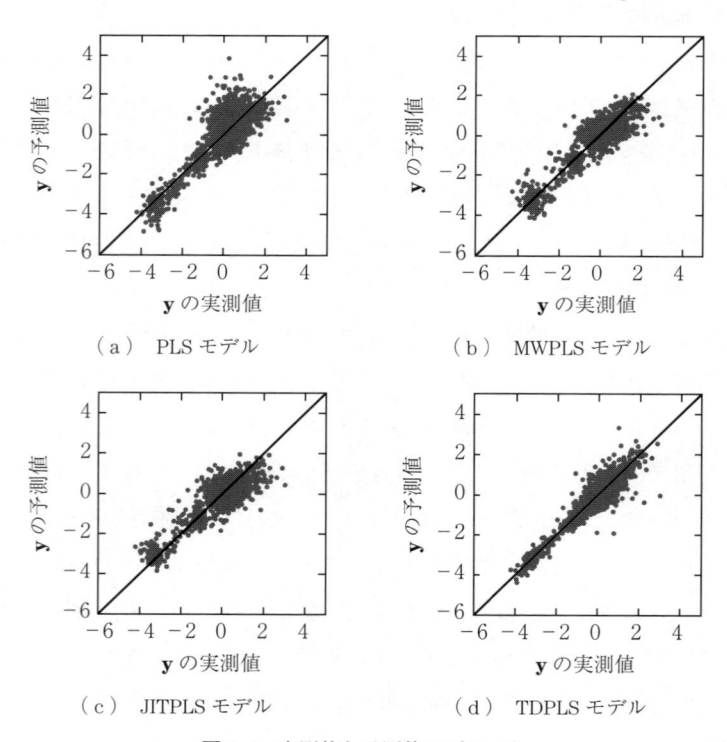

（d） TDPLS モデル

図 4.4 実測値と予測値のプロット

4.1 モデルの劣化, モデルのメンテナンス

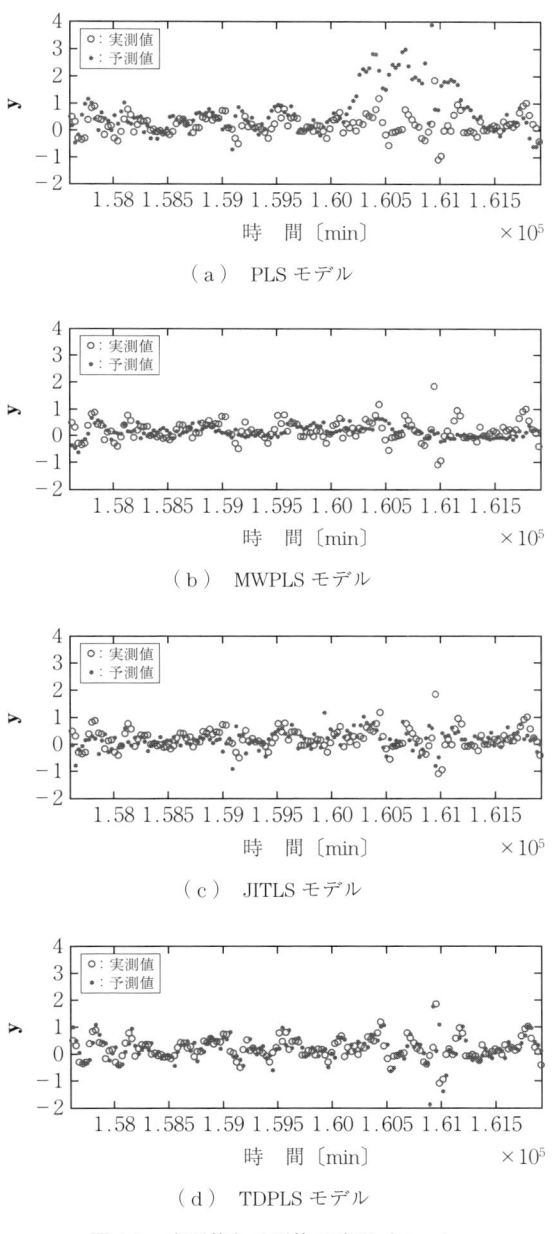

(a) PLS モデル

(b) MWPLS モデル

(c) JITLS モデル

(d) TDPLS モデル

図 4.5 実測値と予測値の時間プロット

$RMSE_p$ 値が低下した。適応型モデルによりモデルの劣化が低減し，モデルの予測精度が向上することを確認した。今回は適応型モデルの中でも TDPLS モデルの予測性能が最も高かった。

図 4.4 にそれぞれのモデルを用いた際の実測値と予測値のプロット，図 4.5 に実測値と予測値の時間プロットを示す。図 4.4（a）より PLS モデルにおいては y の実測値が 0 付近において予測誤差の大きい時間がある。図 4.5（a）から，その時間は 160 000 分から 161 500 分くらいであることがわかる。この時間にモデルの劣化が起きていることを確認した。図 4.4，図 4.5 より MWPLS モデル・JITPLS モデル・TDPLS モデルといった適応型モデルを使用することで，PLS モデルのように予測誤差が大きくなることはなく，全体的に y の値を予測できた。適応型モデルを使用することでモデルの劣化が低減され，ソフトセンサーモデルの予測精度が向上したのがわかるだろう。

### 4.1.3　適応型モデルの特徴

3.5 節において，モデルの劣化として，モデル構築用データと予測データとの間で説明変数 x と目的変数 y の傾きは変化せず，各変数の値がシフトする場合（y の値シフト，x の値シフト）と，x と y の傾きが変化する場合（傾き変化）があることを確認した（図 3.8 参照）。またそれぞれの劣化において，劣化が徐々に起こる場合，劣化が急激に起こる場合，劣化が一瞬で起こる場合がある。

表 4.3 にモデルの劣化の種類ごとの各適応型モデルの特徴をまとめた結果[94]を示す。TD モデルを用いることで，x と y のそれぞれの時間差分をとっていることから，時間的に一定に変化する項が除去されるため，y, x の値シフトに追随して予測することが可能である。また，値シフトが徐々に起こった場合でも急激に起こった場合でも，その変化に適切に適応できる。

しかし，TD モデルでは x と y の関係が時間変化する場合に対応できない[64]。そのため 3 種類のモデルの劣化の中の傾き変化には適応できない。x と y の関係がモデルを構築したときの関係に戻れば，その TD モデルを再度使用

**表 4.3** TD モデル・MW モデル・JIT モデルの特徴[94]

| モデルの劣化 | | TD モデル | MW モデル | JIT モデル |
|---|---|---|---|---|
| 種類 | 速さ | | | |
| **y** の値シフト | ゆっくり | ○ | ○ | × |
| | 急激 | ○ | △ | × |
| | 一瞬 | ○ | × | × |
| **x** の値シフト | ゆっくり | ○ | ○ | ○ |
| | 急激 | ○ | △ | ○ |
| | 一瞬 | ○ | × | ○ |
| 傾き変化 | ゆっくり | × | ○ | × |
| | 急激 | × | △ | × |
| | 一瞬 | × | × | × |
| **x** の値シフト と 傾き変化 | ゆっくり | × | ○ | ○× |
| | 急激 | × | △ | ○× |
| | 一瞬 | × | × | ○× |

| | TD モデル | MW モデル | JIT モデル |
|---|---|---|---|
| 異常値の影響 | 受けない | 受ける | 受ける |
| メンテナンスコスト | 低い | 高い | 高い |

〔注〕 ○：モデルは対象の劣化に対応できる
△：モデルは対象の劣化にある程度対応できる
×：モデルは対象の劣化に対応できない
○×：モデルが対象の劣化に対応できるかは時と場合による

可能であるが，傾きが変化する際は MW モデルや JIT モデルなど，別の方法によってその変化に追随する必要がある。

ただ，値シフトによるモデルの劣化に関しては，MW モデルや JIT モデルより TD モデルの方が適切に対応可能といえる。MW モデルのように逐次モデルを更新する場合では，値シフトが起きた際のデータを取り入れてモデルを再構築するが，値シフト前の古いデータの影響がモデルに残るため，その程度に応じて値シフトへの迅速な対応は十分に行えないと考えられる。また，**x** の空間内において予測データと近いデータを選択したり，近いデータほど重みを大きくしたりしてモデルを再構築する JIT モデルの場合では，**y** について値シフトが起きた際，図 3.8 からもわかるように **x** には変化がないため，値シフト後のデータを選択することができない。さらに表 4.3 に示されているように，

TDモデルではモデルの再構築を行わないため予測時の異常値の影響を受けず，さらにメンテナンスコストも低い。$\mathbf{x}$ と $\mathbf{y}$ の傾きが変化しない場合は，TDモデルを使用することが望ましいといえる。

繰返しになるが，MWモデルを用いる場合，各値シフトや傾き変化が起きた際のデータを取り入れてモデルを再構築する。各値シフトや傾き変化の前の古いデータがモデルに影響を与えるため，急激に変化した場合に迅速な対応が難しい。

JITモデルの場合，$\mathbf{x}$ シフトであれば適切なデータ選択が可能なことがある。そのような場合，すでに十分なデータが蓄積されていれば，$\mathbf{x}$ シフトの変化速度にかかわらず対応可能といえる。しかし，図3.8の $\mathbf{y}$ の値シフトや傾き変化のように $\mathbf{x}$ に変化がない場合は，$\mathbf{y}$ の値シフト後や傾き変化後のデータのみを適切に選択することができない。つまり，$\mathbf{y}$ の値シフト前後や傾き変化前後のデータが混在したり，それらのデータに同じような重みを付けたりしてモデルが構築されてしまう不都合が生じる。ただし，$\mathbf{x}$ の値シフトがあれば傾きが変化した場合や，$\mathbf{y}$ の値シフトが起きた場合でも対応できる可能性がある。

以上述べてきた，モデルの劣化の種類ごとの各適応型モデルの特徴を確認するために行われたシミュレーションデータの解析結果[94]を紹介する。今回の $\mathbf{X}$ は2変数であり，0から10までの一様乱数に平均0，標準偏差0.1の正規乱数（$N(0,0.1)$）を加えたものである。$\mathbf{y}$ は以下の式で表される。

$$\mathbf{y} = \mathbf{Xb} + \mathrm{UOD} + N(0, 0.1) \tag{4.7}$$

$\mathbf{b}$ は $\mathbf{X}$ の $\mathbf{y}$ への寄与の大きさ，UODは非観測外乱（unobserved disturbance）を表す。UODを変化させることで $\mathbf{y}$ の値シフトを，$\mathbf{X}$ を変化させることで $\mathbf{x}$ の値シフトを，$\mathbf{b}$ を変化させることで $\mathbf{X}$ と $\mathbf{y}$ の傾き変化を表現できる。またそれぞれ，ゆっくりな変化，急激な変化，一瞬の変化について考慮可能である。全データ数は200であり，初めの100データがモデル構築用データ，その後の100データがモデル検証用データとなっている。

MWモデル・JITモデル・TDモデルとして，4.1.2項と同様にそれぞれMWPLSモデル・JITPLSモデル・TDPLSモデルであり，MWPLSモデル・

JITPLS モデルの毎回のモデル構築用データ数は 20 である。

初めに，UOD を以下の 3 通りとした場合に TD モデル・MW モデル・JIT モデルを用いてモデル構築と予測を行った結果を紹介する。

$$\text{UOD} = 0.01\,t \tag{4.8}$$

$$\text{UOD} = 3\sin(0.04\,t) \tag{4.9}$$

$$\text{UOD} = \begin{cases} 0 & (1 \leq t \leq 20,\quad 101 \leq t \leq 120) \\ 5 & (21 \leq t \leq 100,\quad 121 \leq t \leq 200) \end{cases} \tag{4.10}$$

$t$ はデータ番号であり今回は時刻を意味する．式 (4.8) がゆっくりとした UOD 変化，式 (4.9) が急激な UOD 変化，式 (4.10) が一瞬の UOD 変化を表す．今回は二つの変数に対応する式 (4.7) の **b** はそれぞれ 1 である．

**表 4.4** に各 UOD における MW モデル・JIT モデル・TD モデルの $r_\text{P}^2$ 値を示す．$r_\text{P}^2$ 値については 5.19 節を参照されたい．考察したように，TD モデルにより UOD 変化の速さにかかわらず精度良く予測できたことがわかる．MW モデルにおいては，UOD 変化が徐々に起きている場合は $r_\text{P}^2$ 値も大きく精度良く変化に追随可能であったが，UOD 変化が急激になると $r_\text{P}^2$ 値が TD モデルと比較して小さいことがわかる．MW モデルでは急激な変化に対応困難であることが確認された．一方，JIT モデルを用いた場合，どの変化においても各適応的モデルの中で $r_\text{P}^2$ 値が最も小さかった．

**表 4.4** 各 UOD における $r_\text{P}^2$ 値。（ ）内は外れ値 2 点を除去した場合[94]。

| UOD | TD モデル | MW モデル | JIT モデル |
|---|---|---|---|
| 式 (4.8) | 1.000 | 0.999 | 0.965 |
| 式 (4.9) | 0.998 | 0.782 | 0.747 |
| 式 (4.10) | 0.977 (1.000) | 0.816 | 0.781 |

UOD として式 (4.10) を用いた場合に各適応型モデルを使用した際の，モデル検証用データにおける **y** の設定値と予測値のプロットを**図 4.6** に示す．MW モデルを用いることである程度精度良く予測できたが，TD モデルの結果の方

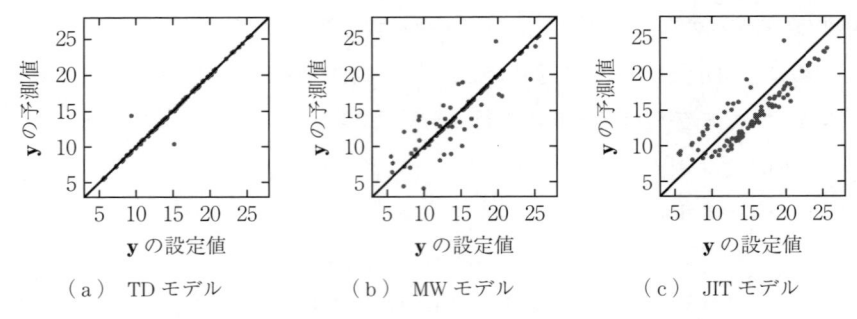

(a) TD モデル　　(b) MW モデル　　(c) JIT モデル

**図 4.6** モデル検証用データにおける **y** の設定値と予測値のプロット
(UOD は式 (4.10) を使用)[94]

がより対角線付近にかたまっていることがわかる。2点外れているデータがあり，これらは UOD が 0 から 5，および 5 から 0 に変化した瞬間のデータに対応する。この外れ値は，例えばドリフトを校正した直後のデータに対応する。ドリフト校正は事前に知ることができるため，あらかじめ予測しないことを決めておくことで問題とはならない。これらの外れ値をモデル構築用データおよびモデル検証用データから削除すると $r_\mathrm{p}^2$ 値は 1.000 となり，予測精度の向上が達成された。一瞬の劣化直後のデータは外れ値として扱うことが望ましい。

図 4.6 の JIT モデルの結果ではデータ分布が二つに分かれていた。UOD が 0 のときは過去の UOD が 0 のデータを，また UOD が 5 のときは過去の UOD が 5 のデータを選択することが望ましいが，それぞれの場合で適切なデータ選択が達成されなかった。**y** の値シフトのモデルの劣化においては，TD モデルを使用することが望ましい。

つぎに，式 (4.7) の **b** の中で **X** の第 1 変数 $x_1$ に対応する係数 $b_1$ を 1 として，第 2 変数 $x_2$ に対応する係数 $b_2$ を以下の 2 通りで変化させた場合の結果を示す。

$$b_2 = 3\sin(0.01\pi t) + 1 \tag{4.11}$$

$$b_2 = 3\sin(0.02\pi t) + 1 \tag{4.12}$$

それぞれゆっくりとした傾き変化と急激な傾き変化を表す。今回の UOD は 0 である。

モデル検証用データの $r_\mathrm{P}^2$ 値と $RMSE_\mathrm{P}$ 値（5.19節参照）をそれぞれ**表4.5**と**表4.6**に示す。式 (4.11) と式 (4.12) の両方において、MWモデルを用いた際に最も精度良く予測できていることがわかる。ただ、MWモデルの構築に用いるデータ数を20としており、$\mathbf{X}$ と $\mathbf{y}$ の傾きが変化する前のデータもモデル構築データに含まれている。そのようなデータを用いてモデルを構築しているため、予測データにおける $\mathbf{X}$ と $\mathbf{y}$ の傾きは完全には表現されていない。そのため $r_\mathrm{P}^2$ 値は 0.546 や 0.574 となり、1 に近い値ではなかったと考えられる。また表4.6より傾きの変化が急激になると、$RMSE_\mathrm{P}$ の値が大きくなる傾向が確認された。JITモデルやTDモデルよりMWモデルの方が精度良く予測可能であったが、考察したようにMWモデルでも急激な変化には対応困難であった。

**表4.5** 各 $b_2$ における $r_\mathrm{P}^2$ 値[94]

| $b_2$ | TDモデル | MWモデル | JITモデル |
|---|---|---|---|
| 式 (4.11) | −6.077 | 0.546 | −5.932 |
| 式 (4.12) | 0.377 | 0.574 | 0.009 |

**表4.6** 各 $b_2$ における $RMSE_\mathrm{P}$ 値[94]

| $b_2$ | TDモデル | MWモデル | JITモデル |
|---|---|---|---|
| 式 (4.11) | 15.21 | 3.85 | 15.05 |
| 式 (4.12) | 8.85 | 7.32 | 11.17 |

**図4.7**にMWモデルを用いた際の式 (4.11) の場合における回帰係数の時間プロットを示す。なお、今回は $\mathbf{x}_1$ と $\mathbf{x}_2$ の間に相関関係はない。$\mathbf{x}_1$ の回帰係数はほとんど変化していないが、$\mathbf{x}_2$ の回帰係数で式 (4.11) の sin カーブの動きを表現できている。ただ、実際の $b_2$ より遅れて回帰係数が変化している。今回はトレーニングデータ数を20としており、新しいデータがトレーニングデータに追加されたとしても、モデルが古いデータの影響を受けてしまった。

**図4.8**にJITモデルを用いた際の式 (4.11) の場合における回帰係数の時間プロットを示す。実際の $\mathbf{x}_1$, $\mathbf{x}_2$ の $\mathbf{y}$ への寄与度が変化しているにもかかわらず、回帰係数の値が変化していないことがわかる。$\mathbf{X}$ の空間においては、デー

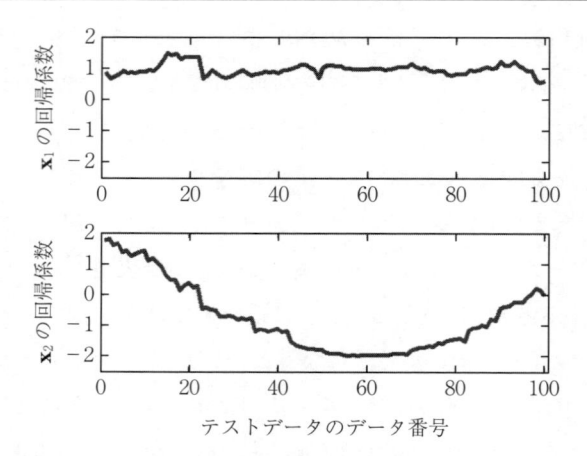

**図 4.7** MW モデルを用いた際のモデル検証用データにおける回帰係数の時間プロット（$b_2$ として式 (4.11) を使用）[94]

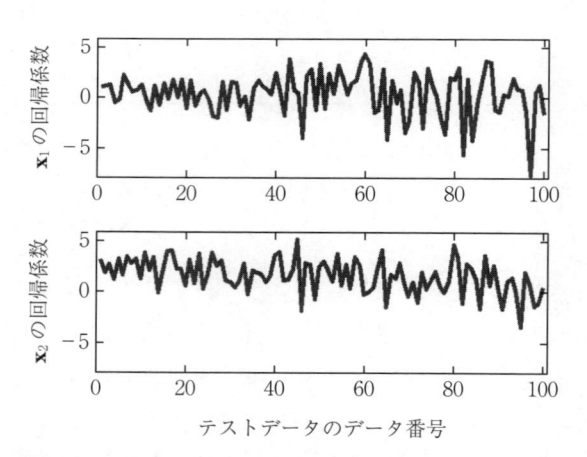

**図 4.8** JIT モデルを用いた際のモデル検証用データにおける回帰係数の時間プロット（$b_2$ として式 (4.11) を使用）[94]

タの変化がなく適切なデータの選択が行われていないためといえる。

$\mathbf{X}$ の値シフトとして下記のように $\mathbf{x}_1$ を $\mathbf{x}_{1,\mathrm{new}}$ とした場合について検討した。

$$\mathbf{x}_{1,\mathrm{new}} = \mathbf{x}_1 + 0.01\mathbf{t} \tag{4.13}$$

$$\mathbf{x}_{1,\,\mathrm{new}} = \mathbf{x}_1 + \begin{cases} 0 & (1 \leq t \leq 20, \quad 101 \leq t \leq 120) \\ 20 & (21 \leq t \leq 100, \quad 121 \leq t \leq 200) \end{cases} \quad (4.14)$$

式 (4.13) はゆっくりとした $\mathbf{X}$ の値シフトを，式 (4.14) は一瞬の $\mathbf{X}$ の値シフトを表す．同時に，$b_2$ に式 (4.11) や以下の一瞬の変化を与えた場合についても解析した．

$$b_2 = \begin{cases} 1 & (1 \leq t \leq 20, \quad 101 \leq t \leq 120) \\ 21 & (21 \leq t \leq 100, \quad 121 \leq t \leq 200) \end{cases} \quad (4.15)$$

$b_1$ は 1 であり，UOD は 0 である．

モデル検証用データの $r_\mathrm{P}^2$ 値を表 4.7 に示す．$\mathbf{x}_{1,\,\mathrm{new}}$ として式 (4.13) を使用した結果から，$\mathbf{X}$ が徐々にシフトした場合は $\mathbf{y}$ の値シフトの場合と同様に，MW モデルや TD モデルにより精度良く予測可能であった．MW モデルにおいては $\mathbf{X}$ の変化に追随でき，TD モデルにおいては $\mathbf{X}$ の値シフトの影響を受けないモデル構築と予測ができたといえる．一方，JIT モデルにおいては設定値-予測値プロットが図 4.6（c）と同様に対角線からシフトしており，データ選択に失敗してしまった．$\mathbf{X}$ の値が徐々に変化しているため，変化前後のデータを含めてモデルが構築されたためといえる．しかし，式 (4.14) のように $\mathbf{X}$ の値シフトが一瞬に起きた場合，考察したように JIT モデルのデータ選択が成功し，MW モデル・TD モデルと比較して高い精度で予測可能であった．JIT モデルにおいては，$\mathbf{X}$ の値が十分大きくシフトする必要があることが確認され

表 4.7　各 $\mathbf{x}_{1,\,\mathrm{new}}$, $b_2$ における $r_\mathrm{P}^2$ 値。（　）内は外れ値 2 点を除去した場合[94]．

| $\mathbf{x}_{1,\,\mathrm{new}}$ | $b_2$ | TD モデル | MW モデル | JIT モデル |
|---|---|---|---|---|
| 式 (4.13) | — | 1.000 | 0.999 | 0.967 |
| 式 (4.14) | — | 0.696 (1.000) | 0.264 | 0.911 |
| 式 (4.13) | 式 (4.11) | −6.07 | 0.539 | −5.68 |
| 式 (4.14) | 式 (4.11) | −0.680 | 0.213 | −6.78 |
| 式 (4.13) | 式 (4.15) | 0.576 | 0.527 | 0.498 |
| 式 (4.14) | 式 (4.15) | 0.897 | 0.807 | 0.990 |

た。また，TD モデルでは **y** の値シフトが一瞬で起きた場合と同様にシフト後のデータを削除した結果，$r_\mathrm{P}^2$ 値が 1.000 となり精度の高い予測が達成された。

ゆっくりとした **X** の値シフトと同時に式 (4.11) のように $b_2$ が徐々に変化した場合，TD モデルでは **X** と **y** の傾き変化に対応できず，JIT モデルを用いても適切なモデルは構築されなかった。一方，MW モデルの $r_\mathrm{P}^2$ 値はある程度大きく，式 (4.11) と式 (4.13) の変化にある程度追随できたといえる。しかし，式 (4.14) のように **X** が急激にシフトした場合，MW モデルでも変化に追随できず $r_\mathrm{P}^2$ 値は小さい値となってしまった。

式 (4.15) のように **X** と **y** の傾き変化が一瞬で起きた際，**X** の値も徐々にシフトしている場合は三つのモデルの結果に大差は見られなかった。しかし，**X** と **y** の傾きが変化すると同時に **X** の値シフトが一瞬に起きた場合は JIT モデルの $r_\mathrm{P}^2$ 値が最も高い値となった。このときの設定値と予測値のプロットを図 4.9 に示す。**X** と **y** の傾きが変化する際，**X** の値シフトも十分に起きることで JIT モデルによるデータ選択が成功し，**X** と **y** の傾き変化に追随可能なことが確認された。

（a） TD モデル　　　（b） MW モデル　　　（c） JIT モデル

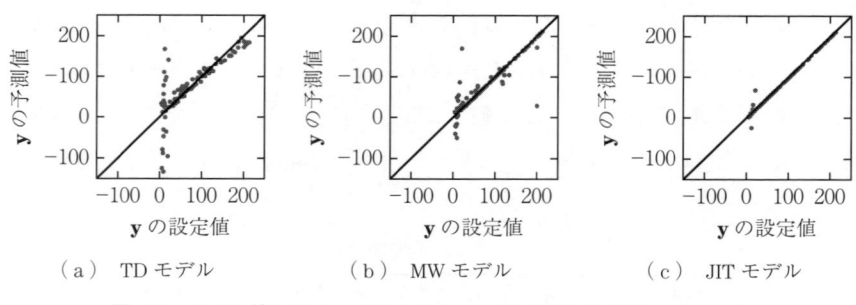

**図 4.9**　モデル検証用データにおける **y** の設定値と予測値のプロット
　　　　（$\mathbf{x}_\mathrm{1,\,new}$ は式 (4.14)，$b_2$ は式 (4.15) を使用）[94]

**図 4.10** に $\mathbf{x}_\mathrm{1,\,new}$ として式 (4.14)，$b_2$ として式 (4.15) を使用した場合の JIT モデルを用いた際の回帰係数の変化を示す。**X** の値シフトが起こることでデータ選択に成功し，回帰係数が変化したことがわかる。なお，図 4.7 の MW の結果のような時間遅れは確認されなかった。JIT モデルにおいては，**X** が与え

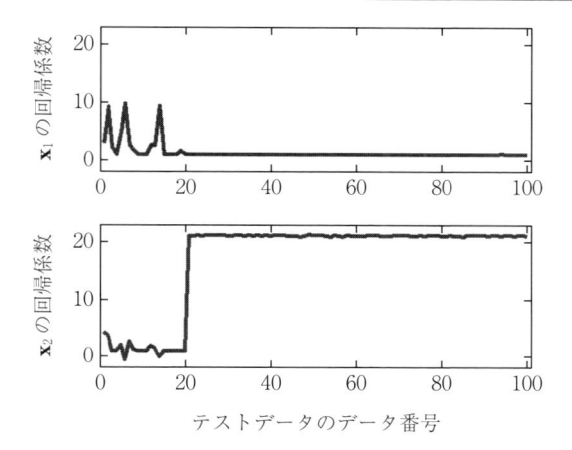

**図 4.10** JIT モデルを用いた際のモデル検証用データにおける回帰係数の変化（$\mathbf{x}_{1,\text{new}}$ として式 (4.14)，$b_2$ として式 (4.15) を使用）[94]

られたときにすべて新規にデータ選択を行っているため，古いデータの影響を受けにくいためである．ただ，データベース中のデータ数が少ない場合は，対象としている $\mathbf{X}$ の空間領域のデータ以外も選択されてしまうことがあるため注意が必要である．モデル検証用データのデータ番号が 0 から 20 で $b_1$ の値が

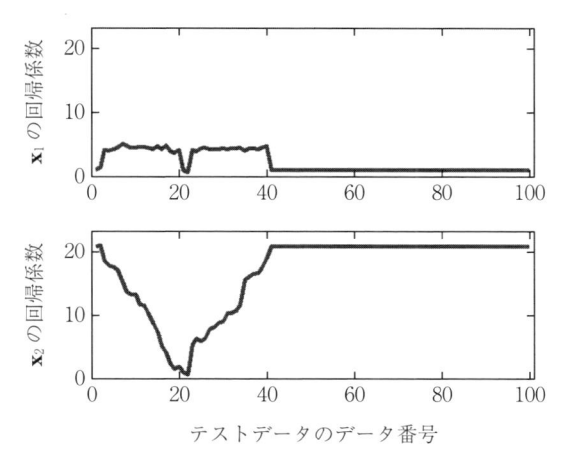

**図 4.11** MW モデルを用いた際のモデル検証用データにおける回帰係数の変化（$\mathbf{x}_{1,\text{new}}$ として式 (4.14)，$b_2$ として式 (4.15) を使用）[94]

大きくなった時間があるが，この時間においては，すべて同じ状態のデータが選択されたわけではなかった。式 (4.15) よりモデル構築用データにおける $b_2$ = 1 のデータが 20 点と少ないためである。

**図 4.11** に $\mathbf{x}_{1,\,\text{new}}$ として式 (4.14)，$b_2$ として式 (4.15) を使用した場合の MW モデルを用いた際の回帰係数の変化を示す。データ番号が 40 を超えるまで式 (4.15) と比較して回帰係数の値が大きく異なることから，適切な MW モデルは構築されなかったことがわかる。

### 4.1.4 プロセス特性が急激に変化する際の対応

4.1.3 項において，傾きが急激に変化する劣化，つまりプロセス特性の急激な変化に対するこれまでの適応型モデルの予測精度は十分でないことを述べた。そして，$\mathbf{X}$ と $\mathbf{y}$ の間に非線形関係が存在する場合については特に言及しなかった。そこでここでは

① 傾きが急激に変化する劣化における予測精度向上

② $\mathbf{X}$ と $\mathbf{y}$ の非線形関係への対応

を目指した研究例[100] を紹介する。① および ② が達成されればプラント特性が急激に変化する際に対応可能となる。

傾きの急激な変化とは傾きの非線形変化であることから，非線形の回帰モデルを更新することで ① および ② を達成可能と考えられる。しかし非線形回帰モデルを逐次更新するには多くの時間がかかってしまう。そこで非線形回帰モデルの一つである Support Vector Regression（SVR）[71] モデルを効率的に更新する手法である Online SVR（OSVR）法[112] をソフトセンサーに応用する。SVR 法は Support Vector Machine（SVM）[71] を回帰分析へ応用した手法である。SVM と同様に，カーネルトリックを用いることによって非線形なモデリングを行うことが可能となっている。OSVR 法とは，SVR モデルが満たすべき Karush-Kuhn Tucker（KKT）条件について，データが追加および削除された際にも成立するよう効率的に SVR モデルを更新する手法である。細胞濃度予測[113]，短期の交通量予測[114]，呼吸運動予測[115]，原子力プラントにおける給水

流量予測[116]などに応用されている。SVR法とOSVR法の詳細についてはそれぞれ5.11節，5.12節を参照されたい。

非線形モデルを更新することで$\mathbf{X}$と$\mathbf{y}$の間の非線形関係には対応できると考えられるが，プロセス特性が時間的に変化する際の対応は困難といえる。そこで，$\mathbf{X}$に時間を表す変数（時間がたつごとに値が増加する変数）を追加する。この時間変数により，直近のプロセス特性の時間的変化をモデル化することで，将来の$\mathbf{y}$の値を適切に予測できると考えられる。また，時間変数を追加した非線形モデルを更新することで，時間的に非線形なプロセス特性の変化に対応可能である。なお，時間変数は間隔尺度であり任意にゼロ点を設定できる。

本手法の有用性を確認するため，$\mathbf{X}$と$\mathbf{y}$の間の関係が時間的に変化する場合，および非線形の場合を想定したシミュレーションデータ解析結果を紹介する。比較を行ったモデルは，TDモデルとしてPLS法により構築されたTDモデル（TDPLSモデル）およびSVR法を用いた非線形TDモデル（TDSVRモデル）[108]，JITモデルとして予測用データとユークリッド距離の近いデータのみで構築されたPLSモデル（JITPLSモデル），および局所PLSモデル（LWPLSモデル）[103],[104]，MWモデルとして予測用データに時間的に近いデータのみを用いて構築されたPLSモデル（MWPLSモデル）[45],[46]，およびOSVRモデルである。それぞれ時間変数を追加した場合についても検討を行っている。JITPLSモデル・MWPLSモデル・OSVRモデルにおけるモデル構築用データ数は50である。なお，実際のポリマー重合プラントを対象にした検証結果については，文献100）を参照されたい。

〔1〕 $\mathbf{X}$と$\mathbf{y}$の関係が時間的に変化するデータを用いた解析

4.1.3項の$\mathbf{x}_2$の傾き$b_2$が変化するデータを用いた解析結果を紹介する。PLSモデル・SVRモデル・LWPLSモデルにおける各パラメータは，モデル構築用データを用いた5-foldクロスバリデーションにより決定した（5.19節参照）。OSVRモデルにおいては，モデル構築用データの5-foldクロスバリデーションにより最適化されたSVRモデルのパラメータと同様の値とした。

表 4.8 に,説明変数として $\mathbf{x}_1$ および $\mathbf{x}_2$ のみを用いた際の各モデルによるモデル検証用データの予測結果を示す。$r_\mathrm{P}^2$, $RMSE_\mathrm{P}$ については 5.19 節を参照されたい。$b_2$ として式 (4.11),(4.12) のどちらを用いた場合でも,TDPLS モデル・TDSVR モデル・JITPLS モデル・LWPLS モデルの $r_\mathrm{P}^2$ 値は小さく,$RMSE_\mathrm{P}$ 値は大きいことから各モデルの予測精度は低いことがわかる。これらのモデルは,時間的に変化するプロセスの特性に追随できなかった。MWPLS モデルを用いた場合に予測精度の改善が見られたが,依然として $r_\mathrm{P}^2$ 値は小さく $RMSE_\mathrm{P}$ 値は大きかった。OSVR 法を用いて SVR モデルを更新した場合でも,MWPLS モデルと比較して良好な結果は得られなかった。どのモデルを用いても,$\mathbf{X}$ と $\mathbf{y}$ の関係の時間的変化に追随できなかったといえる。

表 4.9 が時間変数を説明変数の 3 変数目に追加した場合の予測結果である。TDPLS モデル・TDSVR モデル・JITPLS モデル・LWPLS モデルを用いた際,

表 4.8 $\mathbf{X}$ に時間変数がない場合の各モデルの予測結果[100]

|  | $b_2$:式 (4.11) | | $b_2$:式 (4.12) | |
| --- | --- | --- | --- | --- |
|  | $r_\mathrm{P}^2$ | $RMSE_\mathrm{P}$ | $r_\mathrm{P}^2$ | $RMSE_\mathrm{P}$ |
| TDPLS | −6.1 | 15 | 0.376 | 9 |
| TDSVR | −9.9 | 19 | −0.19 | 12 |
| JITPLS | −6.0 | 15 | 0.05 | 11 |
| LWPLS | −5.9 | 15 | 0.05 | 11 |
| MWPLS | −1.3 | 9 | −0.44 | 13 |
| OSVR | −1.5 | 9.1 | −3.6 | 13 |

表 4.9 $\mathbf{X}$ に時間変数を追加した場合の各モデルの予測結果[100]

|  | $b_2$:式 (4.11) | | $b_2$:式 (4.12) | |
| --- | --- | --- | --- | --- |
|  | $r_\mathrm{P}^2$ | $RMSE_\mathrm{P}$ | $r_\mathrm{P}^2$ | $RMSE_\mathrm{P}$ |
| TDPLS | −6.1 | 15 | 0.376 | 9.0 |
| TDSVR | −19.2 | 26 | −20.1 | 52 |
| JITPLS | −0.25 | 6.4 | −0.19 | 12 |
| LWPLS | −0.30 | 6.5 | 0.265 | 9.6 |
| MWPLS | 0.147 | 5.3 | 0.239 | 9.8 |
| OSVR | 0.997 | 0.29 | 0.991 | 1.0 |

## 4.1 モデルの劣化, モデルのメンテナンス

いくつかのモデルについて予測精度の改善が見られたものの十分とはいえない。MWPLS モデルを用いた際, $b_2$ がどちらの場合においても $r_\mathrm{p}^2$ 値は大きく上昇し, $RMSE_\mathrm{p}$ 値も低下することが確認された。さらに, OSVR モデルにより大幅な予測精度の向上が見られた。時間変数を追加して SVR モデルを更新することで, $\mathbf{X}$ と $\mathbf{y}$ の関係の時間的な変化に適切に対応できたことがわかる。

図 4.12 に, $b_2$ として式 (4.12) を使用した際の MWPLS および OSVR モデルによるモデル検証用データの $\mathbf{y}$ の設定値と予測値のプロットを示す。それぞれ時間変数を追加することでプロットが対角線に近付き, 予測精度が向上したことがわかる。さらに, OSVR モデルを使用することでプロットが対角線付近にかたまり, 良好な予測結果となった。OSVR モデルと時間変数を組み合わせることで, $\mathbf{X}$ と $\mathbf{y}$ の関係が時間的に変わるプロセス特性の変化に対応可能であ

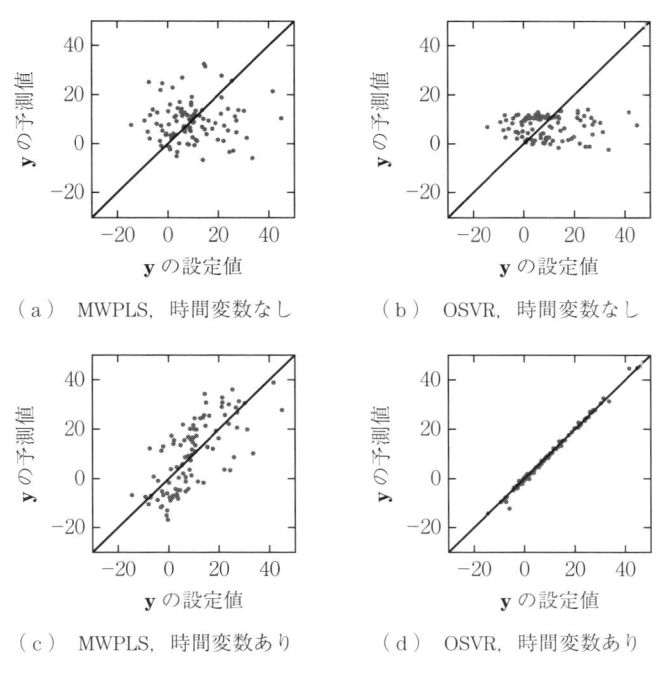

（a） MWPLS, 時間変数なし　　（b） OSVR, 時間変数なし

（c） MWPLS, 時間変数あり　　（d） OSVR, 時間変数あり

**図 4.12** モデル検証用データにおける $\mathbf{y}$ の設定値と予測値のプロット（$b_2$ として式 (4.12) を使用）[100]

ることを確認した．

〔2〕 **X と y の関係が非線形のデータを用いた解析**

X と y の間に非線形関係がある場合における本手法（OSVR モデル＋時間変数）の検証を行うため，X と y の関係が以下の式で表される系における二つのシミュレーションデータの解析結果を紹介する．

$$y = \sin(\mathbf{x}_1)\cos(\mathbf{x}_2) + 0.1\mathbf{x}_1 \tag{4.16}$$

$$\exp(\mathbf{y}) = \{1 + (\mathbf{x}_1 + \mathbf{x}_2 + 1)^2(19 - 14\mathbf{x}_1 + 3\mathbf{x}_1^2 - 14\mathbf{x}_2 + 6\mathbf{x}_1\mathbf{x}_2 + 3\mathbf{x}_2^2)\} \\ \times \{30 + (2\mathbf{x}_1 - 3\mathbf{x}_2)^2(18 - 32\mathbf{x}_1 + 12\mathbf{x}_1^2 + 48\mathbf{x}_2 - 36\mathbf{x}_1\mathbf{x}_2 + 27\mathbf{x}_2^2)\} \tag{4.17}$$

それぞれ文献170）のテスト問題として掲載されており，式(4.16)は元の式に $0.1\mathbf{x}_1$ を追加した式である．X のデータは，それぞれランダムウォークにより発生され，$\mathbf{x}_1$, $\mathbf{x}_2$ ともに式(4.16)においては±3, 式(4.17)においては±2 の間でレンジスケーリングされている．データの軌跡については文献100）を参照されたい．y には平均0，標準偏差0.01の正規乱数が追加されている．全データ数は1 100 であり，最初の100 データがモデル構築用データ，その後の1 000 データがモデル検証用データである．

表 4.10 に，説明変数として $\mathbf{x}_1$ および $\mathbf{x}_2$ のみを用いた際の各モデルによるモデル検証用データの予測結果を示す．各適応型モデルにより $r_\mathrm{P}^2$ 値が 0.8 以上となり，ある程度良好な予測を行うことができた．JITPLS モデル・MWPLS モデル・OSVR モデルを使用することで TD モデルと比較して $r_\mathrm{P}^2$ 値は大きく

表 4.10 X に時間変数がない場合の各モデルの予測結果[100]

| | 式 (4.16) | | 式 (4.17) | |
| --- | --- | --- | --- | --- |
| | $r_\mathrm{P}^2$ | $RMSE_\mathrm{P}$ | $r_\mathrm{P}^2$ | $RMSE_\mathrm{P}$ |
| TDPLS | 0.985 | 0.0747 | 0.969 | 0.389 |
| TDSVR | 0.954 | 0.1315 | 0.981 | 0.308 |
| JITPLS | 0.978 | 0.0907 | 0.976 | 0.343 |
| LWPLS | 0.987 | 0.0700 | 0.855 | 0.840 |
| MWPLS | 0.967 | 0.1117 | 0.954 | 0.472 |
| OSVR | 0.999 | 0.0160 | 0.989 | 0.233 |

$RMSE_\mathrm{P}$ 値は小さくなり，予測精度の向上を確認した．ただ，式 (4.17) を用いて得られたデータに対しては，他の適応型モデルと比較して LWPLS モデルの $r_\mathrm{P}^2$ 値が小さく $RMSE_\mathrm{P}$ 値が大きくなってしまった．各モデル検証用データにおける $\mathbf{X}$ と $\mathbf{y}$ の関係と同様の関係を持つデータがデータベースには存在せず，適切なモデリングが行われなかったためと考えられる．このような状況においても，OSVR モデルを用いることで従来の適応型モデルと同等，またはそれ以上の予測精度を示すことを確認した．

表 4.11 が時間変数を説明変数の 3 変数目に追加した場合の予測結果である．表 4.10 と比較して大きな差異はない．$\mathbf{X}$ と $\mathbf{y}$ の間の関係が非線形的に変化する場合，時間変数は精度向上に寄与しないことを確認した．

**表 4.11** $\mathbf{X}$ に時間変数を追加した場合の各モデルの予測結果[100]

|  | 式 (4.16) | | 式 (4.17) | |
| --- | --- | --- | --- | --- |
|  | $r_\mathrm{P}^2$ | $RMSE_\mathrm{P}$ | $r_\mathrm{P}^2$ | $RMSE_\mathrm{P}$ |
| TDPLS | 0.985 | 0.0747 | 0.969 | 0.389 |
| TDSVR | 0.985 | 0.0741 | 0.981 | 0.307 |
| JITPLS | 0.973 | 0.1002 | 0.987 | 0.360 |
| LWPLS | 0.988 | 0.0686 | 0.868 | 0.802 |
| MWPLS | 0.963 | 0.1182 | 0.960 | 0.440 |
| OSVR | 0.999 | 0.0162 | 0.987 | 0.255 |

図 4.13 にシミュレーションデータとして式 (4.16) を使用した際の，モデル検証用データの $\mathbf{y}$ の設定値と予測値のプロットを示す．OSVR モデルを使用することで他のモデルと比較してデータが対角線付近にかたまり，精度良く予測可能であることを確認した．OSVR モデルにより $\mathbf{X}$ と $\mathbf{y}$ の非線形性に適切に追随できたといえる．

図 4.14 にシミュレーションデータとして式 (4.17) を使用した際の，モデル検証用データの $\mathbf{y}$ の設定値と予測値のプロットを示す．図 4.14 の各プロットより，LWPLS モデル（b）の予測結果では対角線から外れたサンプルが多く見られた．LWPLS モデルではモデル構築用データに存在しない $\mathbf{X}$ と $\mathbf{y}$ の関係に対応できなかったと考えられる．OSVR モデル（d）のプロットでは，ある程

(a) JITPLS，時間変数あり

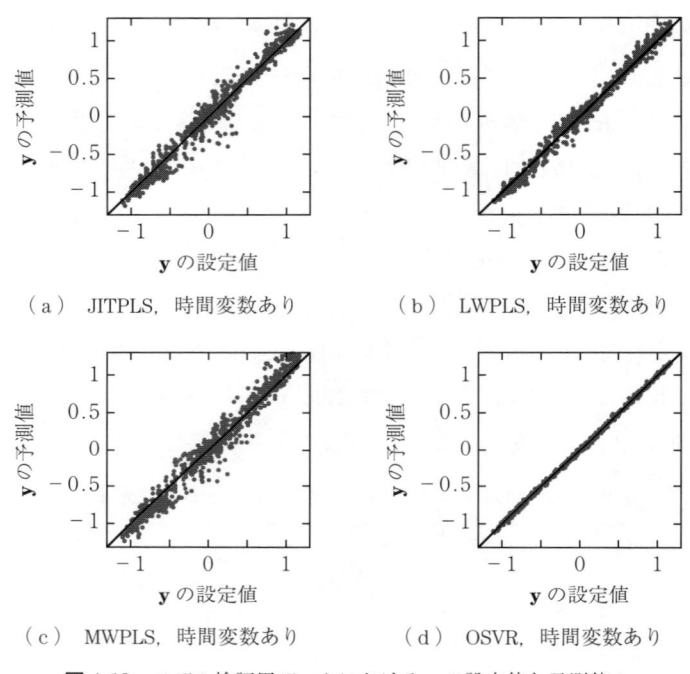

(b) LWPLS，時間変数あり

(c) MWPLS，時間変数あり

(d) OSVR，時間変数あり

**図 4.13** モデル検証用データにおける **y** の設定値と予測値のプロット（式（4.16）を使用）[100]

度データが対角線付近にかたまっており，OSVR モデルにより良好な予測が行えたといえる。しかし，JITPLS モデル（a）および MWPLS モデル（c）と同様に **y** の値が小さい場合にデータが対角線から離れており，予測誤差が大きくなってしまった。今回はモデルを更新する際のデータ数や OSVR モデルのパラメータを一つに固定して予測を行ったが，プロセス特性によって適切なデータ数および OSVR パラメータは異なるはずである。プロセス特性に応じて適切なパラメータを選択することで，さらなる予測性の向上が可能であると考えられる。

文献 100）では，本手法（OSVR モデル＋時間変数）を用いた実際のポリマー重合プラントにおいて測定されたデータの解析結果が掲載されている。興味のある方は参照されたい。

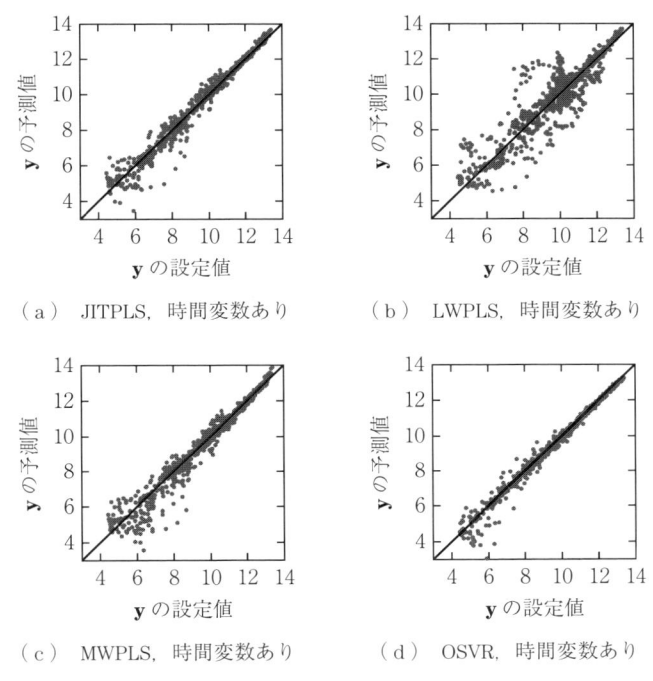

(a) JITPLS，時間変数あり
(b) LWPLS，時間変数あり
(c) MWPLS，時間変数あり
(d) OSVR，時間変数あり

**図 4.14** モデル検証用データにおける **y** の設定値と予測値のプロット（式 (4.17) を使用）[100]

### 4.1.5 適応型モデルの選択

4.1.3 項で示したようにプラントの状態によって各適応型モデルの予測性能およびその優劣は異なる．そこで，プラントの状態ごとに適切な適応型モデルを選択する試みが行われている[121]．ここでは方針として，通常のプロセス状態のときには TD モデルを使用し，プロセスの変動中には MW モデルもしくは JIT モデルを使用するものとする．TD モデルは，MW モデル・JIT モデルとは異なりモデルの再構築を行わないため，安定した予測を行える．さらに TD モデルは **y** の値シフトや **x** の値シフトに対応可能である．しかし，プラントが変動して **x** と **y** の傾きが変化した際には対応できない．そこで，このような場合には MW モデルや JIT モデルを使用するわけである．では，TD モデルを

用いるか，MW モデルもしくは JIT モデルを用いるかをどのように選択するか？TD モデルの予測精度が悪いプロセス状態を検出できれば，その状態のときに MW モデルもしくは JIT モデルに切り替えて使用すればよい．ただ，**X** のデータのみからその状態を検出しなければならない．そこで TD モデルの予測誤差の推定手法[64]（4.5.2 項参照），または多変量プロセス管理手法[171]が応用されている[121]．これらの手法により，現状のプロセス状態において TD モデルを用いるべきか，MW モデルもしくは JIT モデルを用いるべきか判定するモデルをここではソフトセンサー識別モデルと呼ぼう．

　本手法の概念図を**図 4.15** に示す．今回は TD モデルと MW モデルを使用する場合で説明を行うが，TD モデルと JIT モデルを使用する場合でも考え方は同様である（MW モデルと JIT モデルとを入れ替えるのみ）．モデル構築において，モデル構築用データを用いて TD モデルと MW モデルを構築し，**y** の予測誤差をそれぞれ計算する．TD モデルと MW モデルの予測誤差を確認して，TD モデルの予測誤差が大きいデータと小さいデータに分類する．例えば，予測誤差の絶対値に閾値を設けて，予測誤差の絶対値がその閾値より大きいデータと閾値以下のデータに分ける．その後，それらのデータを識別するモデル（ソフトセンサー識別モデル）を構築する．ソフトセンサー識別モデルの構築方法として，Support Vector Machine（SVM）[71]〜[73]などを用いた多変量プロセス管理手法と比較して，TD モデルの予測誤差の推定手法（Ensemble

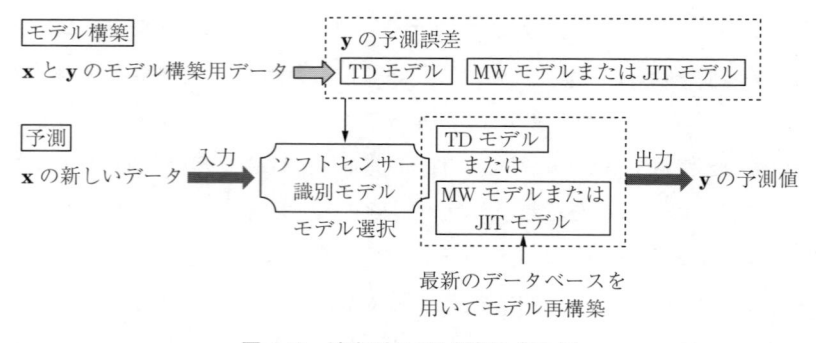

**図 4.15**　適応型モデル選択の概念図

Prediction Method, EPM)(4.5.2項参照)の有意性が確認されている[121]。この手法では,複数の時間差分間隔からの予測値の標準偏差を計算し,これを予測誤差の指標とする。予測値がある一つの値にかたまっていて予測値の標準偏差が小さければプロセスは安定しており予測誤差は小さいだろう,予測値がばらついており標準偏差が大きければプロセスが何らかの変化をしており予測誤差は大きいだろうと推定できる。

新しいデータを予測する際は,まずデータをソフトセンサー識別モデルに入力し,TDモデルとMWモデルのどちらを用いるべきか決定する。具体的には,EPMにより複数の時間差分間隔からの予測値の標準偏差に閾値を設けて,実際に予測する際に標準偏差が閾値以下の場合はTDモデル,閾値を超えた場合はMWモデルを使用する。TDモデルが選択された場合にはTDモデルにより予測値を計算する。MWモデルが選択された場合には,予測したいデータの直前のデータセットを用いてモデルを更新した後に予測する。JITモデルを使用する場合も,MWモデルと同様に再度モデルを構築した後に予測を行う。

本手法を用いることで,基本的にはTDモデルを用いて安定的な予測を行い,ソフトセンサー識別モデルによりプロセスの変動を検出することで,変動時にはMWモデルもしくはJITモデルに切り替えることが可能となる。これにより,プロセスの状態に応じて適切な適応型モデルを使用し,高い予測精度を維持しながら安定的に予測を行える。

■ **実際のプラントデータを使用したケーススタディ**

本手法の検証を行うため,三菱化学株式会社水島事業所の蒸留塔で測定されたデータを用いた解析結果を示す。缶出液の低沸点成分濃度を**y**とし,温度・圧力・流量・還流比・フィード比などの19変数を**X**としてソフトセンサーモデルを構築した。蒸留塔の概略図とプロセス変数については,2.6.2項を参照されたい。**y**の測定間隔は30分であり,各**X**の変数は1分ごとに測定されている。2002年と2003年の測定データをモデル構築用データ,2004年から2006年の測定データをモデル検証用データとした。

まず,TDモデルとMWモデルを用いてそれぞれモデル構築用データの**y**の

予測値を計算し，TDモデルを用いて複数の時間差分間隔からの予測値の標準偏差（SD）（4.5.2項参照）を計算した．複数の時間差分間隔として，4.5.2項と同様に30分から1440分前まで30分ずつ遅らせた値を用いた．SDが大きいとTDモデルの予測誤差も大きいと考えられるため，SDの値が$r$以下のときにTDモデルを使用し，$r$より大きいときにMWモデルを使用するとした．$r$を0から0.8まで0.001ずつ変化させてそれぞれ最終的な$\mathbf{y}$の予測値を求めて $RMSE$（5.19節参照）を計算した．$r$と$RMSE$の関係を図4.16に示す．今回は$RMSE$が最小となった$r = 0.199$を採用してモデル検証用データの$\mathbf{y}$の予測を行った．

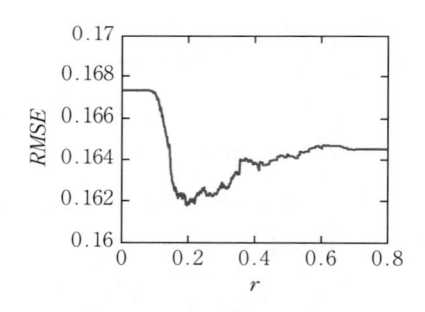

**図4.16** $r$と$RMSE$の関係

比較のため以下の三つの手法を用いて検討した．
① MWモデルのみを使用する手法（MWPLS）
② TDモデルのみを使用する手法（TDPLS）
③ TDモデルとMWモデルを使い分ける手法（モデル選択）

モデル選択を行った場合は，59.9%の頻度でTDモデルからMWモデルに切り替えていた．

予測結果の例を図4.17に示す．図4.17では各時刻において1日のデータ（48データ）で計算された$RMSE_p$の値が手法ごとにプロットされている．図4.17（a）より，最初TDPLSモデルの誤差が大きくMWPLSモデルの誤差が小さい場合には，適切にMWPLSモデルが選択され，その後MWPLSモデルの誤差が大きくなった際は適切にTDPLSモデルが選択されることで高い予測精度

(a)

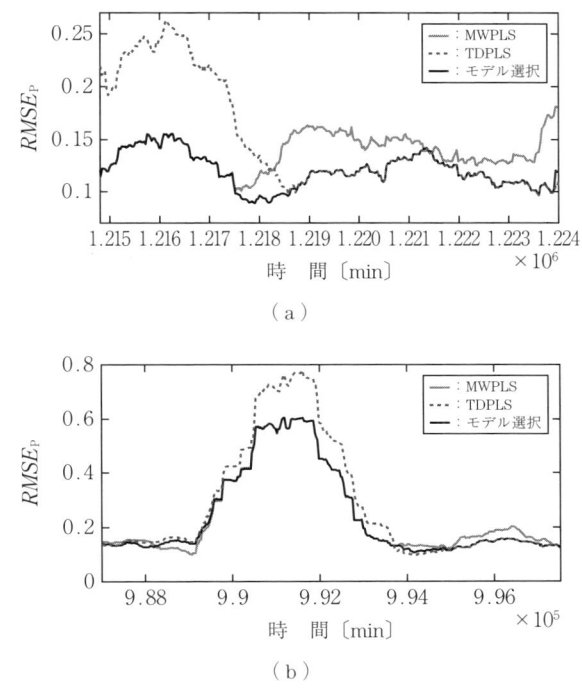

(b)

図 4.17 MWPLS モデル・TDPLS モデル・モデル選択の予測結果の例

を維持しながら安定的に y の値を予測できることがわかる。

図 4.17（b）では全体的に $RMSE_\mathrm{P}$ の値が大きい時間がありプラントに変動が起き，X と y の関係が変化していると考えられる。4.1.3 項より TD モデルではそのような変動に対応できないが，モデル選択により適切に MW モデルを選択でき精度が向上したことがわかる。その変動後，TDPLS モデルと比較して MWPLS モデルの $RMSE_\mathrm{P}$ の値が大きかった。MW モデルは，変動中のデータと安定状態のデータを混合してモデルが構築されてしまったため，予測精度が悪化したと考えられる。このような場合でも，モデル選択により適切に TD モデルを選択したことで精度良く，安定した y の予測が可能であった。今回のソフトセンサー識別モデルは，測定されたプラントデータに対して最適なソフトセンサーモデルを識別することに成功したことと，それにより適切な時

期にモデル更新を行うことが可能となり，連続して高精度かつ安定的な予測ができることを確認した。

### 4.1.6 モデルの劣化要因を考慮したソフトセンサーモデルの構築

4.1.1項から4.1.5項までは4.1節の

① 最新の運転データを活用してプラントの状態変化にモデルを追随させる研究例であった。本節では

② モデルの劣化要因を推定し，それを踏まえたモデル構築および予測を行う研究例[122]を紹介する。

この研究ではモデルの劣化の要因の一つとして，熱交換器の配管汚れ（ファウリング）に着目している。あらかじめファウリングの予測ができれば，その影響を考慮に入れた上で別の対象の予測を行うことができる。そこで，熱交換器の配管の汚れ係数の予測[122]と，ファウリングを踏まえたソフトセンサーモデルの構築を紹介する。

熱交換器における汚れ付着，つまりファウリング層の形成により，汚れ係数は大きくなり総括の伝熱係数は小さくなってしまう。そしてファウリングが起こると，洗浄によってファウラントを除去しなければならない。定期的な洗浄やメンテナンスにはコストや時間がかかってしまうため，ファウリング層の形成が起こりにくい条件でプロセスを運転することが望ましいといえる。したがってファウリングを未然に防ぐため，ファウリングのメカニズムを理解することが望まれており，原油を対象にしたファウリング[123]〜[127]や無機物質や有機物質のファウリング[128]〜[139]において盛んに研究が行われている。

ただ，ファウリング層の形成メカニズムも重要であるが，ある運転条件のもとで，精度良く汚れ係数の変化を予測することがむしろ実用的である。MalayeriらやAminianらは，Artificial Neural Network（ANN）法を用いて熱交換器の汚れ係数を予測する試みを行った[140],[141]。しかし，ANN法は精度の高いモデルを構築できる一方で，予測精度は低いことが指摘されている[142]。さらに，ANNモデルは非線形で複雑であるため，そのモデルからプロセス知識を

抽出することは困難である。そこで，各種ケモインフォマティクスのアプローチを取り，運転条件のみから汚れ係数を予測する統計モデルの構築とそのモデルの解析を試みた方法を紹介する[122]。

また Coletti は，原油精製プラントの multi-pass shell-and-tube heat exchanger（多管式熱交換器）を対象にして，熱交換器のシェル側（胴側・高温側）とチューブ側（管側・低温側・原油側）の出口温度，汚れ係数，圧力損失を長期予測する物理モデルを構築した[127]。物理モデルは，熱収支式，熱交換器の構造，原油の物性，局所的な汚れ係数に関する Ebert-Parchal モデル[143)～145)]，移動境界，ファウリング層の性質の時間変化を表す aging モデル[125),126)]に基づく。詳細は文献 127) を参照されたい。この物理モデルを用いることで，将来のファウリングの影響を踏まえた熱交換器設計を行うことが可能となる[111]。本節では，シェル側とチューブ側における出口温度の予測精度向上のため，物理モデルと統計モデルを組み合わせたソフトセンサー開発を行った例を紹介する。物理モデルによってファウリングの影響を考慮することで，予測精度が劣化しないモデル構築が可能になると考えられる。

〔1〕 ファウリング予測モデルの構築

対象となったファウリングシステムは，トルエンを溶媒とした冷却管周りへのステアリン酸のファウリング層形成である[122]。ファウリング層形成の観測に用いられた晶析装置などデータの詳細は文献 122) を参照されたい。このデータを用いて，実験条件のみから定常状態における汚れ係数 $U_f^{-1}$ を精度良く予測する統計モデルの構築が行われた。ここで，$U$ は総括伝熱係数であり，$f$ はある程度時間が経過した後の状態であることを表す。

汚れ係数の初期の増加速度 $dU^{-1}/dt$ は $U_f^{-1}$ を予測する上で重要な因子である。そこでまず，実験条件から $dU^{-1}/dt$ を予測する統計モデルを構築し，つぎに $dU^{-1}/dt$ の計算値と実験条件から $U_f^{-1}$ を予測するモデルを構築する。

説明変数 $\mathbf{X}$ として，分散が 0 の変数と相関係数が 0.95 以上であった変数の組のうち一方を除去し，表 4.12 に示す六つの実験パラメータを使用した。過飽和度 $\Delta S$ は式 (4.18) で計算される。

表4.12 プロセス変数[122]

| 番号 | 記号 | プロセス変数 | 単位 |
|---|---|---|---|
| 1 | Y1 | $U_t^{-1}$ | $m^2 \cdot K \cdot W^{-1}$ |
| 2 | Y2 | $dU^{-1}/dt$ | $m^2 \cdot K \cdot W^{-1} \cdot s^{-1}$ |
| 3 | X1 | 線速 | $cm \cdot s^{-1}$ |
| 4 | X2 | 冷媒温度 | K |
| 5 | X3 | 冷媒流速 | $ml \cdot min^{-1}$ |
| 6 | X4 | 冷媒温度での溶解度 | wt% |
| 7 | X5 | スラリー濃度 | wt% |
| 8 | X6 | 過飽和度 | — |

$$\Delta S = \frac{C(T_{sl}) - C_s(T_{cool})}{C_s(T_{cool})} \quad (4.18)$$

$C$ は溶質濃度，$C_s$ は溶質の飽和濃度，$T_{sl}$ はスラリーの温度，$T_{cool}$ は冷却水の温度である．$\Delta S=0$ は熱力学的に飽和した状態に対応する．これらのプロセス変数の前処理としてオートスケーリング（5.2節参照）を行った後，線形手法として Partial Least Squares（PLS）法[70] を，非線形手法として Support Vector Regression（SVR）法[71] を用いて解析を行った．それぞれの手法の詳細については5.9，5.11節を参照されたい．

表4.13 に $dU^{-1}/dt$ 予測モデル構築結果を示す．$dU^{-1}/dt$ に関しては PLS 法より SVR 法の方が予測的なモデルを与えることがわかる．実験条件は，初

表4.13 六つの実験パラメータを用いた際の $dU^{-1}/dt$ 予測モデル構築結果[122]

| 手法 | $r^2$ | $dU^{-1}/dt$ RMSE ($\times 10^{-7}$) | $r_{CV}^2$ | $RMSE_{CV}$ ($\times 10^{-7}$) |
|---|---|---|---|---|
| PLS | 0.398 | 7.19 | 0.104 | 8.77 |
| SVR | 0.638 | 5.57 | 0.341 | 7.52 |

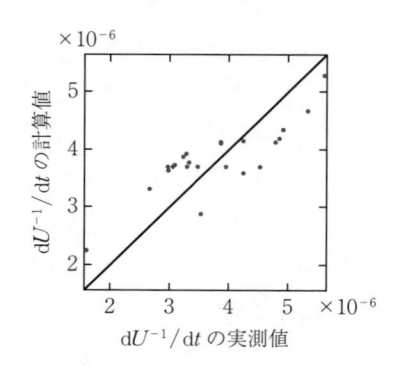

図4.18 SVR法を用いた際の $dU^{-1}/dt$ の実測値-計算値プロット[122]

期のファウリング層形成に対して非線形関係があり，非線形回帰分析手法により $dU^{-1}/dt$ を表現する方が適切であることが示唆された。冷却管の表面と析出した溶質結晶の相互作用は，初期のファウリング層形成に非線形的に影響しているかもしれない。図 4.18 に SVR 法を用いた際の $dU^{-1}/dt$ の実測値 – 計算値プロットを示す。プロットはある程度対角線上にかたまっていることがわかる。ただ，SVR モデルは PLS モデルより高い予測性能を示したが，$r_{CV}^2$ の値は小さくあまり予測性は高くない。この理由として，今回の六つの実験パラメータでは $dU^{-1}/dt$ を表現するのに十分ではなく，冷却管表面の粗さや結晶の冷却管への接着力などの重要な因子が考慮されていないことが挙げられる。

つぎに $U_f^{-1}$ 予測モデルの構築を行った結果を表 4.14 に示す。比較のために，実験パラメータのみ，実験パラメータと $dU^{-1}/dt$ の実測値，実験パラメータと $dU^{-1}/dt$ の SVR モデルによる計算値を用いてモデル構築した結果も同時に表 4.14 に示した。$dU^{-1}/dt$ の実測値を追加すると，PLS モデルの $r^2$ と $r_{CV}^2$ の値が向上し，対応する RMSE の値が低下していることがわかる。$dU^{-1}/dt$ を **X** の変数に加えることで予測精度が向上することを確認した。追加した変数が $dU^{-1}/dt$ の計算値の場合，$dU^{-1}/dt$ の実測値と比較して $r^2$ と $r_{CV}^2$ の値が若干低いが，それらの差異は小さく，十分に精度の高いモデルであることがわかる。図 4.19 に，**X** の変数に $dU^{-1}/dt$ の計算値を追加したときの PLS モデルの実測値 – 計算値プロットを示す。プロットは対角線付近にかたまって分布しており，モデルの精度は高いことがわかる。実験条件のみから，

**表 4.14** 六つの実験パラメータや $dU^{-1}/dt$ を用いた際の $U_f^{-1}$ 予測モデル構築結果[122)]

| 手 法 | 説明変数 | $U_f^{-1}$ | | | |
| --- | --- | --- | --- | --- | --- |
| | | $r^2$ | RMSE ($\times 10^{-4}$) | $r_{CV}^2$ | $RMSE_{CV}$ ($\times 10^{-4}$) |
| PLS | 実験パラメータと $dU^{-1}/dt$ の実測値 | 0.875 | 2.51 | 0.781 | 3.33 |
| | 実験パラメータと $dU^{-1}/dt$ の計算値 | 0.851 | 2.74 | 0.736 | 3.66 |
| | 実験パラメータのみ | 0.789 | 3.27 | 0.710 | 3.83 |

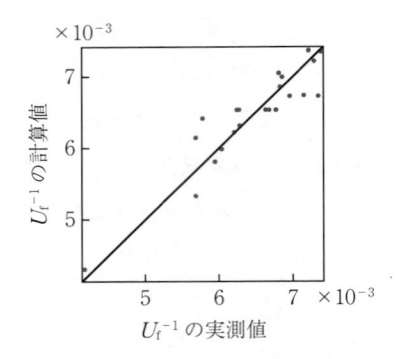

**図 4.19** $\mathbf{X}$ の変数に $dU^{-1}/dt$ の計算値を追加した際の PLS モデルにおける $U_\mathrm{f}^{-1}$ の実測値-計算値プロット[122]

精度良く $U_\mathrm{f}^{-1}$ を予測するモデルが構築されることを確認した。

**図 4.20** に，PLS 法によって構築された $U_\mathrm{f}^{-1}$ 予測モデルの標準回帰係数の値を示す。それぞれの記号は表 4.12 を参照されたい。四つの説明変数 X1，X2，X3，X4 の標準回帰係数の値は負であり，これらの 4 変数が大きいときに $U_\mathrm{f}^{-1}$ は小さくなることがわかる。X1 の線速と X3 の冷媒流速が大きいと，二つの流体間の接触時間が小さくなるため，熱交換が十分に行われないといえる。また，X2 の冷媒温度が高く，X4 の冷媒温度での溶解度が大きいと，スラリーが冷却される際に溶解度差が小さくなる。これにより，これら四つの変数の

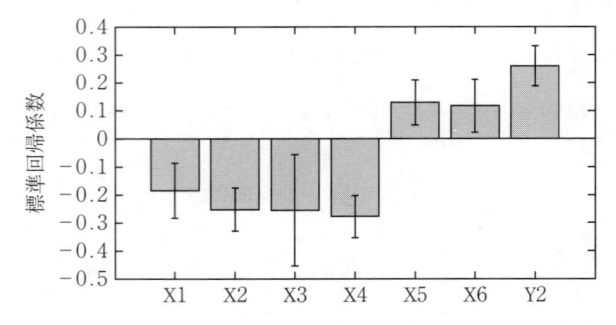

**図 4.20** PLS 法によって構築された $U_\mathrm{f}^{-1}$ 予測モデルの標準回帰係数[122]。それぞれのエラーバーは対応する回帰係数の標準偏差の 3 倍を表す。記号 X1，X2，X3，X4，X5，X6，Y2 は表 4.12 を参照されたい。

$U_\mathrm{f}^{-1}$ への寄与は負であると考えられる.一方で,他の三つの変数 X5,X6,Y2 の係数は正であった.析出した溶質の冷却管への付着はファウリング層の形成を引き起こすため,X5 が大きいときに $U_\mathrm{f}^{-1}$ が大きくなると考えられる.さらに,$\Delta S$ が大きいことは,飽和溶解度と比較して過剰な溶質が溶解し,システムが熱力学的に不安定であることを意味する.このような場合,溶解した過剰溶質が析出することになるため,X6 もまた $U_\mathrm{f}^{-1}$ に正に寄与していると考えられる.構築された PLS モデルにより,各パラメータの **y** への寄与度を解析できることを確認した.

〔2〕 ファウリングの影響を考慮に入れたソフトセンサーモデル構築

今回使用したデータは,文献 127) と同様の二つの熱交換器で測定されたデータである.プロセス変数を表 4.15 に示す.一つ目の熱交換器データにおいて,物理モデルを踏まえた変数選択とソフトセンサーモデルの構築を検討し,二つ目の熱交換器データを用いて得られた知見の検証を行った.統計モデルの構築には線形手法として PLS 法を,非線形手法として SVR 法を用いた.文献 127) に合わせ,それぞれの熱交換器において 1 日目から 60 日目までのデータをモデル構築用データとし,一つ目の熱交換器においては 61 日目から 347 日目,二つ目の熱交換器においては 61 日目から 160 日目のデータをモデル検証用データとした.

表 4.15 対象とした二つの熱交換器におけるプロセス変数

| 記号 | 目的変数 | 単位 |
|---|---|---|
| Shell side Tout | シェル側出口温度(実測値) | ℃ |
| Tube side Tout | チューブ側出口温度(実測値) | ℃ |

| 記号 | 説明変数 | 単位 |
|---|---|---|
| X1 | シェル側流量 | m³/h |
| X2 | シェル側入口温度 | ℃ |
| X3 | チューブ側流量 | m³/h |
| X4 | チューブ側入口温度 | ℃ |
| X5 | シェル側出口温度(物理モデル計算値) | ℃ |
| X6 | チューブ側出口温度(物理モデル計算値) | ℃ |

**（a） 熱交換器データ1の解析**　物理モデルを考慮したソフトセンサーモデルの構築に向けて，比較，検討したケースを**表4.16**に，各ケースにおけるシェル側・チューブ側のモデル構築と予測の結果をそれぞれ**表4.17**，**表4.18**に示す．各統計量の詳細については5.19節を参照されたい．ケース1は物理モデルのみの結果であり，文献127）の結果と同じである．モデル構築用データ・モデル検証用データの$r^2$，$r_P^2$の値はある程度大きく，$RMSE$や$RMSE_P$の値も小さいことから，良好な結果であるといえる．しかし，**図4.21**

**表4.16**　各ケースで用いた説明変数．各記号は表4.15を参照されたい．

| 目的変数 | 説明変数 | ケース番号 | | | | |
|---|---|---|---|---|---|---|
| | | 1 | 2 | 3 | 4 | 5 |
| Shell side Tout | X1 | | ○ | ○ | | |
| | X2 | | ○ | ○ | ○ | |
| | X3 | | ○ | ○ | | |
| | X4 | | ○ | ○ | | |
| | X5 | ○ | | ○ | ○ | |
| | X6 | | | ○ | | |
| Tube side Tout | X1 | | ○ | ○ | | |
| | X2 | | ○ | ○ | | |
| | X3 | | ○ | ○ | | |
| | X4 | | ○ | ○ | ○ | ○ |
| | X5 | | | ○ | | ○ |
| | X6 | ○ | | ○ | ○ | ○ |

**表4.17**　熱交換器データ1における，シェル側出口温度のモデル構築と予測の結果．各ケースは表4.16を参照されたい．

| ケース番号 | 手法 | $r^2$ | $RMSE$ | $r_P^2$ | $RMSE_P$ |
|---|---|---|---|---|---|
| 1 | — | 0.979 | 2.30 | 0.978 | 2.29 |
| 2 | PLS | 0.929 | 4.23 | −1.19 | 22.6 |
| | SVR | 0.939 | 3.90 | −1.47 | 24.0 |
| 3 | PLS | 0.990 | 1.61 | 0.941 | 3.73 |
| | SVR | 0.999 | 0.439 | 0.243 | 13.3 |
| 4 | PLS | 0.983 | 2.06 | 0.981 | 2.10 |
| | SVR | 0.983 | 2.05 | 0.981 | 2.11 |

## 4.1 モデルの劣化，モデルのメンテナンス

**表 4.18** 熱交換器データ 1 における，チューブ側出口温度のモデル構築と予測の結果。各ケースは表 4.16 を参照されたい。

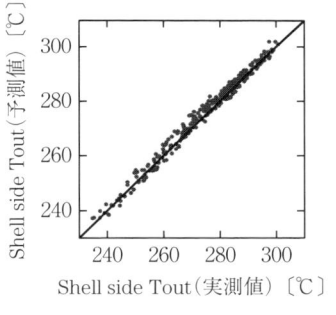

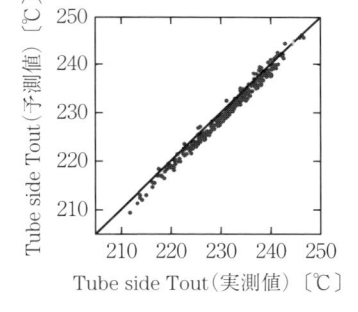

| ケース番号 | 手法 | $r^2$ | RMSE | $r_\mathrm{p}^2$ | $RMSE_\mathrm{p}$ |
|---|---|---|---|---|---|
| 1 | — | 0.974 | 1.20 | 0.956 | 1.44 |
| 2 | PLS | 0.959 | 1.50 | −0.139 | 7.29 |
|   | SVR | 0.968 | 1.32 | −0.281 | 7.73 |
| 3 | PLS | 0.992 | 0.671 | 0.918 | 1.95 |
|   | SVR | 0.997 | 0.409 | 0.843 | 2.71 |
| 4 | PLS | 0.986 | 0.865 | 0.979 | 0.991 |
|   | SVR | 0.988 | 0.822 | 0.973 | 1.12 |
| 5 | PLS | 0.986 | 0.864 | 0.983 | 0.904 |

(a) ケース 1，Shell side Tout

(b) ケース 1，Tube side Tout

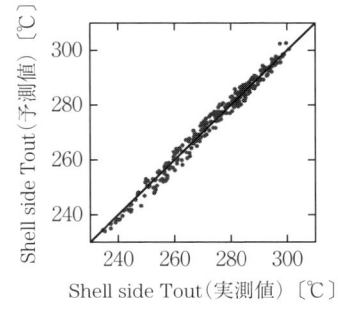

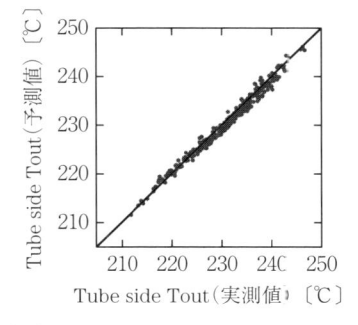

(c) ケース 4，PLS，Shell side Tout

(d) ケース 4，PLS，Tube side Tout

**図 4.21** 熱交換器データ 1 における実測値-予測値プロット。Shell side Tout と Tube side Tout については表 4.15，ケース番号については表 4.16 を参照されたい。

の実測値-予測値プロットを見ると，特にチューブ側の出口温度について，プロットはある程度かたまっているものの対角線からシフトして分布しており，予測誤差にバイアスが確認された。さらに長期の予測を行う場合は，バイアスが大きくなる可能性があるため，このような状況は望ましくない。

統計手法のみを用いた場合が，表 4.17，表 4.18 のケース 2 である。PLS 法と SVR 法のどちらを用いた場合でも，ケース 1 と比較して $r^2$, $r_P^2$ の値が小さく，RMSE，$RMSE_P$ の値が大きいことがわかる。統計手法のみでは良好な結果は得られなかった。シェル側とチューブ側の両方において，特にモデル検証用データの $r_P^2$ の値が小さかったことから，ファウリングの影響によりモデルが劣化したと考えられる。

単純に **X** の変数に物理モデルの出力値を加えて統計解析した場合が表 4.17，表 4.18 のケース 3 である。モデル構築用データへの当てはまりはケース 1 より良好であったが，モデル検証用データにおける予測精度は物理モデルのみの場合より低かった。シェル側とチューブ側の入口流量や入口温度は，物理モデル構築時にすでに考慮されている。その後，統計モデルを構築する際に全変数を入力変数とすることで変数のノイズなどがモデルへ悪影響を与え，オーバーフィッティングが起きたと考えられる。非線形手法である SVR 法を用いた場合に，PLS 法よりオーバーフィッティングの影響が大きかった。

物理モデルを作成する際に表 4.15 の X1 から X4 については考慮しており，X1 から X6 のすべての **X** が各出口温度の予測に必要なわけではないと考えられる。そこで変数選択を試みた。すべての変数の組合せにおいて，モデル構築用データを用いてモデルを構築してモデル検証用データの予測を行ったところ，シェル側の出口温度については，X1 のシェル側入口温度，X5 のシェル側出口温度（物理モデル計算値）である 2 変数の場合（ケース 4）が最も予測精度が高かった。チューブ側についても同様に変数選択を行うと，X4 のチューブ側入口温度，X5 のシェル側出口温度（物理モデル計算値），X6 のチューブ側出口温度（物理モデル計算値）の 3 変数である場合（ケース 5）が最も予測精度が高かった。チューブ側においては，シェル側との整合性を保つため，

X4 のチューブ側入口温度,X6 のチューブ側出口温度(物理モデル計算値)である 2 変数の場合(ケース 4)についても検討を行った.

それぞれのモデリングと予測の結果を表 4.17,表 4.18 に示す.各ケースにおいて,モデル構築用データ・モデル検証用データともにケース 1 より $r^2$,$r_P^2$ の値が大きく,$RMSE \cdot RMSE_P$ の値が小さいことから,物理モデルのみの場合より良好な結果が得られたといえる.また,ケース 4 について PLS 法と SVR 法で予測精度はほぼ同等であった.物理モデルを構築する際に,プロセス変数間の非線形性があらかじめ抽出されているため線形手法の PLS 法でも適切なモデル構築が達成されたと考えられる.図 4.21(c),(d)に,PLS 法を用いた際のケース 4 の実測値-予測値プロットを示す.図 4.21(a),(b)で見られた予測誤差のバイアスが軽減されており,精度良く全体を予測できていることがわかる.今回扱った物理モデルでは,原油の性質の変化については考慮されていない.入口温度,構築された物理モデル,出口温度の関係を統計手法によってモデル化することで,原油の性質変化が出口温度に与える影響を表現できたのかもしれない.

**図 4.22** にケース 4 における PLS モデルの標準回帰係数の値を示す.シェル側・チューブ側の入口温度に内在する情報が各出口温度に対して正に寄与することで,予測精度が向上したと考えられる.

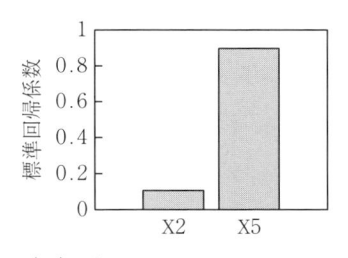

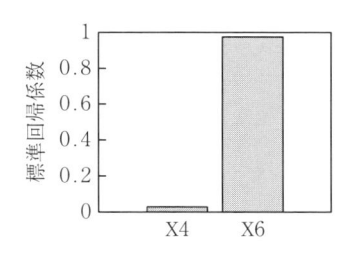

(a) ケース 4,Shell side Tout  (b) ケース 4,Tube side Tout

**図 4.22** 熱交換器データ 1 におけるケース 4 の PLS モデルの標準回帰係数.各記号は表 4.15,各ケースは表 4.16 を参照されたい.

**(b) 熱交換器データ 2 の解析**　熱交換器データ 1 の解析結果より,シェル側・チューブ側の出口温度を予測するソフトセンサーモデルについて,それ

ぞれの物理モデルから得られた計算値と入口温度を説明変数とすることで PLS 法を用いて予測精度の高いモデルが得られる，という知見が得られた．そこで，二つ目の熱交換器データを用いてその検証を行った．つまり，表 4.15 のケース 1 とケース 4 で比較，検討した．各ケースにおけるシェル側・チューブ側のモデリングと予測の結果をそれぞれ**表 4.19**，**表 4.20** に示す．ケース 1 は物理モデルのみの結果であり，文献 127) の結果と同じである．熱交換器データ 1 と同様に，モデル構築用データ・モデル検証用データの $r^2$, $r_P^2$ の値はある程度大きく，$RMSE$, $RMSE_P$ の値も小さいことから，良好な結果であるといえる．しかし，**図 4.23**（a），（b）の実測値−予測値プロットを見ると，シェル側の出口温度について，プロットはある程度固まっているものの予測誤差にバイアスが確認された．

**表 4.19** 熱交換器データ 2 における，シェル側出口温度のモデリングと予測の結果．各ケースは表 4.16 を参照されたい．

| ケース番号 | 手 法 | $r^2$ | $RMSE$ | $r_P^2$ | $RMSE_P$ |
|---|---|---|---|---|---|
| 1 | — | 0.988 | 1.03 | 0.985 | 1.02 |
| 4 | PLS | 0.996 | 0.604 | 0.996 | 0.530 |

**表 4.20** 熱交換器データ 2 における，チューブ側出口温度のモデリングと予測の結果．各ケースは表 4.16 を参照されたい．

| ケース番号 | 手 法 | $r^2$ | $RMSE$ | $r_P^2$ | $RMSE_P$ |
|---|---|---|---|---|---|
| 1 | — | 0.966 | 1.47 | 0.991 | 0.483 |
| 4 | PLS | 0.968 | 1.41 | 0.994 | 0.403 |

一方，ケース 4 のモデリングと予測の結果を表 4.19，表 4.20 に示す．モデル構築用データ，モデル検証用データともにケース 1 より $r^2$, $r_P^2$ の値が大きく $RMSE$, $RMSE_P$ の値が小さいことから，物理モデルのみの場合より良好な結果が得られたといえる．熱交換器データ 1 の解析によって得られた知見が検証された．図 4.23（c），（d）に PLS 法を用いた際のケース 4 の実測値−予測値プロットを示す．図 4.23（a），（b）で見られた予測誤差のバイアスが軽減されており，精度良く全体を予測できていることがわかる．入口温度，構築さ

## 4.1 モデルの劣化，モデルのメンテナンス

(a) ケース1，Shell side Tout
(b) ケース1，Tube side Tout
(c) ケース4，PLS，Shell side Tout
(d) ケース4，PLS，Tube side Tout

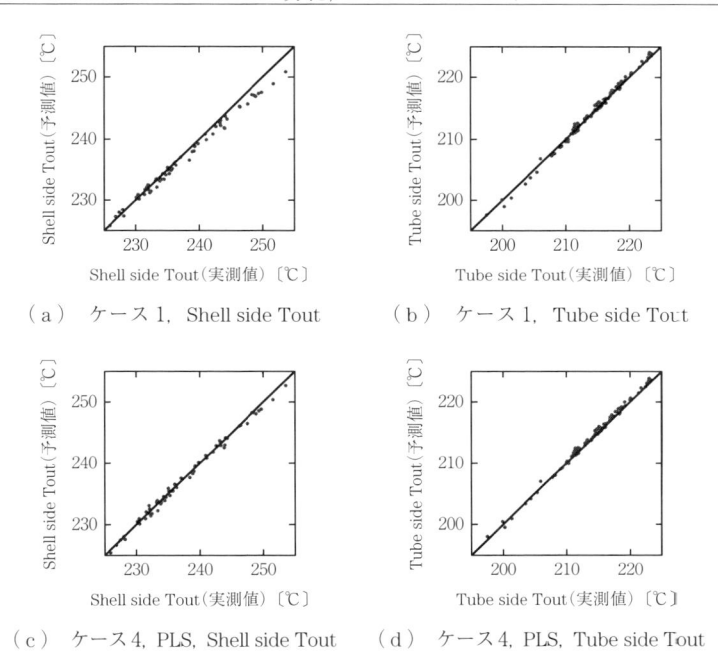

**図 4.23** 熱交換器データ2における実測値-予測値プロット。Shell side Tout と Tube side Tout については表 4.15，各ケースについては表 4.16 を参照されたい。

れた物理モデル，出口温度の関係を統計手法によってモデル化することで，原油の性質変化が出口温度に与える影響を表現できることが示唆された。

**図 4.24** にケース4における PLS モデルの標準回帰係数の値を示す。熱交換器データ1の場合と同様に，シェル側・チューブ側の入口温度に内在する情報が各出口温度に対して正に寄与することで，予測精度が向上した。このことから，物理モデルに各入口温度に関する情報をさらに取り入れることで精度向上に貢献できることが示唆された。物理モデルと統計手法を駆使することで，予測精度の高いソフトセンサーモデルを構築可能であることを確認した。

（a）ケース4，Shell side Tout　　（b）ケース4，Tube side Tout

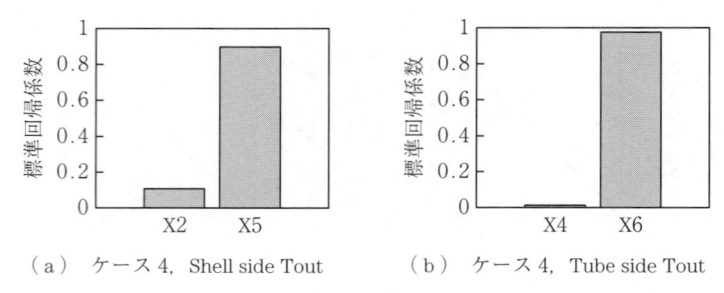

**図 4.24** 熱交換器データ2におけるケース4のPLSモデルの標準回帰係数。各記号は表4.15，各ケースは表4.16を参照されたい。

## 4.2 適応型ソフトセンサーのためのデータベース管理

4.1.3項に示したようにJITモデルやMWモデルをうまく使用することで$\mathbf{X}$と$\mathbf{y}$の傾き変化に対応できるが，それらのモデルには問題点も存在する。その中の一つが，モデル構築用データにあまりばらつきがない場合に，その後に起こるプロセスの急激な変化にモデルが対応できないことである[64),121)]。例えば，変動の少ないデータでMWモデルが更新され続けると，その後に大きなプロセス変動が起きた際に予測精度が低下してしまう。ただ一方で，プロセスやセンサーが時間的にゆっくりとドリフトする場合も多く，モデルを更新しないとドリフトの影響を受けてモデルが劣化してしまう。

そこで，幅広いデータ範囲において予測精度の高い適応型モデルを構築するために，適切なデータベース管理を行うことが試みられている。データベース内のデータ数が多すぎると，MWモデルやJITモデルの構築に時間がかかってしまうため，新しく測定されたデータをデータベースに追加するかどうか検討することが必要となる。情報量の大きいデータは追加すべきであり，情報量の小さいデータは追加しなくてよいといえる。では情報量の大小はどのように判断すればよいのだろうか。

本節では，データベースを管理するための指標 Database Monitoring Index (DMI) および DMI を用いたデータベース管理手法[146)]を紹介する。DMI は二

つのデータの類似度に基づく指標であり，$\mathbf{y}$ の差の絶対値と $\mathbf{X}$ の類似度との比で定義される。二つのデータが類似している場合に DMI の値は小さくなり，異なる場合に DMI 値は大きくなる。新しいデータに対してデータベース内の全データとの DMI 値を計算し，その最小値が大きい場合のみ新しいデータをデータベースに追加することで，データベースのデータ数を抑えながら情報量を増やすことができる。DMI を用いることで，$\mathbf{X}$ および $\mathbf{y}$ の値シフトだけでなく，$\mathbf{X}$ と $\mathbf{y}$ の傾きの変化を考慮したデータベース管理が可能となる。

手法の有効性を確認するため，$\mathbf{X}$ と $\mathbf{y}$ が非線形関係を持っており，ある一定時間の変動が小さい数値シミュレーションデータを用いた解析を行う。DMI を用いたデータベース管理を行うことで，$\mathbf{X}$ および $\mathbf{y}$ の変動が小さい状態が続いた後に急激なプロセス特性の変化があった場合でも，適応型モデルがその変化に追随可能であることを示す。

〔1〕 **DMI**

紹介するデータベース管理のための指標 DMI は二つのデータ $(\mathbf{x}_i, y_i)$，$(\mathbf{x}_j, y_j)$ の間で以下の式により定義される。

$$\mathrm{DMI} = \frac{|y_i - y_j|^a}{\mathrm{sim}(\mathbf{x}_i, \mathbf{x}_j)} \tag{4.19}$$

ここで $\mathrm{sim}(\mathbf{x}_i, \mathbf{x}_j)$ は $\mathbf{x}_i$ と $\mathbf{x}_j$ の類似度，$a$ はある定数である。類似度として，例えばユークリッド距離やマハラノビス距離の逆数・相関・ガウシアンカーネルなどのカーネル関数が挙げられる。今回の類似度として使用したガウシアンカーネルを以下に示す。

$$K(\mathbf{x}_i, \mathbf{x}_j) = \exp\left(-\gamma \|\mathbf{x}_i - \mathbf{x}_j\|^2\right) \tag{4.20}$$

ここで，$\gamma$ はカーネル中のパラメータを表す。よって，今回用いた DMI は以下の式で表される。

$$\mathrm{DMI} = \frac{|y_i - y_j|^a}{\exp\left(-\gamma \|\mathbf{x}_i - \mathbf{x}_j\|^2\right)} \tag{4.21}$$

DMI の概念図を**図 4.25** に示す。DMI の値は，$\mathbf{X}$ および $\mathbf{y}$ が類似していると小

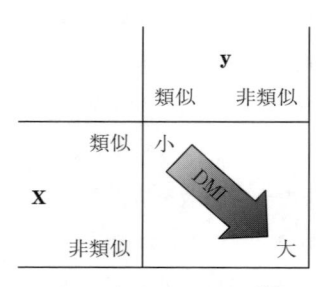

**図 4.25** DMI の概念図[146] 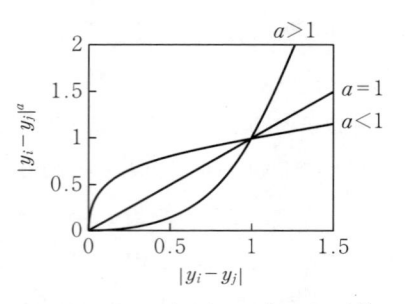　　**図 4.26** $|y_i-y_j|$ と $|y_i-y_j|^a$ の関係[146]

さくなり，相違していると大きくなる．

$a$ の値を変化させることで **X** に対する **y** の重みを変更可能である．$|y_i-y_j|$ と $|y_i-y_j|^a$ の関係を図 4.26 に示す．$a$ の値が 1 より小さいほど，例えばドリフトのような $y$ の微小変化に対して $|y_i-y_j|^a$ が大きくなり DMI の値も大きくなる．ただし，$y$ のノイズの影響を DMI が受けやすいため注意が必要である．一方，$a$ の値が 1 より大きいと $y$ の変化が小さいときに DMI 値が小さくなる．$y$ のドリフト時に DMI 値が小さくなってしまう一方で，DMI は $y$ のノイズの影響を受けにくくなる．$a$ の値を変化させることで，対象プロセスの状態およびデータベース管理の目的に応じた DMI を検討できる．

〔2〕 **DMI によるデータベース管理**

DMI を用いたデータベース管理の流れを図 4.27 に示す．新規データが得られた際，データベースに含まれる全データと新規データの間で DMI を計算する．それらの最小値がある閾値 $P_{\mathrm{DMI}}$ を超えた場合は，そのデータをデータベースに追加するが，$P_{\mathrm{DMI}}$ 以下の場合はデータベースに追加しない．

DMI を用いることで，MW モデルの構築に用いるデータの管理だけでなく，JIT モデルにおけるデータベース管理を行うことが可能である．距離や相関などの指標でデータを選択する JIT モデルでは，多くのデータからモデル構築用データを選択しなければならず，データに重み付けを行う JIT モデルでは多くのデータに対して重みを付けなければならない．データベースを適切に管理することで，効率的に精度の高い JIT モデルを構築できるようになる．

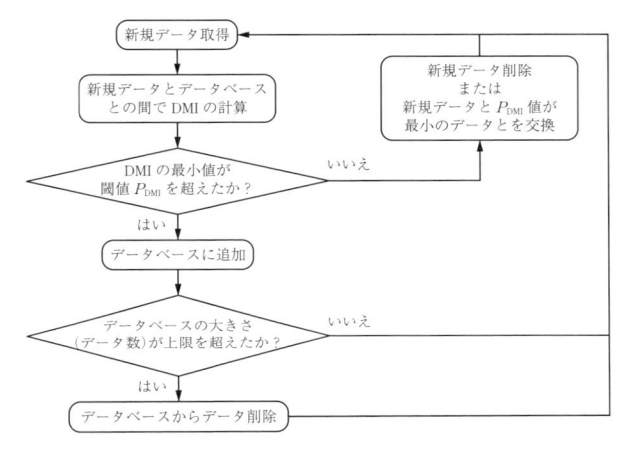

4.2 適応型ソフトセンサーのためのデータベース管理

**図 4.27** DMI を用いたデータベース管理の流れ

〔3〕 シミュレーションデータを用いた解析

DMI の有効性を確認するため，**X** と **y** の間の関係が非線形の場合を想定した数値シミュレーションデータを用いた解析を行った。**X** は 2 変数 $\mathbf{x}_1$, $\mathbf{x}_2$ であり，$\mathbf{x}_1$, $\mathbf{x}_2$, **y** の関係は以下の式で表される。

$$\mathbf{y} = \sin(\mathbf{x}_1)\cos(\mathbf{x}_2) + 0.1\mathbf{x}_1 \tag{4.22}$$

**X** のデータをランダムウォークにより発生させ，$\mathbf{x}_1$, $\mathbf{x}_2$ ともに ±3 の間でレンジスケーリングした。$\mathbf{x}_1$, $\mathbf{x}_2$, **y** には平均 0，標準偏差 0.01 の正規乱数を追加した。$\mathbf{x}_1$, $\mathbf{x}_2$, **y** の時間プロットを**図 4.28**に示す。時刻 785 から 200 データはノイズのみの変動であり，その様子は図 4.28 からも確認できる。最初の 100 データをトレーニングデータ，その後の 1 200 データをテストデータとした。

今回は **y** のドリフトは存在しないと仮定した場合の結果を紹介する。時間的に一定に **y** の値が低下するドリフトが存在する場合については，文献 146)を参照されたい。

カーネル関数をガウシアンカーネルとした Support Vector Regression（SVR）法[71]を用いて，5-fold cross validation により $\gamma$ の値を最適化した。この $\gamma$ の値 $2^{-5}$ を用いて式 (4.21) により DMI を計算し，図 4.27 の流れでデータベー

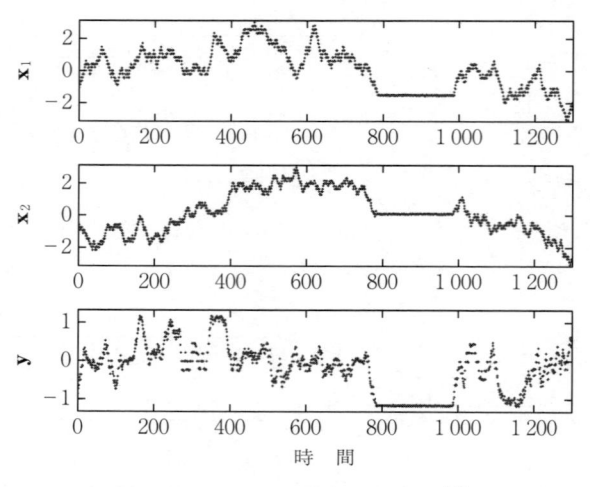

図 4.28　$\mathbf{x}_1$, $\mathbf{x}_2$, $\mathbf{y}$ の時間プロット[146]

スの更新を行った。データベースに含まれるデータ数の上限を 50 と仮定し、古いデータは自動的に削除した。$a$ を 0.5, 1, 2 として $P_{\mathrm{DMI}}$ を 0 から 0.0001 ずつ 1 まで変化させ、それぞれデータベースを更新した割合を計算した。結果を図 4.29 に示す。$P_{\mathrm{DMI}}$ が大きくなるにつれてデータベースを更新する割合が小さくなること、および $a$ を変えることで $P_{\mathrm{DMI}}$ とデータベースを更新する割合の関係が変化することが確認できる。

続いて適応型モデルによる $\mathbf{y}$ の値の予測を行った。今回は適応型モデルとして Online Support Vector Regression（OSVR）[112] モデルを使用する。OSVR の詳細については 5.12 節を参照されたい。$\mathbf{y}$ の測定にかかる時間を考慮するため、ある時刻の $\mathbf{X}$ の値は瞬時に得られるが、$\mathbf{y}$ の値は時刻が 5 進んだ後に得られるとした。$\mathbf{y}$ の値が得られた後に、そのデータをデータベースに追加するかどうか DMI と $P_{\mathrm{DMI}}$ により検討する。

$P_{\mathrm{DMI}}$ を変化させて OSVR モデルにより予測を行った結果を表 4.21 に示す。$r_\mathrm{P}^2$, $RMSE_\mathrm{P}$ については 5.19 節を参照されたい。$P_{\mathrm{DMI}}=0$ の毎時刻データがデータベースに追加されモデルが更新される場合と比較して、少ない更新頻度で精度の高い予測が可能であることを確認した。$r_\mathrm{P}^2$ 値が最大となり $RMSE_\mathrm{P}$

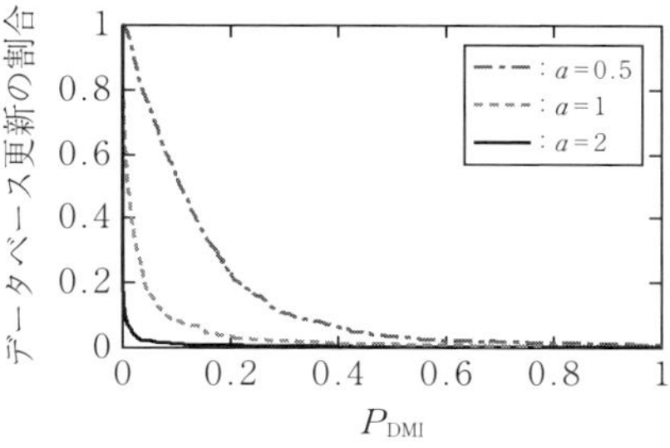

## 4.2 適応型ソフトセンサーのためのデータベース管理

表 4.21　各 $P_{\mathrm{DMI}}$ 値における予測結果[146]

| $P_{\mathrm{DMI}}$ | データベース更新の割合 | $r_{\mathrm{P}}^2$ | $RMSE_{\mathrm{P}}$ |
| --- | --- | --- | --- |
| 0 | 1.0000 | 0.9962 | 0.0378 |
| 0.0001 | 0.9775 | 0.9964 | 0.0367 |
| 0.0002 | 0.9517 | 0.9961 | 0.0381 |
| 0.0005 | 0.8975 | 0.9972 | 0.0323 |
| 0.0007 | 0.8675 | 0.9978 | 0.0288 |
| 0.001 | 0.8317 | 0.9976 | 0.0300 |
| 0.002 | 0.7667 | 0.9975 | 0.0307 |
| 0.005 | 0.6500 | 0.9971 | 0.0330 |
| 0.007 | 0.5900 | 0.9976 | 0.0301 |
| 0.01 | 0.5200 | 0.9970 | 0.0333 |
| 0.02 | 0.3733 | 0.9975 | 0.0305 |
| 0.05 | 0.1675 | 0.9968 | 0.0343 |
| 0.07 | 0.1200 | 0.9980 | 0.0270 |
| 0.1 | 0.0825 | 0.9930 | 0.0508 |
| 0.2 | 0.0358 | 0.9902 | 0.0603 |
| 0.5 | 0.0108 | 0.8789 | 0.2121 |
| 0.7 | 0.0058 | 0.7869 | 0.2814 |
| 5 | 0.0000 | −0.1407 | 0.6510 |

図 4.29　$P_{\mathrm{DMI}}$ とデータ更新の割合の関係[146]

値が最小となった $P_{\mathrm{DMI}} = 0.07$ の結果から，データベースに追加するデータを適切に選択することで 12.0% の更新のみで精度良く予測できたことになる。**X** と **y** の非線形性を表現するために必要なデータを提案した DMI で適切に選択可能であった。

図 4.30 に $P_{\mathrm{DMI}}$ を 0，0.001，0.07 とした際の，時刻 950 から 1050 までの **y** の時間プロットを示す。図 4.30（a）より $P_{\mathrm{DMI}} = 0$ の毎時刻モデルが更新された場合に時刻 990 付近の急激な変動時の予測誤差が大きくなったことがわかる。変動のないデータのみでモデルが更新され，その状態の予測に特化してしまい，後の急激な変動にモデルが追随できなかった。一方，$P_{\mathrm{DMI}} = 0.001$ としてモデルを更新するデータを選択して変動のないデータでのモデル更新を避けることで，時刻 990 付近の急激な変動に適切に追随可能であった（図 4.30

(a) $P_{\text{DMI}} = 0$

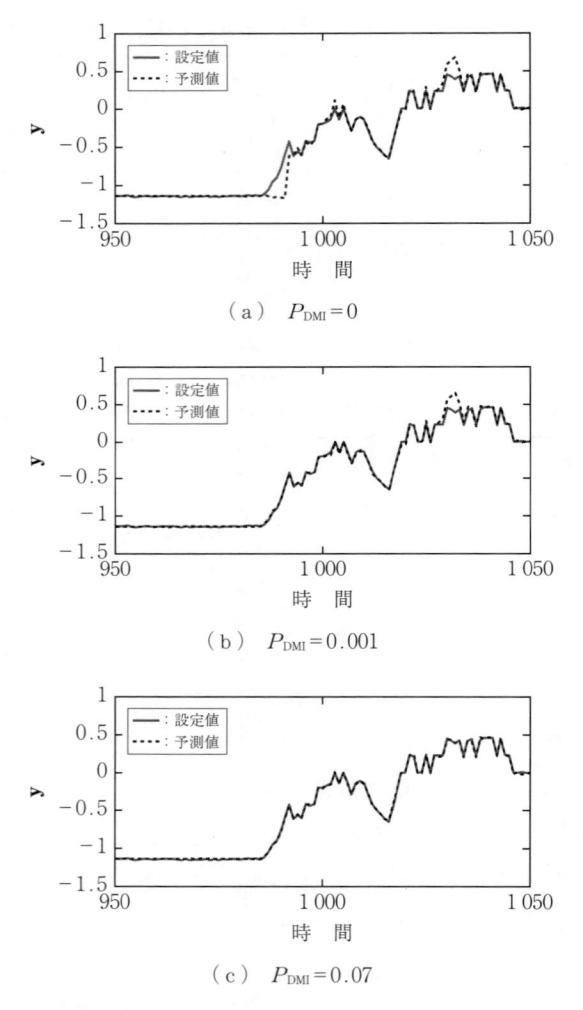

(b) $P_{\text{DMI}} = 0.001$

(c) $P_{\text{DMI}} = 0.07$

**図 4.30** 時間 950 から 1 050 までの **y** の設定値と実測値の時間プロット[146]

(b)参照)。さらに，図 4.30(c)より更新の割合が 12.0% である $P_{\text{DMI}} = 0.07$ の際も精度良く予測できていることがわかる。今回の指標を用いてデータベースに追加するデータを適切に選択することで，幅広い **y** の範囲を高い精度で予測可能であることを確認した。

以上がデータベースを管理するための DMI という指標および DMI を用いたデータベース管理手法である．実データを使用した解析結果については文献110) を参照されたい．新規データについて，その DMI の値でデータベースに追加するかしないかを判断する．必要なデータのみデータベースに追加することで，データ数を抑えながらデータベース内の情報量を増加させることが可能となる．今回は適応型モデルの中で MW モデルのみの検討結果を紹介したが，JIT モデルを使用する際も適切なデータベース管理が必要である．JIT モデルを構築する際，予測データに近いデータをデータベースから選択する方法や，予測データに近いデータほどデータベース内のデータの重みを大きくする方法がある．新しい運転データをデータベースに蓄積しないと最新のプラント状態に追随できないが，すべてをデータベースに保存するとデータベースのサイズが大きくなり，JIT モデルの構築に多くの計算時間がかかってしまう．図 4.27 の流れによりデータベースに蓄積するデータを取捨選択することで，適切にJIT モデルを運用可能といえる．

実際は DMI の $a$ および閾値 $P_{DMI}$ を事前に設定しなければならない．今回は最初のモデル構築用データは，すべてデータベースに蓄積されているとしたが，トレーニングデータ間の DMI の値を計算して確認することで，情報量の少ないデータをデータベースから削除できると考えられる．これにより，情報量を保ちながらコンパクトなデータベースを構築可能である．また，今回は新しい測定データに異常値はないと仮定したが，実際は異常値がデータベースに混入すると適応型モデルの予測性能は低下してしまう．適切な異常値検出（4.3.1 項参照）も，データベース管理には必須項目である．異常値検出とデータベース管理を組み合わせた流れについては 4.3.1 項の図 4.32 を参照されたい．

## 4.3 モデルの適用範囲を考慮したソフトセンサー設計

適応型モデルの中で，MW モデル・JIT モデルにおいてモデルの再構築を行

う際,データの中に異常値が混入してしまうと,モデルの予測性能を低下させてしまう。4.3.1項では,モデルの再構築に用いるデータを,異常値検出モデルを用いて選択する研究例を紹介する。また予測する際,モデルの適用範囲内におけるデータの予測値の信頼性は高いが,適用範囲外におけるデータの予測値の信頼性は低い。4.3.2項では,モデルの適用範囲を考慮した予測の例として,ポリマー重合プラントにおけるトランジション終了判定モデルとポリマーの物性予測モデルを紹介する。

### 4.3.1 異常値検出モデルを用いたソフトセンサー設計

4.1節で述べたように,実用的なソフトセンサーのためにはモデルの劣化,つまりプラントの運転状態の変化,触媒性能の変化,機器や配管への汚れ付着などによって予測精度が劣化してしまうという問題の解決が急務である。そこでMWモデル・JITモデル・TDモデルといった適応型モデルが開発されてきた。特に,プロセスが時間的に変化する際はMWモデル・JITモデルで対応することになるが,それらのモデルには問題点が存在する。4.2節では現状のデータベースにあるデータとの類似度が低い新規データのみデータベースに追加することで,MWモデル・JITモデルのモデル再構築に用いるデータベースの質および数を管理できることを示した。しかし,データベースに追加すべきデータが異常値であった場合,データベースの中に異常値が混入することになり,MWモデル・JITモデルの予測性能を低下させてしまう。そのため異常値を精度良く検出しなければならない。プラントの現場では**y**の予測誤差を用いて異常を検出していることが多いが,異常原因としてプロセスの異常や分析計の異常による誤指示などさまざまな要因が考えられるため,異常値検出とその診断は難しい。

本節では,モデルの劣化問題とモデル構築用データへの異常値混入問題の解決および予測精度の高いソフトセンサーモデルの構築を目的として,異常値検出モデルを用いたソフトセンサー設計法[45],[46]を紹介する。本手法の概念図を図4.31に示す。まず,**X**の新しいデータを異常値検出モデルに入力すること

## 4.3 モデルの適用範囲を考慮したソフトセンサー設計

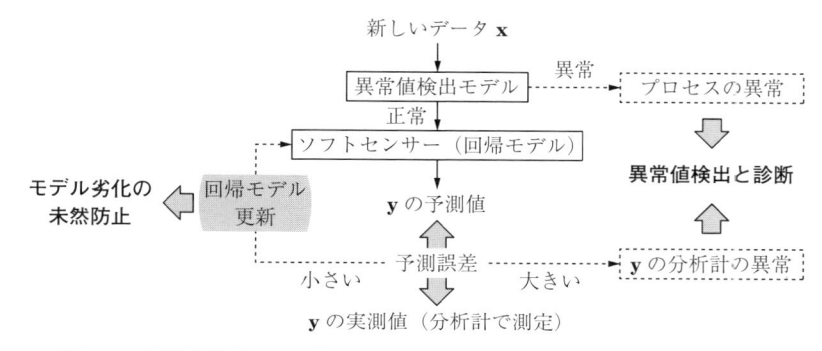

**図4.31** 異常値検出モデルとソフトセンサーを用いたプロセス管理の概念図

で，その際のプラントがどのような状態であるのか診断する．ここで異常とされた場合は，プロセスの異常であると診断する．正常と診断された場合は，ソフトセンサーモデルを用いて **y** の値を予測する．つぎに，対応する **y** の実測値が測定された後にその予測誤差を計算する．予測誤差が大きい場合は **y** の分析計の異常であると診断する．このように，本手法を用いることでプロセスの異常と **y** の分析計の異常を分離して考えることが可能である．正常時における **y** の実測値が得られた場合は，そのデータを用いてソフトセンサーモデルを更新する．つまり MW モデル・JIT モデルを再構築する．これによりソフトセンサーモデルの劣化を未然に防止できる．異常値検出モデルと **y** の予測誤差モデルを用いてプラントの状態を把握することで，異常値の影響を受けずに適切に回帰モデルを更新しながら **y** の値を予測可能であると考えられる．

異常値検出モデルについては4.8節にも記載されている．本節では異常値検出モデル構築法として独立成分分析（Independent Component Analysis, ICA）[147] とサポートベクターマシン（Support Vector Machine, SVM）[71] を組み合わせた手法[46] を用いたソフトセンサー設計を紹介する．ICA は，信号処理の分野などで用いられる手法であり，複数の説明変数を統計的に独立な成分に分解する手法である．この ICA は，スペクトル解析[148),149]，定量的構造物性相関（Quantitative Structure-Property Relationship, QSPR）解析[81),82]，プロセス管理[150〜153]，ソフトセンサー[21),45),46),154] などの化学の多くの分野で応用さ

れている。ICAの詳細については5.7節を参照されたい。

プラントにおいてモニタリングされる変数の変化の要因が互いに独立であると仮定すれば，ICAを用いることで，それらの要因を抽出可能と考えられる。また，独立成分は外れ値に敏感であるという性質を持っているため，高い異常値検出能力を期待できる。しかし，ICAによってプロセス変数から抽出された各独立成分はすべて標準偏差が等しいため，それらを意味付けすることは容易ではない。

そこで，独立成分の全組合せに対して，各異常原因による外れ値データと通常の状態データを識別するSVMモデル（5.10節参照）の構築を行う。これにより最適な独立成分の組を求めることで，成分の組ごとに意味付けを行う。さらに，それらの成分の組ごとに異常値検出モデルを構築し，複数の異常原因に対応できるようにする。SVM法はパターン認識の分野などで用いられる識別手法の一つであり，カーネルトリックを用いることによって非線形なモデリングを行うことが可能となっている。その理論的背景やアルゴリズムの単純さから，最近は異常値検出の分野でも注目されている手法である[155),156)]。詳細は5.10節を参照されたい。

〔1〕 **ICAとSVMを組み合わせた異常値検出手法**

まず，ICAを用いて$\mathbf{X}$から独立成分$\mathbf{S}$を抽出する（5.10節参照）。つぎに異常原因1, 2, $\cdots$, $i$, $\cdots$ごとに，異常データを1，それ以外のデータを$-1$とラベリングした目的変数$\mathbf{y}_1$, $\mathbf{y}_2$, $\cdots$, $\mathbf{y}_i$, $\cdots$を準備する。そして，各$\mathbf{y}_i$に対して$\mathbf{S}$の成分の全組合せによりSVMモデルを構築することで，各異常原因を識別する上で最適な独立成分の組$\mathbf{S}_1$, $\mathbf{S}_2$, $\cdots$, $\mathbf{S}_i$, $\cdots$とそのSVMモデル$f_1$, $f_2$, $\cdots$, $f_i$, $\cdots$を求める。

$$\mathbf{y}_i = f_i(\mathbf{S}_i) \tag{4.23}$$

また，各$\mathbf{S}_i$に対応する$\mathbf{W}_i$も求める。

$$\mathbf{S}_i = \mathbf{X}\mathbf{W}_i \tag{4.24}$$

最適な成分の組を決定するための評価値の一例として，今回は5-foldクロスバリデーションを行った際のtanimoto係数を用いる。tanimoto係数は

$$\text{tanimoto係数} = \frac{TP}{TP+FP+FN} \tag{4.25}$$

で与えられる値であり，1に近いほど検出性能が高いことを示す．ここで，$TP$はモデルが異常と判断し実際に異常であった数，$FP$はモデルが異常と判断したが実際は正常であった数，$FN$はモデルが正常と判断したが実際は異常であった数を表す．識別問題における評価指標として，ほかにも正解率・精度・検出率などが知られている．

ICAによって抽出された成分の数が大きい場合，全組合せを計算することは困難である．このような場合は，遺伝的アルゴリズム[157]などの組合せ最適化手法を応用し，SVMモデルのtanimoto係数を評価関数として成分選択を行うことで解決可能である．

各SVMモデル$f_i$を構築した後，そのモデルをオンラインで用いることで，異常値を検出し，その異常原因を特定する．以下のように$\mathbf{W}_i$を用いて新しいデータ$\mathbf{x}_\text{test}$からその独立成分$\mathbf{s}_{i,\text{test}}$を計算し，それを用いて異常データかどうかのラベル$y_{i,\text{test}}$を計算する．

$$\left. \begin{array}{l} \mathbf{s}_{i,\text{test}} = \mathbf{x}_\text{test}\mathbf{W}_i \\ y_{i,\text{test}} = f_i(\mathbf{s}_{i,\text{test}}) \end{array} \right\} \tag{4.26}$$

$y_{i,\text{test}}$が1である場合，新しいデータはモデル構築用データにおける異常$i$と同じ状態であると考えられ，複数のモデルで$y_{i,\text{test}}$が1であった場合，新しいデータは未知の異常であると考えられる．このようにして新しいデータを，正常データ，$\mathbf{y}_i$と同じ状態の異常データ，未知の異常データに分類することが可能となる．

なお，$\mathbf{X}$の中でICA-SVMモデルによって表現されない部分$\mathbf{X}_\text{res}$は

$$\mathbf{X}_\text{res} = \mathbf{X} - \mathbf{S}_\text{sel}\mathbf{A}_\text{sel} \tag{4.27}$$

と表される．ここで，$\mathbf{S}_\text{sel}$は選択された独立成分であり，$\mathbf{A}_\text{sel}$は$\mathbf{W}$の一般化逆行列から$\mathbf{S}_\text{sel}$に対応する部分のみを選択した行列である．$\mathbf{S}_\text{sel}\mathbf{A}_\text{sel}$は$\mathbf{X}$の中で，既知の異常を表現した部分であるため，$\mathbf{X}_\text{res}$は正常な部分のみを表していると考えられる．したがって，$\mathbf{X}_\text{res}$を用いて$Q$統計量（4.8節参照）を計算して$\mathbf{X}$

の正常状態を定義することにより，新しいデータにおける未知の異常の検出が可能となる。本手法によって構築された異常値検出モデルをICA-SVMモデルと呼ぶ。図4.31の異常値検出モデルとしてICA-SVMを用いることで，正常時のみ回帰モデルを更新することにより異常値の影響を受けずにプラントの状態変化に対応する精度の高いソフトセンサーモデルの構築が可能と考えられる。

4.2節の最後に記載したが，データベース管理を行う際，適切に異常値検出を行わなければならない。異常データがデータベースに混入するとモデルの予測性能を低下させてしまうが，異常データはデータベース内のデータとの類似度が低いため，データベースに追加すべきデータとされてしまうためである。**図4.32**に異常値検出を考慮したデータベース管理の流れを示す。図4.27の流れの最初に図4.31の異常値検出が行われる。$\mathbf{X}$の異常値検出モデルおよび$\mathbf{y}$の予測誤差により，正常と判断されたデータのみデータベースに蓄積するかどうかの判断がなされる。図4.32の流れで，データベースを管理することで異常値をデータベースに追加することなく，必要なデータのみデータベースに蓄積することが可能となる。

〔2〕 **蒸留塔の実運転データを用いたケーススタディ**

本手法の異常値検出能力と予測能力を確認するため，実際のプラントデータを用いた異常値検出モデルとソフトセンサーモデルの構築を試みた。2.6.2項の蒸留塔において実際に測定されたプラントデータを用いて解析を行った。その蒸留塔の概略図については図2.19，測定されたプロセス変数については表2.12を参照されたい。缶出液の低沸点成分濃度が$\mathbf{y}$であり，流量・温度・圧力などの19変数が$\mathbf{X}$である。

今回は，2002年の測定結果をモデル構築用データ，2003年の測定結果をモデル検証用データとした。**図4.33**が2002年，2003年の$\mathbf{y}$の時間プロットである。なお$\mathbf{y}$には，平均が0，標準偏差が1となるように前処理されている。図4.33の①～④は

① 外乱によるプロセスの変動

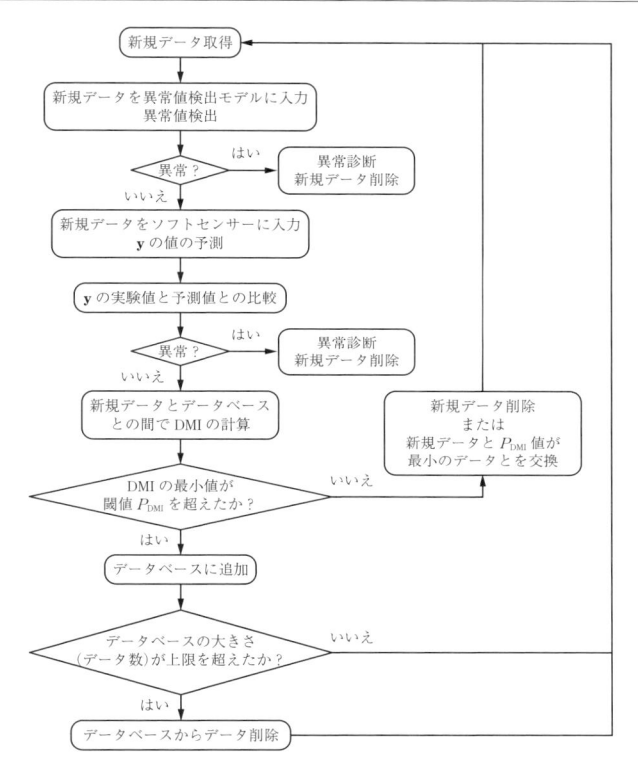

**図 4.32** 異常値検出を考慮したデータベース管理の流れ

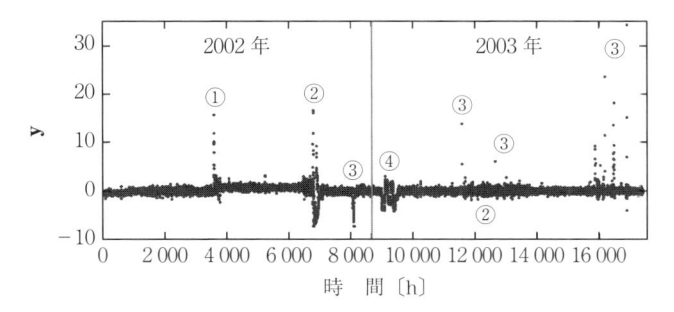

**図 4.33** $\mathbf{y}$ の時間プロット[46]。① は外乱によるプロセスの変動，② はプラント点検前後による変動，③ は分析計故障による変動，④ はプラントテストによる変動である。

② プラント点検前後による変動

③ 分析計故障による変動

④ プラントテストによる変動

である。③は$y$の予測誤差により検出し，②はプロセスの異常として検出する必要がある。①と④は特に問題がないため検出する必要はないが，2002年において①と②の変動は類似しており，②の変動のみ検出することが困難であった。

ICA-SVM の異常値検出能力を確認するため，PCA を用いた異常値検出手法[158]，$X$ を直接用いて SVM モデルを構築する手法，前処理として PCA を用いて SVM モデルを構築する手法（PCA-SVM），ICA-SVM モデルを構築する手法を用いて異常値検出を行った。$X$ に含まれるノイズが ICA-SVM モデルに及ぼす影響を軽減するため，$X$ から抽出される独立成分の数は，前処理の固有値分解の段階で累積寄与率が初めて 95％を超える成分数とした。得られた7成分を**図 4.34** に示す。第6成分は外乱によるプロセスの変動に敏感であり，第1，7成分はプラント点検前後に敏感であることがわかる。実際，5-fold クロスバリデーションを行った際の tanimoto 係数を評価値として，独立成分の全組合せにおいて SVM モデルを構築すると，外乱によるプロセスの変動に敏感な成分として第4，6成分が，プラント点検前後の変動に敏感な成分として第1，3，7成分が選択された。なお，それぞれモデル構築用データに過度に適合

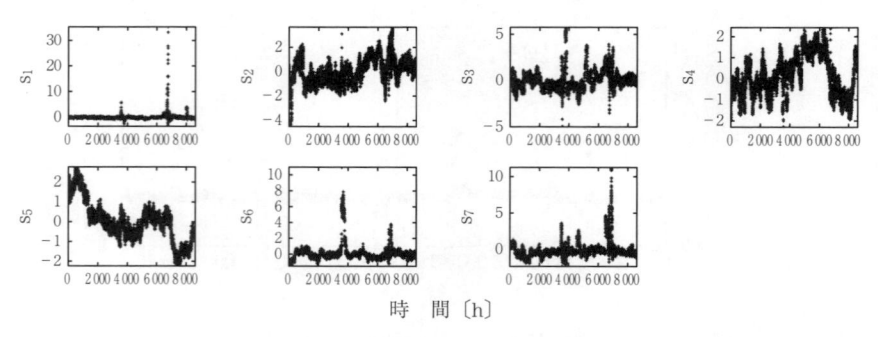

**図 4.34** 抽出された独立成分[46]

## 4.3 モデルの適用範囲を考慮したソフトセンサー設計

してしまうことを防ぐため，選択する成分数は tanimoto 係数が 0.95 を初めて超えた成分の数とした．その成分数において，tanimoto 係数が最も高い成分の組を最適成分とした．

プラント点検前後の異常値検出結果を**表 4.22** に示す．正解率と検出率はそれぞれ以下で表される．

$$正解率 = \frac{TP + TN}{TP + FP + TN + FN} \tag{4.28}$$

$$検出率 = \frac{TP}{TP + FN} \tag{4.29}$$

ここで，$TN$ はモデルが正常と判断し，実際に正常であった数を表す．PCA を用いた異常値検出モデルと PCA-SVM モデルにおける成分数は，累積寄与率が 95％を初めて上回った 7 成分とした．なお，成分数を変えて比較を行ったが，結果にほとんど変化は見られなかった．ICA-SVM モデル以外のモデルにおいては，モデル構築用データによって計算された tanimoto 係数が最適になるようパラメータを決定した．

**表 4.22** 各手法における 2002 年，2003 年の正解率と検出率[46]

| | データ | PCA | SVM | PCA-SVM | ICA-SVM |
|---|---|---|---|---|---|
| 正解率〔％〕 | 2002 年 | 87.7 | 99.9 | 99.9 | 99.8 |
| | 2003 年 | 64.3 | 93.5 | 89.0 | 95.7 |
| 検出率〔％〕 | 2002 年 | 34.7 | 99.4 | 98.9 | 98.3 |
| | 2003 年 | 99.6 | 0.4 | 0.0 | 99.8 |

モデル構築用データにおいては，PCA を用いた異常値検出モデルの正解率・検出率は他と比較して低かったが，SVM，PCA-SVM，ICA-SVM に有意な差は見られなかった．しかし，モデル検証用データにおいて SVM，PCA-SVM の異常値検出性能が著しく低下し，ICA-SVM の優位性が示された．SVM，PCA-SVM ではプラント点検前後の変動に関係のない変数も含めてモデルが構築され，またモデル構築用データにおいて外乱による変動とプラント点検前後の変動を分離することができなかったため，モデル検証用データの異常値検出能力が低下したと考えられる．一方 ICA-SVM では，外乱による変動とプラント点

検前後の変動を分離することができたため，モデル検証用データに対しても異常値検出能力が高かったといえる。また，選択された3成分はプラント点検前後の変動のみに関係の深い成分であることが示唆された。そして，このような異常と関係の深い成分のみを用いて異常値検出モデルを構築することで，モデルの汎用性が向上することを確認した。PCAを用いた異常値検出モデルのモデル検証用データに対する検出率は高くなったが，正解率は低くなってしまった。多くのデータを，実際には正常であるにもかかわらず異常と診断してしまったといえる。また今回は，ICA-SVMにおいてQ統計量を用いても結果に変化は見られなかった。2003年においては，2002年にない未知の異常は起きていないと考えられる。

　本手法の優位性を確認するため，回帰モデルを更新しながら予測する際，異常値検出モデルとしてICA-SVMモデルがない場合とある場合で比較を行った。両者とも，3シグマ法（5.3節参照）を用いた**y**の予測誤差による異常値検出を行い，それぞれ最終的に正常と診断された場合のみ回帰モデルを更新した。今回は回帰モデルを構築する手法として，広くソフトセンサーに用いられている線形回帰分析手法であるPLS法[70)]を用いた。モデル構築に用いるデータ数（窓幅）を400としてMWモデルにより**y**の値の予測を行った。

　結果を**表4.23**に示す。$RMSE_P$については，5.19節を参照されたい。なお$RMSE_P$の計算は診断された異常値を除いた後に行った。表4.23よりICA-SVMモデルがない場合においては，全体の$RMSE_P$は0.211であることがわかる。$RMSE$が小さいことから，PLSモデルを更新することによりある程度予測性の高いモデルが構築されたといえる。しかし，異常値の検出率が7.1%と

表4.23　各手法における正解率・検出率・$RMSE_P$の値[46)]

|  | ICA-SVMモデルなし | ICA-SVMモデルあり |
| --- | --- | --- |
| 正解率〔%〕 | 93.4 | 95.2 |
| 検出率〔%〕 | 7.1 | 97.0 |
| $RMSE_P$（2003年） | 0.211 | 0.200 |
| $RMSE_P$（プラント点検後） | 0.520 | 0.280 |

低いことから，モデルが異常値にも適合するよう構築されてしまったと考えられる．図 4.35 は ICA-SVM モデルがない場合における **y** の予測誤差の絶対値であり，白丸（○）は検出された異常値データを表す．値が大きいときに異常と検出されていることがわかる．3 シグマ法により分析計故障はある程度検出することができたが，プラント点検前後はほとんど検出されなかった．そのため，プラント点検前後のプロセス変動時の状態に適合するよう PLS モデルが構築されることで，その後の通常状態における $RMSE_p$ が 0.520 と高くなり，全体と比較して予測精度が低下してしまったと考えられる．また，すべて **y** の異常として診断されたため，プラント点検前後と分析計による異常を区別することは困難である．なお，正解率がある程度高くなった理由として，正常データに対して異常データが極端に少ないことが考えられる．

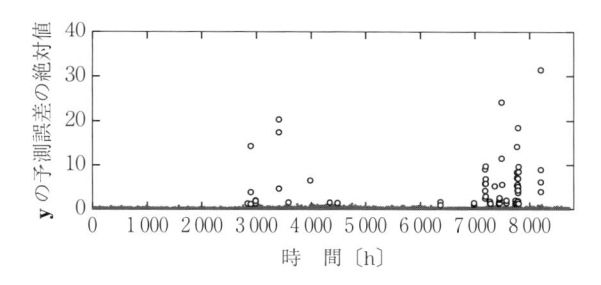

**図 4.35** ICA-SVM モデルがない場合の異常値検出結果[46]．
白丸（○）は検出された異常値データを表す．

表 4.23 より，ICA-SVM モデルがある場合は異常値の正解率・検出率はそれぞれ 95.2%，97.0% であり，全体の $RMSE_p$ は 0.200 であることから，ICA-SVM モデルがない場合と比較して高い異常値検出性能と予測性能を示していることがわかる．図 4.36 は ICA-SVM モデルがある場合における **y** の予測誤差の絶対値であり，白丸（○）は **y** の予測誤差で異常と診断されたデータを表し，アスタリスク（＊）は ICA-SVM モデルで異常と診断されたデータを表す．図 4.35 と比較して値が大きい場合以外にもデータが異常として検出されていることがわかる．また，**y** の予測誤差によって分析計故障が判断可能であ

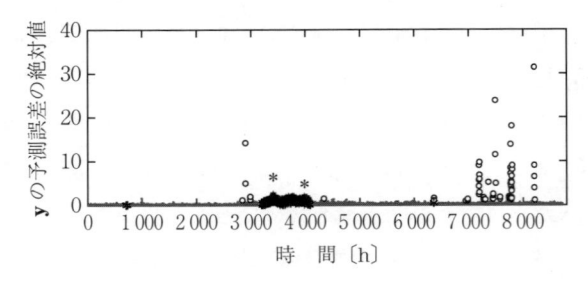

**図 4.36** ICA-SVM モデルがある場合の異常値検出結果[46]。白丸（○）は **y** の予測誤差によって検出された異常値データ，アスタリスク（＊）は ICA-SVM モデルによって検出された異常値データを表す。

り，ICA-SVM モデルによってプラント点検前後が判断可能であった。これによりプラント点検後の $RMSE_p$ も 0.280 と小さかったと考えられる。ICA-SVM モデルによりプロセス変動状態を検出することで，モデルの予測性の低下を未然に防ぐことが可能であった。なお，プラントテストの一部が ICA-SVM モデルによって異常と診断されたが，プラントテストにおいては意図的に **y** を上下に変動させていることから，通常とは異なる状態であるためと考えられる。ICA-SVM モデルを用いてプラントの状態を把握することで，適切に回帰モデルを更新しながら **y** の値を予測可能なことが示された。

### 4.3.2 モデルの適用範囲内判定モデルを用いたソフトセンサー設計（ポリマー重合プラントにおけるトランジション終了判定およびポリマー物性予測）

4.3.1 項では，適応型ソフトセンサーモデルの再構築に用いるデータを選択することで，モデルの予測精度を高く維持できることを示した。しかし，そのようにして構築された適応型モデル（MW モデル・JIT モデル・TD モデル）であってもすべてのデータを精度良く予測できるわけではない。モデルの適用範囲の外側のデータを予測した際の予測値の信頼性は低くなってしまう（図 3.6 参照）。

モデルの適用範囲を考慮した予測が必要となる例を挙げる。一つのプラント

4.3 モデルの適用範囲を考慮したソフトセンサー設計　　115

で多種多様な銘柄のポリマーを製造しているポリマー重合プラントにおいては，銘柄ごとにポリマー物性を精度良く予測すること，および早期に銘柄切替え（トランジション）の終了を判定することが求められている（2.3節参照）。全データを使用して，一つの非線形モデルを構築することで全体の傾向は把握できるものの，個別の銘柄の予測精度は低くなってしまう（図3.2参照）。またポリマー物性値は，トランジションが終了しプラントが定常に近い状態になった後に測定されることが多いため，トランジション中の実測値データは少ない。このような限られた領域にあるデータで構築されたモデルを用いて，その領域外（モデルの適用範囲外）であるトランジション中のポリマー物性を予測する場合には予測精度が低下してしまう。このため，トランジションが終了したかどうかの判定が困難であることが多い。

　トランジションの際に，ソフトセンサー予測値の実測値へ追随が遅い実際の例を**図 4.37**に示す。横軸が時間，縦軸が密度であり，アスタリスク（*）は密度の実測値，実線はソフトセンサーモデルにより予測された密度の予測値である。今回のソフトセンサーモデルは，全銘柄データを使用して構築された非線形モデルである。予測値はリアルタイムに計算できるが，実測値を得るには測定時間がかかってしまう。初めは銘柄1が生産され，つぎに銘柄切替え，つまりトランジションが起こり，その後，銘柄2が生産されている。このトラン

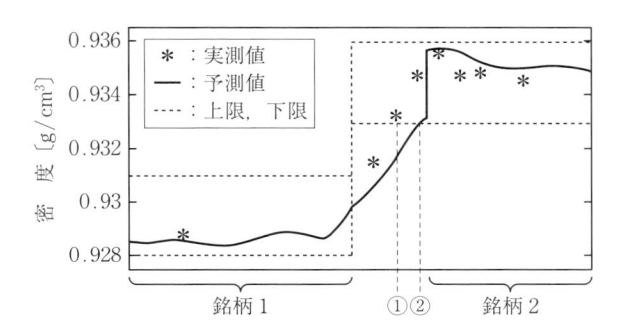

**図 4.37**　ソフトセンサー予測値の実測値への追随が遅い例。①は実測値により銘柄2の規格内に入ったと判定される時間，②はソフトセンサー予測値により銘柄2の規格内に入ったと判定される時間を表す。

ジション中のポリマーは両銘柄において規格外の無駄なポリマーとなるため，実際のトランジション終了を早く判定することが重要となる。実測値においては，①の時間に銘柄2の規格内に入ったと判定できるが，予測値においては，②の時間まで規格内に入ったとは判定できない。実際，①のデータも1時間後にしか得られないため，多くのポリマーは，実際には規格内にもかかわらず規格外とされ無駄になってしまう。

このように，トランジション中というモデルの適用範囲外においては，ソフトセンサーの信頼性および予測精度は低い（予測誤差が大きい）。しかし，高精度の予測を行うことが重要なのは，トランジション中のすべてではなくトランジションが終了する付近である。そして，望まれていることはなるべく早期にトランジションが終了したかどうかの判定を行うことである。そこで本節では，トランジション中とその終了後のすべての状態における物性予測を行うのではなく，トランジションが終了したかどうかの正確な判定とその後の物性予測を精度良く行った研究例[63]を紹介する。

〔1〕 トランジション終了判定モデル

ポリマー物性を予測する前に，トランジション終了を判定するモデルを構築する。そして，トランジション終了と判定した後に，対象となる銘柄データのみで構築された回帰モデルを用いて物性値を予測する。これにより，トランジション中のポリマー物性の推定精度が低下する問題を回避することができる。また，トランジション終了判定モデルにより予測精度を保証することで，トランジション終了直後のポリマー物性を精度良く推定することが可能となる。

トランジション終了を判定するモデルを構築する手法として，$k$-Nearest Neighbor（$k$-NN）法（5.17節参照），Support Vector Machine（SVM）法（5.10節参照），Range based approach（RANGE），One-Class SVM（OCSVM）法（5.18節参照）を使用する。RANGEでは新しいデータのすべての変数の値が，$\mathbf{X}$の値域内に入ったときに内挿とする。$k$-NN法およびSVM法は，規格内データと規格外データの両方をモデル構築に用いる判別手法であり，RANGEおよびOCSVM法は，規格内データのみをモデル構築に用いる領域判定手法である。

## 4.3 モデルの適用範囲を考慮したソフトセンサー設計

本手法の概念図を **図 4.38** に示す。まず，過去に測定された運転データを銘柄ごとに分け，それぞれにおいて物性予測モデルとトランジション終了判定モデルを構築する。つぎに，対象とする銘柄のトランジション終了判定モデルに新しいデータを入力することで，そのデータを測定したプラントの状態がトランジション終了の状態であるかどうかを判定する。終了していないと判定された場合は，トランジション前の銘柄の物性予測モデルを用いて物性値を推定する。この場合，プラントはトランジション中であると考えられるため，予測値は信頼できないことに注意する。ただ重要なのは，トランジション中ではなくトランジション終了後の物性予測であるため，ここでは問題ない。一方，トランジションが終了したと判定された場合は，対象とする銘柄の予測モデルを用いて物性値を推定する。このデータは，モデル構築用データに近い領域にあるデータであるため，予測値を信頼できる。なお，最新の物性データが得られた際は，対応する銘柄の物性予測モデルおよびトランジション終了判定モデルを更新する。

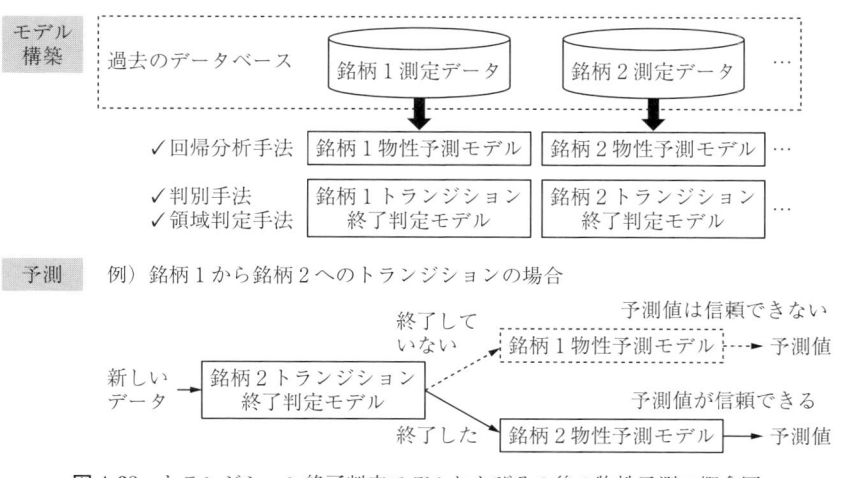

**図 4.38** トランジション終了判定モデルおよびその後の物性予測の概念図

### [2] ポリマー重合プラントの実運転データを用いたケーススタディ

本手法の検証を行うため，三井化学株式会社市原工場のポリマー重合プラン

トで実際に測定されたデータを用いて，生産されたポリマーの密度と Melt Flow Rate（MFR）を **y** としたソフトセンサーモデルを構築した。**X** は反応器内温度・圧力・モノマー濃度・コモノマー濃度・水素濃度などの 38 変数であり，それぞれ滞留時間を考慮に入れている。2005 年 1 月から 2007 年 4 月に測定されたデータをモデル構築用データ，その後の 2007 年 5 月から 2008 年 5 月に測定されたデータをモデル検証用データとして解析を行った。

$k$-NN 法，SVM 法，RANGE，OCSVM 法により構築されたトランジション終了判定モデルの能力を確認するため，それぞれを用いてトランジション終了判定を行った。各手法の特徴を把握するために PCA により可視化を行った結果については文献 63) を参照されたい。$k$-NN（$k=5$），RANGE ではトランジションが終了したと判定された領域が広く取られてしまった一方で，SVM，OCSVM により領域は妥当な広さとなった。

モデル検証用データを用いてトランジション終了判定を行った結果を図 **4.39** に示す。精度と検出率は

$$精度 = \frac{TP}{TP+FP} \tag{4.30}$$

$$検出率 = \frac{TP}{TP+FN} \tag{4.31}$$

で与えられる値であり，1 に近いほど検出性能が高いことを示す。$TP$ はモデ

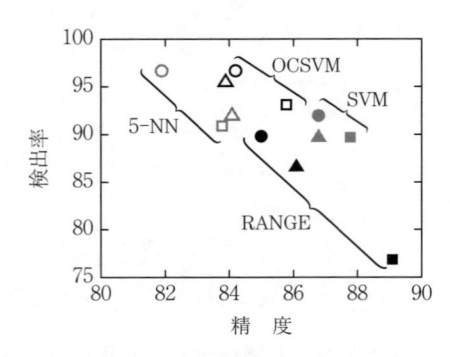

図 4.39 精度と検出率の関係[63]。△または▲は 18 変数，○または●は 12 変数，□または■は 38 変数を表す。

## 4.3 モデルの適用範囲を考慮したソフトセンサー設計

ルがトランジション終了と判断し実際に規格内であったデータ数，$FP$ はモデルがトランジション終了と判断したが実際は規格外であったデータ数，$FN$ はモデルがトランジション中と判断したが実際は規格内であったデータ数を表す。△または▲は $\mathbf{y}$ と関係があると考えられる 18 変数，○または●は銘柄によって一意に値が決まる 12 変数，□または■は全 38 変数を表す。

図 4.39 より，それぞれ精度・検出率ともに高いトランジション終了判定モデルが構築されたことが確認できる。その中でも，RANGE，SVM，OCSVM，5-NN の順に精度が高く，逆の順に検出率が高い傾向があった。SVM は OCSVM に対して，規格外データも用いてモデル構築を行っているため，精度が高く検出率が低くなったと考えられる。しかし，ある銘柄データの周りに規格外データが分布していないと SVM によってトランジション終了と判定する領域が大きくなってしまう。このような場合は，RANGE や OCSVM の方が高精度であると考えられるため，対象とする銘柄のデータ分布を見てどのモデルを使用するか選択することが望ましいといえる。

変数の数について，全体的に数が大きくなると精度が高くなり，検出率が低くなった。変数の数が大きくなると，トランジション判定領域が小さくなる傾向があると考えられる。特に RANGE では顕著である。また，5-NN や RANGE と比較して SVM と OCSVM の方が右上に分布しており，良いモデルであるといえる。

図 4.38 のソフトセンサー手法の有用性を確認するため，従来手法と本手法の比較を行った。今回予測モデルを構築する手法は，線形回帰分析手法として PLS 法，非線形回帰分析手法として SVR 法を用いた。詳細についてはそれぞれ 5.9 節，5.11 節を参照されたい。従来手法は一つの PLS モデルで予測する手法（PLS 更新なし），一つの SVR モデルで予測する手法（SVR 更新なし），一つの MWPLS モデル（窓幅：1 000）で予測する手法である。また比較として，銘柄ごとに PLS モデルを構築して予測する際は，トランジション終了判定モデルなしに対象とする銘柄モデルを適用する手法も検討した。なお，トランジション終了判定モデルと組み合わせたソフトセンサーモデルの構築におい

てはPLS法を用いた.

予測結果を**表4.24**に示す．正解率は以下で表される．

$$正解率 = \frac{TP+TN}{TP+FP+TN+FN} \tag{4.32}$$

ここで，$TN$はモデルがトランジション中と判断し，実際に規格外であったデータ数を表す．$r_P^2$と$RMSE_P$は5.19節を参照されたい．なお，従来手法については，密度とMFRの予測値が両方とも規格内に入ったときにトランジション終了とし，正解率・精度・検出率の計算を行った．

PLS（更新なし）とSVR（更新なし）を比較すると，SVRの方が密度，MFRともに$r_P^2$が高く$RMSE$が小さかった．これは，**y**とその他のプロセス変数間

**表4.24** 予測結果[63]

| | | 密度 | | MFR | | 正解率 | 精度 | 検出率 |
|---|---|---|---|---|---|---|---|---|
| | | $r_P^2$ | $RMSE_P$ $(\times 10^{-3})$ | $r_P^2$ | $RMSE_P$ | 〔％〕 | 〔％〕 | 〔％〕 |
| PLS（更新なし） | | 0.940 | 2.83 | 0.749 | 3.32 | 26.8 | 85.0 | 9.08 |
| SVR（更新なし） | | 0.957 | 2.41 | 0.895 | 2.14 | 50.3 | 88.1 | 43.0 |
| MWPLS | | 0.927 | 3.11 | 0.702 | 3.62 | 28.2 | 88.8 | 10.6 |
| PLS（銘柄ごと） | | 0.976 | 1.80 | 0.933 | 1.72 | 79.6 | 79.6 | 99.9 |
| 5-NN +PLS | 18[a] | 0.973 | 1.85 | 0.869 | 2.36 | 80.0 | 84.1 | 92.0 |
| | 12[a] | 0.972 | 1.93 | 0.925 | 1.83 | 80.5 | 81.9 | 96.7 |
| | 38[a] | 0.970 | 2.02 | 0.856 | 2.54 | 78.9 | 83.8 | 90.9 |
| SVM +PLS | 18[a] | 0.975 | 1.76 | 0.927 | 1.77 | 81.0 | 86.8 | 89.7 |
| | 12[a] | 0.980 | 1.61 | 0.946 | 1.51 | 82.6 | 86.8 | 92.0 |
| | 38[a] | 0.979 | 1.62 | 0.944 | 1.51 | 82.0 | 87.8 | 89.7 |
| RANGE +PLS | 18[a] | 0.976 | 1.58 | 0.949 | 1.42 | 78.3 | 86.1 | 86.6 |
| | 12[a] | 0.979 | 1.56 | 0.947 | 1.48 | 79.4 | 85.0 | 89.8 |
| | 38[a] | 0.975 | 1.37 | 0.954 | 1.29 | 74.2 | 89.1 | 76.8 |
| OCSVM +PLS | 18[a] | 0.982 | 1.48 | 0.949 | 1.46 | 81.9 | 83.9 | 95.5 |
| | 12[a] | 0.982 | 1.47 | 0.946 | 1.49 | 83.0 | 84.2 | 96.7 |
| | 38[a] | 0.981 | 1.45 | 0.953 | 1.38 | 82.4 | 85.8 | 93.1 |

〔注〕 a) 変数の数

## 4.3 モデルの適用範囲を考慮したソフトセンサー設計

に非線形性が存在するためであると考えられる．また，適応型モデルであるMWPLSモデルを用いると，$r_p^2$ 値が小さく $RMSE_p$ 値が大きくなった．トランジション中は過渡状態であるため，通常とは異なるデータも含めてモデルが構築されることで，その後の予測性が低下したと考えられる．モデルを更新することではプロセス変数間の非線形性に対応できていないことがわかる．今回は窓幅として1 000を用いたが，この数を多少変化させても結果はほとんど変わらなかった．PLSモデルを銘柄ごとに構築してそれぞれ更新すると，密度・MFRともに予測性が向上した．しかし，検出率がほぼ100％であり精度が低いことから，ほとんどのデータをトランジション終了と判定してしまったことがわかる．構築されたモデルの回帰係数が0付近になってしまい，どのデータに対しても同じ **y** を出力する予測モデルになったためである．

トランジション終了判定モデルと組み合わせた手法について，5-NN＋PLSではPLS（銘柄ごと）より予測性が低下してしまったが，それ以外の手法を用いた場合は，予測性の向上が確認できた．5-NNではトランジション終了領域が広く取られており，トランジション中のデータも多くトランジション終了と判定されていると考えられる．また，MFRは他のプロセス変数との非線形性が強いとされているが，今回の手法を用いることで，非線形手法であるSVR法以上に予測的なモデルが構築可能であった．線形回帰モデルを銘柄ごとに構築することで，非線形性に対応できたと考えられる．

**図4.40** は従来手法と今回の手法の予測例である．変数の数が12の場合のSVM＋PLSとOCSVM＋PLSの結果を載せる．従来手法においては，一度規格内に入るが，その後実測値は規格内にもかかわらず規格外となってしまう．提案手法においては，早く規格内に入り，また実測値付近を通っていることがわかる．ここで重要なことは，トランジション終了を判定するモデルの構築と実際の判定は，**X** のみを用いて行っていることである．**y** である密度・MFRの実測値のばらつきは異なるが，それらの **y** に関係なくトランジション終了判定を行うことが可能である．トランジション終了判定モデルを用いてプラントの状態を把握することで，適切に回帰モデルの更新と選択をしながら予測可能

(a) 従来手法（SVR）

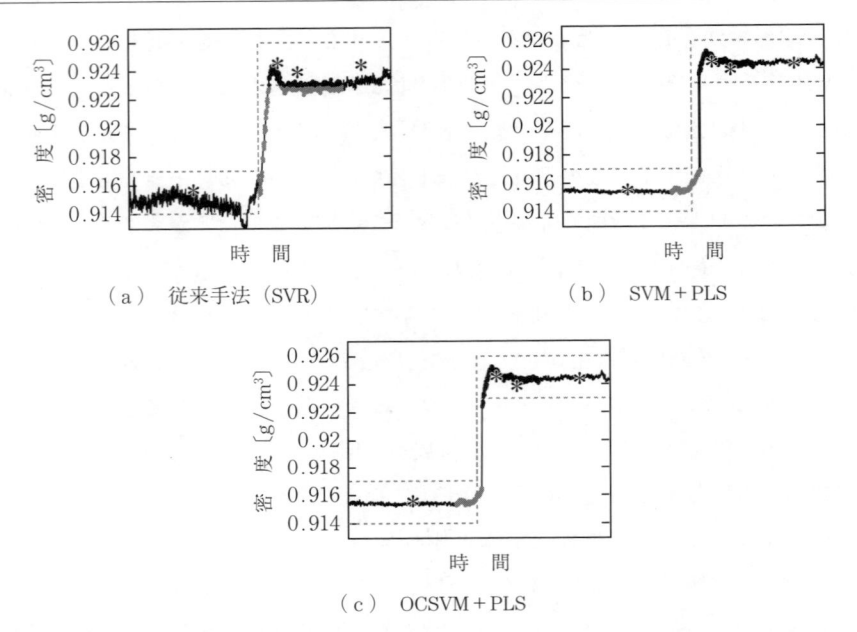

(b) SVM+PLS

(c) OCSVM+PLS

**図 4.40** 従来手法と今回の手法の予測例[63]。アスタリスク（＊）は実測値，実線は予測値，点線は規格の上限下限を表す。

なことが示された。

　今回はトランジション終了を判定するモデルと各銘柄の規格内の物性予測を精度良く行うモデルを組み合わせたため，トランジション中の予測はまったく考慮に入れていない。そのため，本方法論ではトランジションが正しい方向に進むかどうかは不明である。この不安を解消するために，必要に応じて全銘柄のデータで構築された非線形モデル（全体の傾向を把握できるモデル）などの他のソフトセンサー手法と組み合わせて使用するとよいだろう。

## 4.4 プロセス変数の選択，動特性の考慮

　3.3節でも述べたように，実際のプラントにおいてプロセス変数 **X** は時間遅れを伴って **y** に影響を与える場合がある。$m$ をモデル構築用データ数，$n$ をソ

フトセンサーへ入力されるプロセス変数の数，$t_i$ を $i$ 番目のプロセス変数における最大の時間遅れとすると，$\mathbf{y}\in R^{m\times 1}$ の線形回帰モデルは以下のように表現できる．

$$\mathbf{y} = \sum_{i=1}^{n} \sum_{j=0}^{t_i} b(i,j) \mathbf{x}_i(j) + \mathbf{e} \tag{4.33}$$

ここで，$\mathbf{x}_i(j) \in R^{m\times 1}$ は $\mathbf{y}$ に対してある時間 $j$ だけ過去の $i$ 番目のプロセス変数，$b(i,j)$ は $\mathbf{x}_i(j)$ の回帰係数，$\mathbf{e}\in R^{m\times 1}$ はモデル誤差である．実際は，説明変数（入力変数）$\mathbf{X}\in R^{m\times n(t_i+1)}$ を図 4.41 のような行列の形にして $\mathbf{y}$ との間で回帰分析を行う．

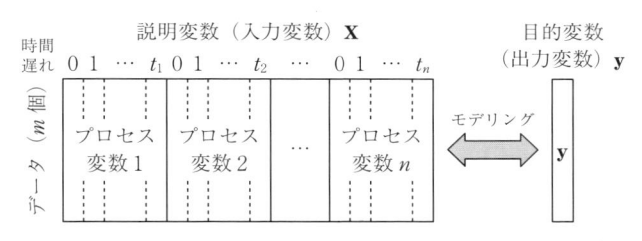

**図 4.41** プロセス変数の動特性を考慮に入れたデータ表現[161]

一方，$\mathbf{y}$ と関係のない不必要な $\mathbf{X}$ の変数はモデルの精度を低下させてしまう．さらに，ソフトセンサーで扱うプロセスデータにおいては，$\mathbf{X}$ の変数間に強い共線性があり，このことが $\mathbf{X}$ から $\mathbf{y}$ への影響度を求めることを困難にしている．PCR 法[75]や PLS 法[70]を用いたとしても，構築されたモデルからプロセス知識を抽出することは難しい[82]．また実際，ソフトセンサーモデルを構築する際は非常に多くの変数を扱う場合があり，プロセスエンジニアは $\mathbf{y}$ に最も影響度の大きい少数の変数の組に興味がある[159]．Andersen と Bro は，変数選択の目的として，予測精度の向上，モデル解釈を容易にすること，測定コストの低下を挙げている[160]．実際，Least Absolute Shrinkage and Selection Operator（LASSO）法[78]や Stepwise 法[79]などの変数選択法によって，少数の変数のみで精度の高いモデルを構築する試みがなされている．

本節では，最適なプロセス変数とその動特性の選択を同時に行う手法を紹介

する。4.4.1 項では線形の回帰分析手法と遺伝的アルゴリズム（Genetic Algorithm, GA）[157] を用いてプロセス変数とその動特性を同時に最適化する手法である Genetic Algorithm-based process Variables and Dynamics Selection（GAVDS）法[161),164)] を，4.4.2 項では GAVDS 法を非線形システムに拡張した手法[163),164)] を紹介する。

### 4.4.1 GAVDS 法

変数選択に関して，プロセスデータと同様に変数間の相関が強いスペクトルの波長選択の分野では，変数について領域単位で選択する試みがなされている。領域単位で選択する変数選択手法として，Stacked PLS（SPLS）[165)]，searching combination moving window PLS[166)〜168)]，Genetic Algorithm-based WaveLength Selection（GAWLS）[33)〜36)] などが提案されている。Arakawa らはその中で，予測性の観点から GAWLS 法の優位性を指摘している[36)]。GAWLS 法は GA を用いてモデルの $r_{CV}^2$ を大きくする $\mathbf{X}$ の変数の組を領域単位で選び出す変数選択法である。詳細は 5.16 節を参照されたい。

本節では，GAWLS 法を改良したプロセス変数選択と動特性の考慮を同時に行う手法[161),162)] を紹介する。ここでは Genetic Algorithm-based process Variables and Dynamics Selection（GAVDS）法と呼ぶ。図 4.41 のように，すべての変数に対してある時間遅れまでを含めたデータ形式に対して GAVDS 法を用いることで，あるプロセス変数のある時間遅れ領域を複数選択できる。本手法の概念図を**図 4.42** に示す。GAVDS 法においては，複数のプロセス変数を超えて変数領域が選択されることはない。例えば，3 番目のプロセス変数の時間遅れ 6 から 8 の変数および 5 番目のプロセス変数の時間遅れ 2, 3 の変数が選択された場合，$\mathbf{X}$ と $\mathbf{y}$ の関係は以下のように表される。

$$\mathbf{y} = b(3,6)\mathbf{x}_3(6) + b(3,7)\mathbf{x}_3(7) + b(3,8)\mathbf{x}_3(8)$$
$$+ b(5,2)\mathbf{x}_5(2) + b(5,3)\mathbf{x}_5(3) + \mathbf{e} \tag{4.34}$$

考慮する最大の遅れ時間（図 4.41 における $t_1, t_2, \cdots, t_n$），領域数（上の例では 2），領域の最大幅については事前に決定する必要がある。

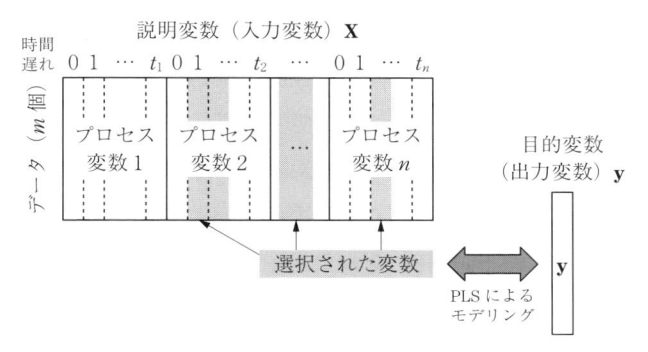

## 4.4 プロセス変数の選択，動特性の考慮

**図 4.42** GAVDS 法と aGAVDS 法の概念図
（領域の数が三つの場合）[161]

また，GAVDS 法では選択された変数領域を $\mathbf{X}$ にして $\mathbf{y}$ との間で FLS モデルを構築するが，選択された変数領域についてプロセス変数ごとに動的要素を表す変数領域の平均を新たな変数として用いる手法（average GAVDS, aGAVDS）[162]も存在する。上の例では 3 番目のプロセス変数の時間遅れ 6 から 8 の変数の平均および 5 番目のプロセス変数の時間遅れ 2，3 の変数の平均が説明変数として使用される。平均を用いることで，モデルに入力する変数の数が領域の数と同じになり，さらに変数の数を減らすことが可能である。ただ，動特性の情報が平均値として集約されてしまうため，GAVDS 法と比較してモデル構築に用いる変数の情報量は小さいといえる。

図 4.41 のように時間遅れを考慮したすべての $\mathbf{X}$ を含むプロセスデータ形式においては，互いに強い相関関係があるため，$\mathbf{X}$ のある時間領域が $\mathbf{y}$ に影響を及ぼすことは妥当であると考えられる。したがって，回帰モデルがオーバーフィッティングを起こすことなく，$\mathbf{y}$ にとって重要なプロセス変数とその時間遅れを同時に探索できるといえる。考慮する最大の遅れ時間 $t_i$，領域の最大幅，領域数などの GAVDS 法や aGAVDS 法のパラメータを変化させることで，プラント特徴，プロセス知識，プロセスエンジニアの経験などをソフトセンサーモデルに組み込むことが可能である。さらに，GAVDS 法と aGAVDS 法を用いて少数の変数の組を選択することで，モデルの解釈や最終的にソフトセン

サーに用いる変数の検討が容易になる。例えば，LASSO 法・Stepwise 法・GAPLS 法を用いた場合，あるプロセス変数の時間遅れ変数である隣の変数との関係は考慮されないため，動特性を考慮しながらプロセス変数を選択することは困難といえる。また，GAVDS 法あるいは aGAVDS 法によって少数の変数の領域でモデル構築することにより，モデルの解釈がしやすくなり，その後の使用する変数に関する詳細な検討がしやすくなる。また，少数の変数のみでモデルを構築することで，モデルを再構築する際，モデルの内容の変化も軽減される。

シミュレーションデータを用いて GAVDS 法および aGAVDS 法の有効性を確認した結果については文献 162) を確認されたい。この文献では，プロセス変数間に相関があり，かつ各プロセス変数において自己相関がある系において，VIP 法・GAPLS 法などの変数選択手法では変数選択に失敗した一方で，GAVDS 法・aGAVDS 法を用いることで重要なプロセス変数およびその重要な時間遅れのみ選択できることが示されている。

### ■ 蒸留塔における運転データを用いたプロセス変数選択の検討

図 2.19 に示す三菱化学株式会社水島事業所の蒸留塔において，実際に測定されたプラントデータを用いたケーススタディを行った。$\mathbf{X}$ と $\mathbf{y}$ として表 2.12 に示すそれぞれ 19 変数と 1 変数を用いた。なお，$\mathbf{y}$ の測定間隔は 30 分であり，$\mathbf{X}$ の測定間隔は 1 分である。プラントテストが行われた期間を含む 2003 年の 1 月から 3 月までをモデル構築用データ，2003 年 4 月から 2006 年 12 月までをモデル検証用データとして解析を行った。$\mathbf{y}$ の分析計故障時のデータはあらかじめ除去した。

今回のケーススタディでは $\mathbf{X}$ と $\mathbf{y}$ の間が線形で表現できると仮定できるため，モデルの劣化を軽減することを目的として，4.1.1 項〔3〕の時間差分形式を用いてモデリングと予測を行った。またプラントの動特性を考慮に入れるため図 4.41 に示すように $\mathbf{X}$ にある時間を遅らせた変数を含めた。今回の時間遅れ変数として，0 分から 60 分まで 1 分ごとに遅らせた変数を使用した。変数の数は 1 159 である。つまり，図 4.41 において $n=19$，$t_1=t_2=\cdots=t_{19}=60$

## 4.4 プロセス変数の選択,動特性の考慮

であり,それぞれの変数の時間間隔は1分である。各変数について0分から60分まで10分ごとに遅らせた場合(変数の数は133)については文献162)を参照されたい。

PLSモデル(変数選択なし)構築結果を**表4.25**に示す。各統計量の詳細については5.19節を参照されたい。**図4.43**に各変数の標準回帰係数の値を示

**表4.25** モデル構築結果[161), 162)]

| | | 変数数[a)] | $A$[b)] | $r^2$ | $RMSE$ | $r_{CV}^2$ | $RMSE_{CV}$ |
|---|---|---|---|---|---|---|---|
| PLS(変数選択なし) | | 1 159 | 8 | 0.987 | 0.135 | 0.986 | 0.142 |
| LASSO | | 380 | 4.5 | 0.979 | 0.127 | 0.986 | 0.142 |
| Stepwise (FB) | $Cp$ | 1 | 1 | 0.968 | 0.214 | 0.968 | 0.214 |
| | AIC | 227 | 20 | 0.988 | 0.129 | 0.987 | 0.138 |
| | BIC | 39 | 8 | 0.986 | 0.141 | 0.985 | 0.141 |
| GAPLS | 平均 | 360.7 | 9.2 | 0.987 | 0.137 | 0.986 | 0.144 |
| | 標準偏差 | 5.4 | 0.63 | $1.4 \times 10^{-4}$ | $7.4 \times 10^{-4}$ | $1.8 \times 10^{-4}$ | $8.7 \times 10^{-4}$ |
| GAVDS #reg[c)] = 5 | 平均 | 87 | 4.9 | 0.983 | 0.157 | 0.983 | 0.158 |
| | 標準偏差 | 6.6 | 0.3 | $4.3 \times 10^{-4}$ | $2.0 \times 10^{-3}$ | $4.4 \times 10^{-4}$ | $2.0 \times 10^{-3}$ |
| GAVDS #reg[c)] = 10 | 平均 | 126 | 7.1 | 0.985 | 0.147 | 0.984 | 0.149 |
| | 標準偏差 | 18 | 1.1 | $4.0 \times 10^{-4}$ | $1.9 \times 10^{-3}$ | $4.1 \times 10^{-4}$ | $1.9 \times 10^{-3}$ |
| GAVDS #reg[c)] = 15 | 平均 | 157 | 7.2 | 0.985 | 1.45 | 0.985 | 0.147 |
| | 標準偏差 | 30 | 0.9 | $3.2 \times 10^{-4}$ | $1.6 \times 10^{-3}$ | $3.0 \times 10^{-4}$ | $1.5 \times 10^{-3}$ |
| aGAVDS #reg[c)] = 5 | 平均 | 5 | 4.8 | 0.983 | 0.158 | 0.983 | 0.158 |
| | 標準偏差 | 0 | 0.3 | $6.6 \times 10^{-4}$ | $3.0 \times 10^{-3}$ | $6.7 \times 10^{-4}$ | $3.0 \times 10^{-3}$ |
| aGAVDS #reg[c)] = 10 | 平均 | 10 | 9 | 0.985 | 0.149 | 0.984 | 0.149 |
| | 標準偏差 | 0 | 0.9 | $2.3 \times 10^{-4}$ | $1.1 \times 10^{-3}$ | $2.2 \times 10^{-4}$ | $1.1 \times 10^{-3}$ |
| aGAVDS #reg[c)] = 15 | 平均 | 15 | 10.4 | 0.985 | 0.145 | 0.985 | 0.146 |
| | 標準偏差 | 0 | 3.0 | $2.9 \times 10^{-4}$ | $1.4 \times 10^{-3}$ | $3.0 \times 10^{-4}$ | $1.5 \times 10^{-3}$ |

〔注〕 a) 選択された変数の数, b) $\eta$ の値(LASSO法),最適成分数(他の手法)
c) 領域の数

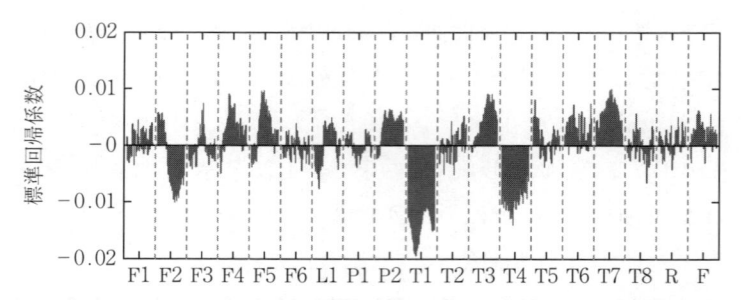

**図 4.43** 変数選択前の各変数の標準回帰係数[161]。データ形式は図 4.41 と同様であり，各変数について左から時間遅れが大きくなるように標準回帰係数の値がプロットされている。

す。図は複雑であり，同じ変数でも時間遅れによって正負が逆転している変数が多く見られた。そして，プロセス変数間の共線性の問題などにより，モデルの回帰係数がプロセスの傾向と一致しているといえず，またモデルを再構築するごとにモデルの中身は劇的に変化してしまい，この値から何らかのプロセス知識を得ることは困難といえる。

**図 4.44** に各変数の $VIP$ 値を示す。変数ごとに $VIP$ 値のピークの山が複数見られた。変数ごとの自己相関の影響であると考えられる。変数の数を減らすという観点からすれば，このような場合は自己相関の影響を考慮してどちらかのピークにおける変数領域を選択することが望ましい。しかし，例えば 1 を閾値にして変数選択を行ったとしても選択後の変数の数は多く，また同一の変数においてピークの山が二つ以上選択されてしまう。

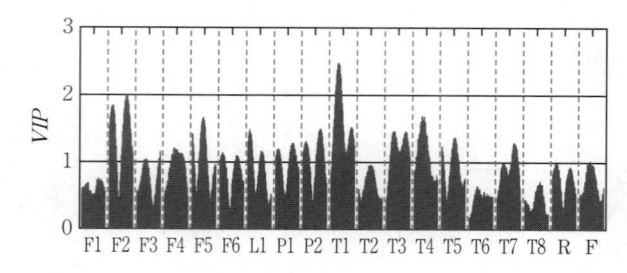

**図 4.44** 各変数の $VIP$ 値[162]。データ形式は図 4.41 と同様であり，各変数について左から時間遅れが大きくなるように $VIP$ 値がプロットされている。

## 4.4 プロセス変数の選択，動特性の考慮

LASSO 法を用いて変数選択を行った結果を表 4.25 に示す．LASSO 法の詳細については 5.13 節を参照されたい．選択された変数は回帰係数が 0 以外となった変数である．$r^2$，$r_{\mathrm{CV}}^2$，$RMSE$，$RMSE_{\mathrm{CV}}$ の値は変数選択前とほぼ変わらなかった．LASSO 法を用いることで，変数選択前と比較して精度を落とさずに 1 159 変数から 380 変数を選択することができた．LASSO モデルの標準回帰係数の値を**図 4.45** に示す．変数選択前の図 4.43 と比較してシンプルになったことが確認された．ただ，すべてのプロセス変数からいくつかの時間遅れ変数が選択されており変数の数は依然として多い．また変数選択前と同様に，LASSO 法の結果においても同じ変数であるにもかかわらず，時間遅れによって回帰係数の値の正負が変化することが示された．

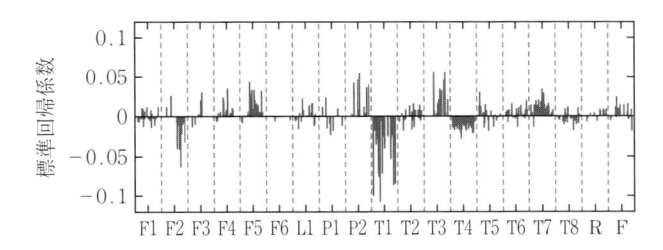

**図 4.45** LASSO モデルの各変数の標準回帰係数[162]．データ形式は図 4.41 と同様であり，各変数について左から時間遅れが大きくなるように標準回帰係数の値がプロットされている．

Stepwise 法で変数選択を行った結果を表 4.25 に示す．Stepwise 法の詳細については 5.14 節を参照されたい．FB において，評価値として $RMSE_{\mathrm{CV}}$ を用いた場合は，$Cp$ と同じ結果になり一つの変数しか選択されなかった．$r^2$ や $r_{\mathrm{CV}}^2$ の値は他と比較して低い値であり，十分な変数を選択できたとはいえない．なお選択された変数は，Temperature 1（T1）の **y** から 18 分遅れた変数である．評価値を $AIC$ とした場合は 227 変数，評価値を $BIC$ とした場合は 39 変数が選択された．それぞれ，精度は変わらず LASSO 法より少ない変数が選択されたことがわかる．これらのモデルの回帰係数の値をそれぞれ**図 4.46**，**図 4.47** に示す．図 4.46 から，$AIC$ を用いた場合に変数選択前よりシンプルに

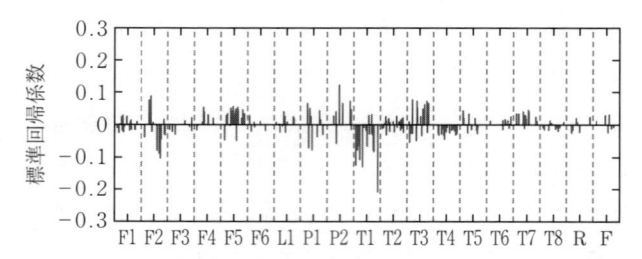

**図 4.46** AIC を評価値として Stepwise (FB) 法を行った後の各変数の標準回帰係数[162]。データ形式は図 4.41 と同様であり、各変数について左から時間遅れが大きくなるように標準回帰係数の値がプロットされている。

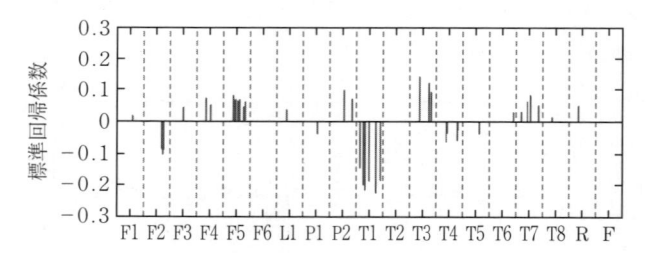

**図 4.47** BIC を評価値として Stepwise (FB) 法を行った後の各変数の標準回帰係数[162]。データ形式は図 4.41 と同様であり、各変数について左から時間遅れが大きくなるように標準回帰係数の値がプロットされている。

なっており，LASSO 法の結果と類似していることがわかる。ただすべての変数から時間遅れ変数が選択されていた。BIC を用いることで，AIC よりシンプルなモデルが構築できた。しかし，多くの種類のプロセス変数が選択されており，時間遅れは連続的に選択されていない。なお BF においてはどの指標を用いてもすべての変数が選択されてしまった。つまり，変数選択前と同様の結果であるといえる。

GAPLS 法を用いてモデリングを行った。GAPLS の詳細は 5.15 節を参照されたい。GAPLS 法の計算には Genetic Algorithm Optimizing Toolbox for MATLAB 5[169] を用いた。染色体の評価関数は 5-fold クロスバリデーションを行った際の $r_{\mathrm{CV}}^2$ 値（5.19 節参照）とした。GA パラメータは世代数 1 000，染色体数 500 とし，交叉や突然変異に関してはデフォルト値を用いた。表 4.25 の結果

は GAPLS を 10 回行ったときの平均と標準偏差である。$r^2$ と $r_{\mathrm{CV}}^2$ は変数選択前と変わらず，約 360 変数が選択され，それぞれのばらつきは小さかった。さらに，GAPLS の追加計算を行い，変数ごとに選択された回数を調査した。**図 4.48** に GAPLS を 50 回行ったときの，各変数の選択された回数を示す。図 4.48 より選択された変数に一貫性がないことがわかる。プロセスデータにおいては一般的な変数間の共線性のため，GAPLS の結果がさまざまな解にたどりついたといえる。このような結果では，この後最終的にどの変数を用いてソフトセンサーモデルを構築するかの検討は困難である。

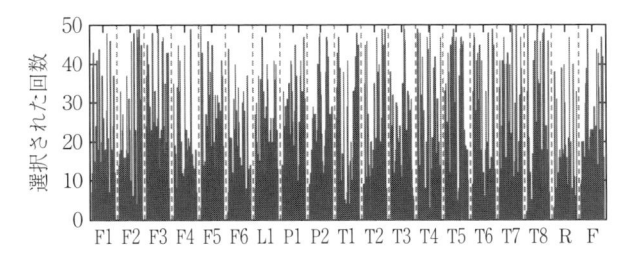

**図 4.48** GAPLS を 50 回行ったときの，各変数の選択された回数[61]。データ形式は図 4.41 と同様であり，各変数について左から時間遅れが大きくなるように選択された回数がプロットされている。

本節で紹介した GAVDS 法と aGAVDS 法の結果を表 4.25 に示す。今回は領域の最大幅を 20，領域数を 5，10，15 と振り，それぞれ 10 回ずつ計算を行った。窓の数が小さいときに $r_{\mathrm{CV}}^2$ の値が若干小さいが，その差異は小さく選択前と同程度のモデルが構築されたといえる。GAVDS 法や aGAVDS 法によって五つの変数領域のみで予測的なモデルが構築された。

GAVDS モデルと aGAVDS モデルの標準回帰係数の例を**図 4.49** に示す。これらは領域数が 5 のときの例である。GAVDS モデルにおいて図はシンプルでわかりやすく，それぞれのプロセス変数において係数の傾向はほぼ一貫していた。T1 においては正負の傾向が一貫していなく，回帰係数の正負が逆になっている時間があったが，これは時間遅れ変数間の共線性が原因であると考えられる。一方で，aGAVDS においては各領域の平均値とした変数を用いているた

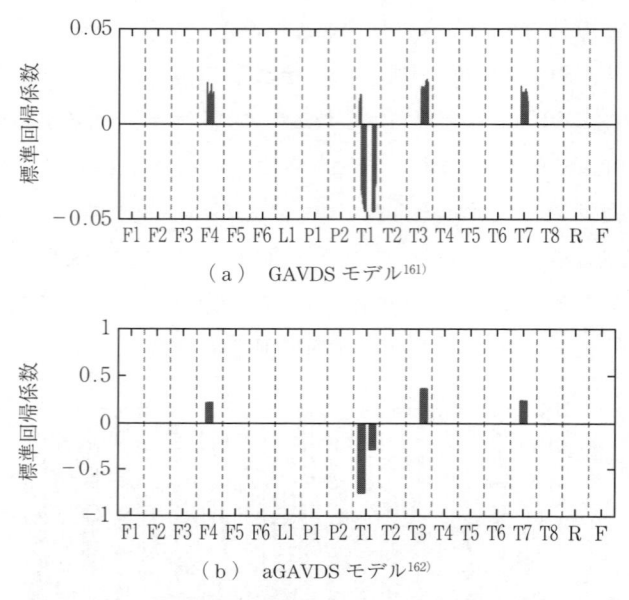

**図 4.49** GAVDS モデルと aGAVDS モデルの標準回帰係数（領域数が 5 の場合）。データ形式は図 4.41 と同様であり，各変数について左から時間遅れが大きくなるように標準回帰係数の値がプロットされている。

め，その領域においては回帰係数の値が一定ということになる。もちろん，**X** の間には相関関係があるため，これらの値を単純に各変数領域の寄与度とすることは危険であるが，解釈が容易なモデルであり，プロセスエンジニアが最終的にソフトセンサーの用いるプロセス変数や，その時間遅れについて考慮しやすいのは明らかである。本手法を用いることで予測能力を落とすことなく，1 159 変数から五つの領域に減らすことができた。選択後のソフトセンサーモデル構築の検討が容易になると考えられる。

　GAVDS の計算を 50 回行ったときの，変数ごとに選択された回数を領域の数ごとに**図 4.50** に示す。領域の数が大きくなると，選択された時間遅れ変数の数が多いプロセス変数の数も増加した。領域の数ごとにピークの位置や形が類似していることがわかる。領域の数を変化させても変数選択結果が大きくは変わらない頑健な手法であることがわかる。また，図 4.50 を見ると T1 につい

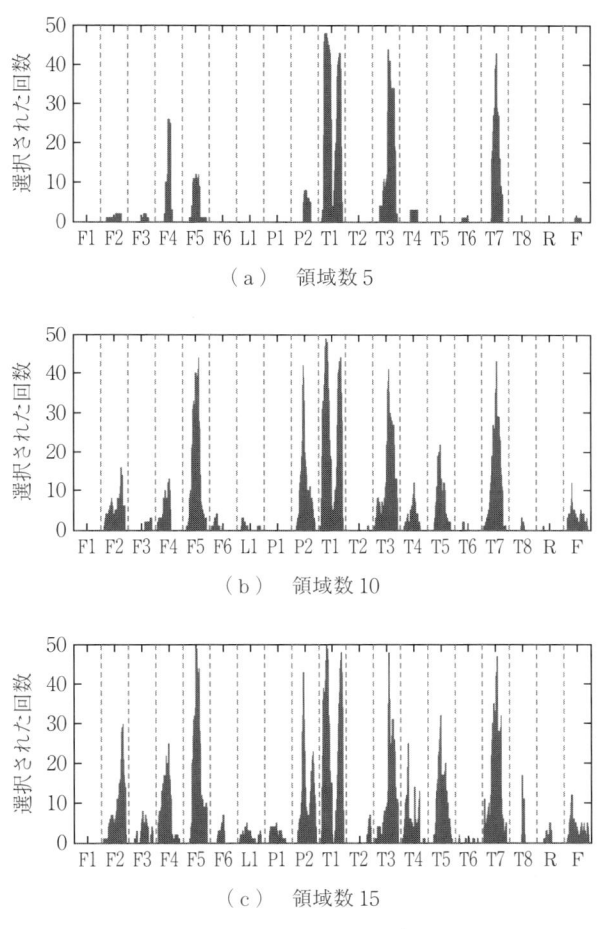

## 4.4 プロセス変数の選択，動特性の考慮

(a) 領域数 5

(b) 領域数 10

(c) 領域数 15

**図 4.50** GAVDS を 50 回行ったときの，各変数の選択された回数[161]。データ形式は図 4.41 と同様であり，各変数について左から時間遅れが大きくなるように選択された回数がプロットされている。

てはピークの山が二つ見られた。T1 は $\mathbf{X}$ の中で $\mathbf{y}$ との相関係数が最も大きい変数であり，そのような変数については自己相関の影響が出たのかもしれない。Feed 2 flow（F4）と Feed 2 temperature（T7）が多く選択される一方で，F3 と Feed 1 temperature（T6）はほとんど選択されなかった。図 2.19 より

F4 と T7 は同じ原料入口において測定された変数であり，これらのどちらも選ばれた回数が多いことは妥当な変数選択結果といえる。

aGAVDS についても同様に，50 回の計算を行ったときの変数ごとに選択された回数を領域の数ごとに**図 4.51** に示す。図の形は GAVDS 法の結果と類似していたことから，GAVDS 法と aGAVDS 法は領域数の影響を受けにくい頑健

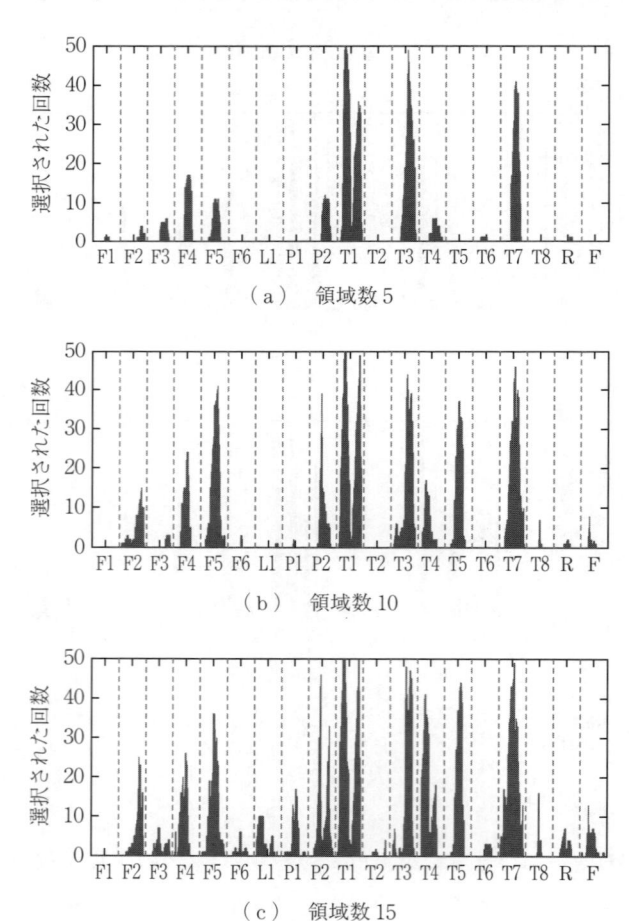

(a) 領域数 5

(b) 領域数 10

(c) 領域数 15

**図 4.51** aGAVDS を 50 回行ったときの，各変数の選択された回数[162]。データ形式は図 4.41 と同様であり，各変数について左から時間遅れが大きくなるように選択された回数がプロットされている。

な手法であることを確認した.今回はGAVDS法とaGAVDS法の領域数を5,10,15として検討を行った.実際は領域数などのパラメータを変化させることでプラントの特徴,プロセス知識,プロセスエンジニアの経験などをモデルに組み込むことが可能になる.今回のケーススタディでは,モデルの精度において,GAVDSとaGAVDSの間に大きな差異は見られなかった.このような場合は,aGAVDS法の方がシンプルであるため,aGAVDSモデルが推奨される.ただ,プロセス変数の動特性が複雑で平均では十分な情報を抽出できない場合は,GAVDS法を用いる必要がある.

つぎに各手法を用いた際の年ごとの予測能力を確認した.結果を**表 4.26**に示す.変数が一つしか選択されない場合は$RMSE_\mathrm{p}$の値が大きかったが,それ以外の手法ではほぼ同程度の値であった.各手法によって予測性を低下させることなく変数の数を減少できたことがわかる.また,GAVDS法とaGAVDS法によって選択された少数の領域のみでも精度が変わらず予測できることが確認された.これらの手法を用いることで五つの領域のみで予測的なモデルが構築されることにより,解釈やその後の詳細なソフトセンサーモデルの検討,そしてメンテナンスのしやすいモデルが構築されたといえる.本手法によって,ソフトセンサーに用いる変数の検討をサポートすることやその後のメンテナンスの負担を低減することが期待される.

### 4.4.2 非線形 GAVDS 法

4.4.1項においてプロセス変数とその連続的な時間遅れ変数を同時に選択する手法(GAVDS法・aGAVDS法)を紹介した.しかし,GAVDS法・aGAVDS法におけるモデル構築手法として線形回帰分析手法の一つであるPLS法が使用されており,**X**と**y**の間の非線形関係を一つのモデルで表現することは困難である.このような変数間の非線形性は,ソフトセンサー解析においても報告されている[63),65)].

そこで,変数間に非線形性が存在する場合においても適切な変数領域選択と予測精度の高いモデル構築を同時に達成することを目的として,GAVDS法と

**表 4.26** 予測結果（各年における $RMSE_P$ の値）[161), 162)]

| | | 変数[a)] | 2003 | 2004 | 2005 | 2006 |
|---|---|---|---|---|---|---|
| PLS（変数選択なし） | | 1 159 | 0.277 | 0.634 | 0.482 | 0.375 |
| LASSO | | 380 | 0.277 | 0.635 | 0.482 | 0.375 |
| Stepwise (FB) | $Cp$ | 1 | 0.315 | 0.667 | 0.523 | 0.405 |
| | AIC | 227 | 0.277 | 0.633 | 0.481 | 0.373 |
| | BIC | 39 | 0.277 | 0.640 | 0.485 | 0.373 |
| GAPLS | 平均 | 360.7 | 0.276 | 0.632 | 0.481 | 0.376 |
| | 標準偏差 | 5.4 | $1.9 \times 10^{-4}$ | $8.8 \times 10^{-4}$ | $3.1 \times 10^{-4}$ | $2.5 \times 10^{-4}$ |
| GAVDS #reg[b)] = 5 | 平均 | 87 | 0.285 | 0.657 | 0.496 | 0.385 |
| | 標準偏差 | 6.6 | $1.8 \times 10^{-3}$ | $4.7 \times 10^{-3}$ | $2.5 \times 10^{-3}$ | $2.8 \times 10^{-3}$ |
| GAVDS #reg[b)] = 10 | 平均 | 126 | 0.280 | 0.646 | 0.489 | 0.378 |
| | 標準偏差 | 18 | $3.1 \times 10^{-4}$ | $1.6 \times 10^{-3}$ | $1.0 \times 10^{-3}$ | $5.4 \times 10^{-4}$ |
| GAVDS #reg[b)] = 15 | 平均 | 157 | 0.279 | 0.642 | 0.489 | 0.377 |
| | 標準偏差 | 30 | $3.7 \times 10^{-4}$ | $2.0 \times 10^{-3}$ | $9.9 \times 10^{-4}$ | $3.3 \times 10^{-4}$ |
| aGAVDS #reg[b)] = 5 | 平均 | 5 | 0.283 | 0.646 | 0.493 | 0.381 |
| | 標準偏差 | 0 | $5.9 \times 10^{-4}$ | $2.0 \times 10^{-3}$ | $1.4 \times 10^{-3}$ | $5.0 \times 10^{-4}$ |
| aGAVDS #reg[b)] = 10 | 平均 | 10 | 0.281 | 0.643 | 0.491 | 0.379 |
| | 標準偏差 | 0 | $8.4 \times 10^{-4}$ | $1.1 \times 10^{-3}$ | $1.4 \times 10^{-3}$ | $4.6 \times 10^{-4}$ |
| aGAVDS #reg[b)] = 15 | 平均 | 15 | 0.280 | 0.639 | 0.489 | 0.377 |
| | 標準偏差 | 0 | $8.4 \times 10^{-4}$ | $2.0 \times 10^{-3}$ | $1.1 \times 10^{-3}$ | $9.8 \times 10^{-4}$ |

〔注〕 a) 選択された変数の数，b) 領域の数

非線形回帰分析手法の一つである Support Vector Regression（SVR）法[71)]（5.11節参照）を組み合わせた新規な変数領域選択手法が開発された[164)]。この手法を GAVDS-SVR 法と呼ぶ。GAVDS-SVR 法を用いることで，SVR 法による非線形性の抽出と GAVDS 法による領域単位の変数選択が同時に実現できる。なお，GAWLS 法と GAVDS 法の関係と同様に，GAWLS 法を非線形に拡張したGAWLS-SVR 法[163)] と GAVDS-SVR 法の概念は同じである。

## 4.4 プロセス変数の選択，動特性の考慮

GAVDS-SVR 法とは，GAVDS 法における PLS を SVR とした手法である。SVR 法については 5.11 節を参照されたい。染色体の適合度として，染色体に表現された変数領域について SVR 解析を行った後の $r_{\mathrm{CV}}^2$ 値を用いることで，予測性に優れた非線形モデルを構築できる変数領域の組が得られる。

しかし，SVR 法においては，モデルを構築するデータ数に対して指数関数的に計算時間が増加するだけでなく，最適化すべきパラメータが $C$, $\nu$, $\gamma$ の三つも存在する。そのため，GAVDS 法における PLS 法と同様にクロスバリデーションによりパラメータを最適化した後に $r_{\mathrm{CV}}^2$ 値を求めると，多大な時間がかかってしまう。そこで，SVR モデルのパラメータも GA の染色体に含めることにより，計算時間の問題に対応する。

**図 4.52** に GAVDS-SVR 法の概念図を示す。GAVDS-SVR 法では染色体の前半で変数領域を表現し，最後の三つの成分で SVR パラメータを表現する。これにより染色体の適合度である SVR モデルの $r_{\mathrm{CV}}^2$ 値を計算する際に三つのパラメータを最適化する必要がなく，計算時間を大幅に短縮可能である。本手法

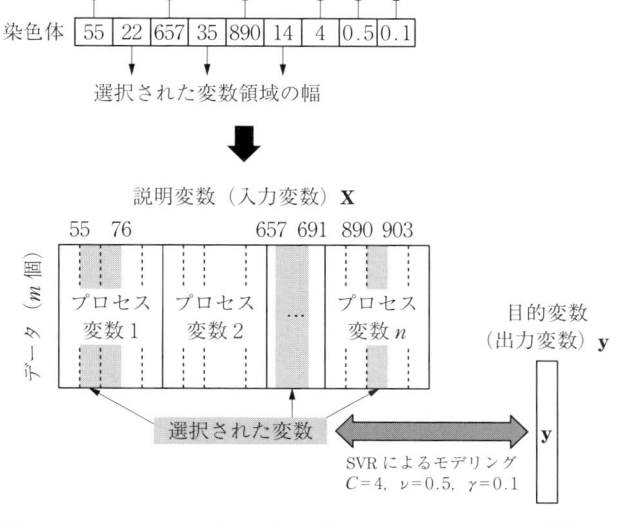

**図 4.52** GAVDS-SVR 法の概念図（領域の数が三つの場合）[163]

を用いることで，**X** と **y** の変数間に非線形性が内在する場合においても，変数領域の組と SVR モデルを同時に最適化することができる．なお，GAVDS 法と同様に GAVDS-SVR 法においては，複数のプロセス変数を超えて変数領域が選択されることはない．

今回は GAVDS-SVR 法を実際のプラントデータへ応用した例を紹介する．PLS 法・GAVDS 法・SVR 法・GAVDS-SVR 法を用いて比較・検討を行う．

なお，本節でも図 4.41 のようにプロセス変数ごとに時間遅れが大きくなるにつれて右に変数が並ぶ形式を使用する．システム同定の分野においては，**y** の時間遅れも考慮した AutoRegressive eXogenous（ARX）モデルが広く用いられている．しかし，ソフトセンサーでは実測値が得られるまでに多くの時間がかかり，また不定期にしか測定されない **y** を扱う場合が多いため，ARX モデルは適したモデルではない．図 4.41 の形式でモデルが構築されれば，例えば **y** の分析計故障時など過去の **y** の実測値が得られなくても，**X** のみから **y** の値を推定可能である．ただし，図 4.41 の **X** に **y** の時間遅れ変数を追加することで ARX モデルと同等の構造になる．

本手法を用いてシミュレーションデータを解析した結果については文献163）を参照されたい．**X** と **y** の間に非線形性が存在する系において，GAVDS 法では選択できなかった重要な変数を，GAVDS-SVR 法により選択できることが確認されている．

■ **ポリマー重合プラントにおける測定データを用いた解析**

GAVDS-SVR 法の検証を行うため，4.1.4 項，4.3.2 項と同様の三井化学株式会社市原工場のポリマー重合プラントで実際に測定されたデータを用いた解析を行った．対象としたプロセスにおいては，ポリマー物性とその他のプロセス変数間の非線形性が原因の一つとなり，予測的なソフトセンサーモデルの構築は困難となっている．2006 年 5 月から 2007 年 4 月に測定されたデータをモデル構築用データ，2007 年 5 月から 2008 年 5 月に測定されたデータをモデル検証用データとし，Melt Flow Rate（MFR）を反応器温度，モノマーおよびコモノマー濃度などの 20 のプロセス変数から推定するソフトセンサーモデルを構

## 4.4 プロセス変数の選択,動特性の考慮

築した。今回はプロセスの動特性を考慮するため,図 4.41 のように各プロセス変数をある時間まで遅らせた変数を追加して最終的な **X** とした。なお,MFR には対数変換を行い **y** とした。

PLS 法・GAVDS 法・SVR 法・GAVDS-SVR 法を用いた際の MFR のモデル構築と予測の結果を**表 4.27** に示す。今回は GAVDS 法および GAVDS-SVR 法について,領域数を 5, 10, 15 と振り検討を行った。それぞれ 30 回のモデル構築と予測を行い各統計量の平均を表 4.27 に記載した。

**表 4.27** MFR のモデル構築と予測の結果[164]

|  | 領域数 | $r^2$ | RMSE | $r_{CV}^2$ | $RMSE_{CV}$ | $r_P^2$ | $RMSE_P$ |
|---|---|---|---|---|---|---|---|
| PLS | — | 0.978 | 0.120 | 0.976 | 0.126 | 0.951 | 0.173 |
| GAVDS | 5 | 0.961 | 0.163 | 0.960 | 0.165 | 0.940 | 0.189 |
| GAVDS | 10 | 0.968 | 0.147 | 0.967 | 0.149 | 0.943 | 0.185 |
| GAVDS | 15 | 0.971 | 0.139 | 0.970 | 0.142 | 0.946 | 0.180 |
| SVR | — | 1.000 | 0.016 | 0.990 | 0.082 | 0.958 | 0.159 |
| GAVDS-SVR | 5 | 0.992 | 0.072 | 0.990 | 0.084 | 0.957 | 0.159 |
| GAVDS-SVR | 10 | 0.995 | 0.059 | 0.992 | 0.075 | 0.972 | 0.130 |
| GAVDS-SVR | 15 | 0.996 | 0.055 | 0.992 | 0.072 | 0.968 | 0.137 |

PLS 法や GAVDS 法と比較して SVR 法や GAVDS-SVR 法の方が $r_P^2$ 値は大きく $RMSE_P$ 値は小さかった。**X** の変数と MFR の間の関係は非線形であるためと考えられる。また,領域数が 10 または 15 の場合に SVR 法より GAVDS-SVR 法の方が $r_P^2$ 値は大きく予測精度は向上した。MFR については,ある程度モノマーの濃度や温度と MFR の間に相関があることが物理的に確認されており[65],それらの変数を含む重要な変数のみが選択されることで予測精度が向上したと考えられる。

GAVDS 法および GAVDS-SVR 法における領域数を 5 とした際の各変数の選択回数を**図 4.53** に示す。プロセス変数ごとに時間遅れが大きくなるにつれて上に変数が並んでいる。守秘義務契約のためすべてのプロセス変数名が記載されておらず,いくつかのプロセス変数は $n$ をプロセス変数番号として XV_$n$ で表現されている。選択された変数を見ると,GAVDS 法では最も MFR に影響のある変数の一つであるコモノマー濃度の一方が選択されなかったのに対し,提

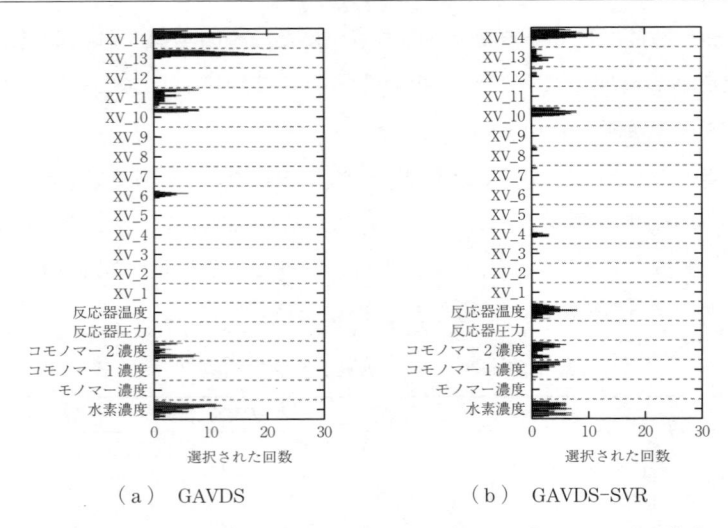

**図 4.53** MFR 予測において 30 回 GAVDS 法および SVR-GAVDS 法を行った際の各変数が選択された回数[164]

案手法を用いることで両コモノマー濃度が選択された。MFR とコモノマー濃度との関係は非線形であるため，GAVDS-SVR 法により MFR と各コモノマー間の非線形性が抽出できたと考えられる。

また，MFR と関係の深いと考えられている水素濃度や反応器温度も本手法により選択されていることがわかる。GAVDS-SVR 法を用いることで，プロセス変数間の非線形性を考慮に入れた妥当な変数および動特性の選択，そして予測性の高いモデル構築が可能になることを確認した。モデルの解釈および詳細なソフトセンサーモデルの検討が容易であり，メンテナンス負荷の小さいモデルが構築可能であった。

本手法により少数の **X** の変数のみでモデリングが行われることで，高い予測性能と解釈のしやすさを併せ持つ実用的なモデルを得ることができると考えられる。

## 4.5 ソフトセンサーモデルの予測誤差の推定

4.3.1 項において，ソフトセンサーモデルの劣化とモデル更新用データへの異常値混入問題を取り上げ，ソフトセンサーの適用範囲を考慮するための異常値検出モデルの導入について紹介した。異常値検出モデルによって正常と診断されたデータのみを使用してモデルを更新することで，モデルの精度を維持することが可能になる。ただ，実際のプラントにおける測定データは正常・異常の2値問題ではなく，正常状態から異常状態へ，そして異常状態から正常状態へ連続的に変化する。

また，たとえ高精度のソフトセンサーモデルが構築されたとしても，3.4節および図 3.6 で述べたようにそのモデルには適用範囲が存在し，適用範囲外のデータについては予測結果が信頼できない。しかし，適用範囲外においても通常状態と同じ閾値で異常を検出した場合，実際は目的変数 $\mathbf{y}$ の分析計は異常でなくても，分析計故障と診断されてしまう。プラントの状態によって変化するソフトセンサーの予測精度を適切に監視する必要がある。

そこで本節では，ソフトセンサーモデルの適用範囲と予測誤差の関係を定量的に求める方法[47),64),91),92)]を紹介する。これにより予測したいデータの $\mathbf{y}$ の予測値だけでなくエラーバーも同時に出力される。エラーバーを推定するため，新しいデータとソフトセンサーモデルとの距離（Distance to Model，DM）を導入する。DM が大きくなるにつれてそのデータの予測誤差も大きくなる。つまり，モデル構築用データに近いデータを予測する際は予測誤差を小さく，モデル構築用データから離れた変動を予測する際は予測誤差を大きく見積もることで，プラントの変動と $\mathbf{y}$ の分析計故障を分離して考えることが可能となる。モデルの適用範囲や DM に関する研究はおもに Quantitative Structure-Activity Relationship（QSAR）解析の分野で行われており，多くの成果を挙げている[83)~90)]。

4.5.1 項では，DM としてソフトセンサーモデル構築用データの平均との距離を用いて，その距離と予測誤差の標準偏差の関係を定量的に求める方法を紹

介する。4.5.2 項では,時間差分モデルのアンサンブル予測による予測誤差の推定,4.5.3 項では,一般的なアンサンブル予測による予測誤差の推定について記載する。4.5.4 項では,DM としてデータ密度を用いてプロセス変数の非線形関係および多峰性分布に対応可能であることを示す。DM の性能を比較するための指標も紹介する。

### 4.5.1　ソフトセンサーモデルとの距離に基づく予測誤差の推定
〔1〕　**DM の例と定量的予測誤差推定手法**

本節では DM の例として,モデル構築用データの平均とのユークリッド距離(Euclidian Distance,ED)を用いる。あるデータ $\mathbf{x}_k$ の ED は,以下のように計算される。

$$\mathrm{ED} = \sqrt{\sum_{i=1}^{d} \left(x_{k,i} - \overline{x_i}\right)^2} \tag{4.35}$$

ここで,$d$ は説明変数の数,$\overline{x_i}$ は $x_i$ の平均値である。DM とモデルの予測性能,例えば予測誤差の標準偏差の関係を定量化することで,新しいデータに対する予測性能を評価することが可能になる。

適用範囲とソフトセンサーモデルの誤差との関係を定量的に推定するため,ED などの DM と予測誤差の標準偏差との関係を求める。前提はソフトセンサーモデル(回帰モデル)が構築されていることである。

1)　DM と予測誤差の標準誤差との関係を求めるためのデータを準備する。回帰モデルを構築した際のモデル構築用データセットのほかにも多様なデータがあれば,それも使用することが望ましい。
2)　1) の全データについて $\mathbf{y}$ の予測値を計算し,実測値との間で予測誤差を求める。
3)　1) の全データについて DM を計算する。
4)　1) のデータセットに対して,2) により $\mathbf{y}$ の予測誤差が計算され,3) により DM が計算されたことになる。そして DM の小さい順に 1) のデータセットを並び替える。この際,$\mathbf{y}$ の予測誤差の絶対値が小さい順になって

いることが DM として望ましい（DM が大きいほど **y** の予測誤差の絶対値も大きいことが望ましい）。

5) 並び替えられたデータを用いて，予測誤差の標準偏差（Standard Deviation of prediction Errors of y, SDEy）を計算する（**図 4.54**（a）参照）。$i$ 番目のデータにおける予測誤差の標準偏差（SDEy$_i$）を，$(i-m)$ 番目から $(i+m)$ 番目までのデータの予測誤差を用いて計算された標準偏差とする。

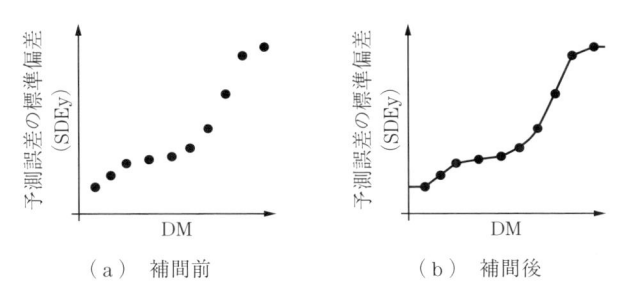

**図 4.54** DM と予測誤差の標準偏差（SDEy）との関係
（a）補間前　（b）補間後

$$\mathrm{SDEy}_i = \sqrt{\frac{1}{2m} \sum_{j=i-m}^{i+m} \left( y_{e,i} - \overline{y_e} \right)^2} \tag{4.36}$$

ここで $y_{e,i}$ は $i$ 番目のデータにおける **y** の予測誤差，$\overline{y_e}$ は以下の式のように $y_{e,i}$ の平均である。

$$\overline{y_e} = \frac{1}{2m+1} \sum_{j=i-m}^{i+m} y_{e,i} \tag{4.37}$$

SDEy$_i$ に対応する DM は $i$ 番目のデータにおける DM の値である（図 4.54（a）参照）。この計算は，$i$ が $m+1$ から $N-m$ まで繰り返される（$N$ は全データ数）。$m$ の値は解析者が事前に設定する必要がある。$m$ の値が小さすぎると標準偏差が安定しないため，$m$ の値をある程度大きくする（$m \geq 50$ が望ましい）。

6) 5) で得られた DM と SDEy の関係を線形補間する（DM と SDEy でプロットして各点を順番に直線でつなげることと同じ）（図 4.54（b）参照）。

各直線の傾きが0以上であることが望ましい。傾きが負であることはDMが大きくなるほど予測誤差が小さくなることを意味するためである。実際はすべての直線の傾きが0以上になることは難しいが，$m$の値を調整して検討を行う。

6) のDMとSDEyの関係（いくつもの直線）（図4.54（b）参照）を用いることで，新しいデータについてそのDMの値および直線からそのデータのSDEyの値を計算できる。

〔2〕 **蒸留塔における運転データの予測精度推定**

今回用いたデータは図2.19に示す三菱化学株式会社水島事業所の蒸留塔において実際に測定されたプラントデータである。表2.12の中から，説明変数**X**として流量以外の18変数，**y**として缶出液の低沸点成分濃度の1変数を用いた。今回も4.3.1項と同様に，1時間ごとの平均データを使用して2002年，2003年の測定結果を用いて解析を行った。

2002年，2003年の**y**の時間プロットについては図4.33を参照されたい。①は外乱によるプロセスの変動，②はプラント点検前後による変動，③は分析計故障による変動，④はプラントテストによる変動である。③は**y**の予測誤差によって異常として検出する必要がある。

まず，2002年データから①，②，③のデータを除き，残ったデータを通常状態データとした。その中から10時間ごとにサンプリングし，モデル構築用データとした。このデータを用いて回帰モデルを構築する。つぎに，モデル構築用データ以外の2002年のデータと①，②のデータを，DMと予測誤差の標準偏差との関係を求めるためのデータ（142ページの1）のデータ）とした（このデータをバリデーションデータと呼ぶ）。

2003年のデータを検証用データとして，MWモデル（4.1.1項〔1〕参照）により予測するデータの直近の500データでモデルを再構築しながら**y**の値の予測を行い，同時に異常値検出を行った。なお②，③のデータは，モデル再構築用のデータに含めなかった。

今回は回帰モデルを構築する手法として線形回帰分析手法の一つであるPLS

法および非線形回帰分析手法の一つである SVR 法を用いた。PLS 法・SVR 法の詳細についてはそれぞれ 5.9 節,5.11 節を参照されたい。ソフトセンサーモデルの構築結果を**表 4.28** に示す。各統計量の詳細については 5.19 節を参照されたい。$r^2$ の値は 0.840,leave-one-out 法を用いたクロスバリデーションを行った際の $r_{\mathrm{CV}}^2$ の値は 0.825 となった。ある程度予測的なモデルを構築できたといえる。①,② 以外のバリデーションデータを適用した際の $r_{\mathrm{P}}^2$ の値は 0.841 となり,モデル構築用データと近い値になったが,①,② のデータを適用した際の $r_{\mathrm{P}}^2$ の値は,$-0.109$ となりモデル構築用データとは異なるプラント状態のデータに対する予測性は低いといえる。ソフトセンサーの適用範囲を考慮する重要性が確認された。SVR モデルの結果においても,通常状態における予測精度は高いものの,プロセス変動時における予測精度は低いという PLS モデルの結果と同様の傾向を示した。

**表 4.28** モデル構築の結果[47]

| | | PLS | SVR |
|---|---|---|---|
| モデル構築用データ | $r^2$ | 0.840 | 0.930 |
| | RMSE | 0.199 | 0.131 |
| | $r_{\mathrm{CV}}^2$ | 0.821 | 0.822 |
| | $RMSE_{\mathrm{CV}}$ | 0.210 | 0.210 |
| ① と ② の変動以外のバリデーションデータ | $r_{\mathrm{P}}^2$ | 0.841 | 0.869 |
| | $RMSE_{\mathrm{P}}$ | 0.201 | 0.182 |
| ① と ② の変動データ | $r_{\mathrm{P}}^2$ | $-0.109$ | 0.068 |
| | $RMSE_{\mathrm{P}}$ | 3.11 | 2.85 |

つぎに,モデル構築用データとバリデーションデータに対する DM と予測誤差の絶対値の関係を求めた。結果を**図 4.55** に示す。DM が大きいときに予測誤差の絶対値が大きい傾向があることがわかる。特に,①,② のデータの多い距離 10 付近から予測誤差の絶対値のばらつきが大きくなった。そして 5) のように DM と予測誤差の標準偏差の関係を調査した。**図 4.56** がその結果である。今回は,501 サンプルずつ DM と予測誤差の標準偏差の関係を求めた。つまり,5) の式 (4.36),(4.37) における $m$ の値は 250 である。DM が小さい

**図 4.55** DM と予測誤差の絶対値との関係[47]

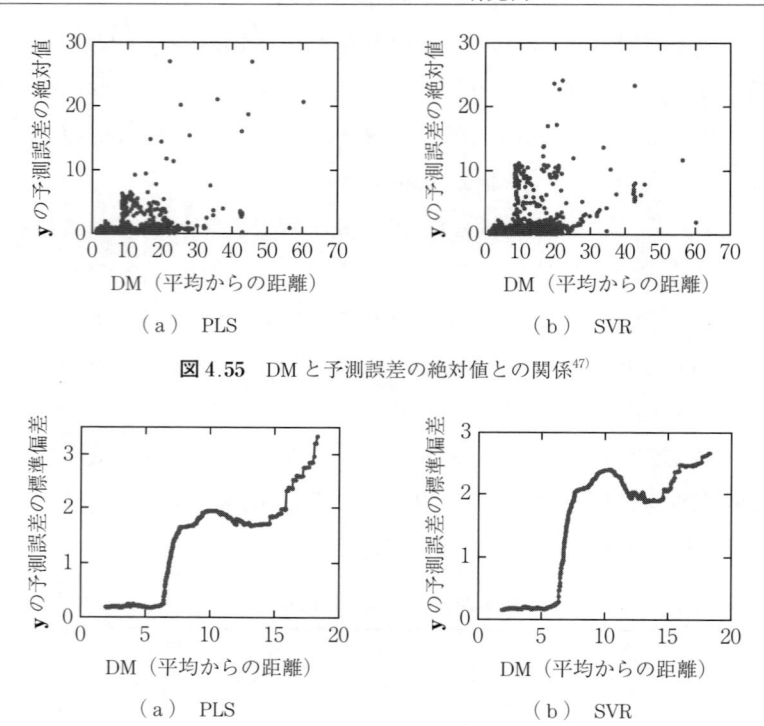

(a) PLS　(b) SVR

**図 4.56** DM と予測誤差の標準偏差の関係[47]

(a) PLS　(b) SVR

ときは予測誤差の標準偏差は小さくほぼ一定であった。①，②のデータの多い7付近から予測誤差の標準偏差が大きくなった。全体として，DMが大きいときに予測誤差の標準偏差が大きいことがわかる。

本手法の予測性能と異常値検出性能を確認するため，2003年データの予測を行った。回帰分析手法として PLS 法を用いた結果を紹介するが，SVR 法の結果についても同様の傾向が得られた。6)で述べたように図 4.56 (a)の各点を直線で補間して得られた複数の直線を用いることで，あるモデル検証用データの予測誤差の標準偏差を計算する。この標準偏差の $i$ 倍を超えたときが $\mathbf{y}$ の分析計故障であるとし，$i$ を 0.1 から 0.1 ずつ 5 まで変化させ，Receiver Operating Characteristic (ROC) 曲線を描いた。ROC 曲線とは，横軸を誤アラーム率，縦軸を検出率とした曲線である。左上に分布しているほど，異常値

検出性能が高いといえる．比較のために，従来手法として，バリデーションデータにおける **y** の予測誤差の標準偏差の $i$ 倍を超えたときに異常とする方法も行い，同じ ROC 曲線を描いた．つまり，$i$ が 3 のときに 3 シグマ法（5.3 節参照）となる．これらの結果を**図 4.57** に示す．白丸（○）は本手法の結果，点は従来手法の結果を表す．本手法の分布の方が従来手法のそれより左上に位置しており，ROC 曲線の下の面積は従来手法が 0.83 であるのに対し提案手法は 0.86 であることから，本手法は従来手法より高い検出性能，かつ低い誤アラーム率で異常値を検出できることを確認した．

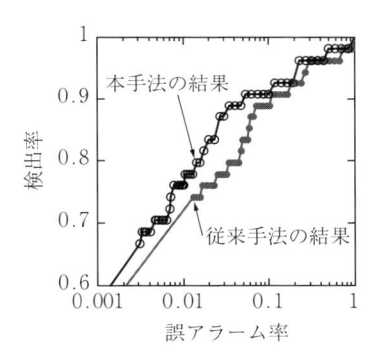

**図 4.57** ROC 曲線[47]．横軸は常用対数変換されている．

図 4.57 において誤アラーム率と検出率のバランスの取れた，$i$ が 3 の場合に固定して今後の解析を進めた．この場合，誤アラーム率は 0.01，検出率は 0.78 であった．ただ，$i$ の値はあまり今後の結果に影響を与えなかった．異常と診断されたデータを除いた際の **y** の実測値-予測値プロットを**図 4.58** に示す．このときの $r_P^2$ 値と $RMSE_P$ 値は，それぞれ 0.918，0.193 であった．対角線付近にデータがかたまって分布しており，良好な結果であるといえる．

**図 4.59** に本手法を用いた際の予測例を示す．点が実測値，実線が予測値，上下の点線が予測誤差の上限下限，アスタリスク（*）が実際の **y** の分析計故障を表す．点が点線より上下外側にあるときに異常と診断されることになる．アスタリスクは実際に **y** の分析計故障であったデータである．

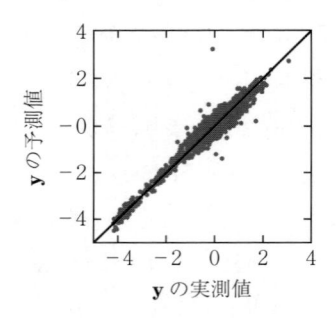

**図 4.58** 2003 年データにおける **y** の実測値-予測値プロット[47]

　図 4.59（a）はプラントテストのときの予測結果である。**y** の値が上下に大きく動いているが，ソフトセンサー予測値が良く追随していることがわかる。ただ，このような **y** を変動させたデータは直近のデータにないため，精度良く予測可能かどうかは不確かであると考えられる。実際，過去のデータを測定した状態とは異なると判断した 350 時間付近など，予測誤差が大きいと推定された。

　図 4.59（b）はプラント点検前後の予測結果である。モデル構築用データである 2002 年のプラント点検前後と同様にして，2003 年のプラント点検前後は予測誤差が大きくなると考えられる。実際，3 150 時間付近から予測誤差が大きくなっていることがわかる。そのため，3 400 時間付近の予測値の変動を **y** の分析計故障と誤ることはなかった。

　図 4.59（c），（d）は異常と診断された例である。予測誤差より **y** の実測値が大きくなったときに異常と診断されている。図 4.59（d）においてはすべての異常データを異常と診断されている。このように異常を検出することで，プロセス管理において異常値に合うよう制御してしまうことを防止可能である。一方，図 4.59（d）においては，異常と診断されない例が見られた。ただ，今回の手法により図 4.59（d）の初めの異常を検出できたため，実際のプラントでこのソフトセンサーモデルを用いる際は，その後の異常は考慮に入れる必要はないと考えられる。これにより，実際のプラントで用いる場合は，さらに誤

4.5 ソフトセンサーモデルの予測誤差の推定    149

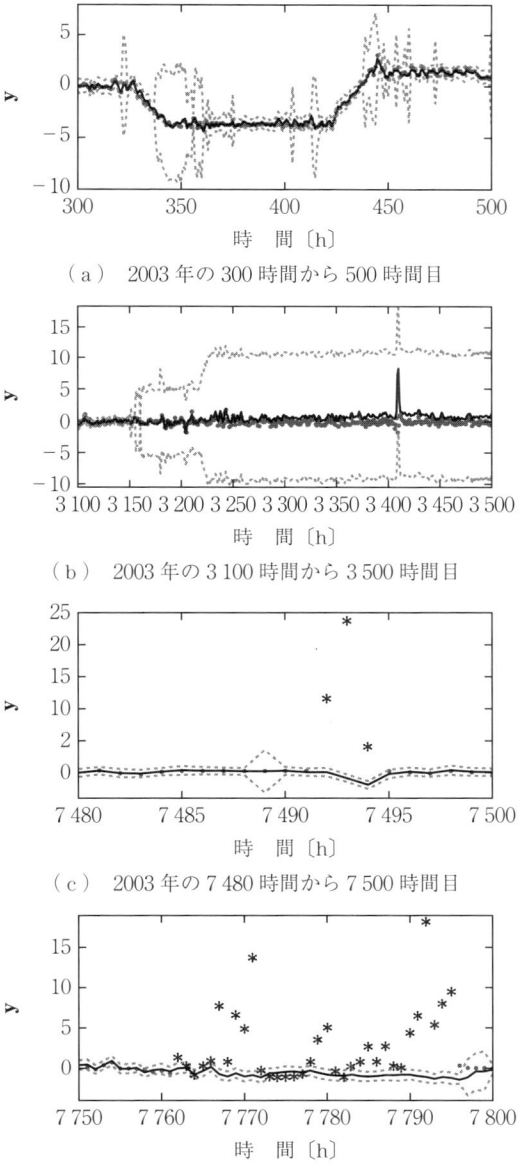

(a) 2003年の300時間から500時間目

(b) 2003年の3 100時間から3 500時間目

(c) 2003年の7 480時間から7 500時間目

(d) 2003年の7 750時間から7 800時間目

**図 4.59** 2003年の予測例[47]。点が実測値,実線が予測値,上下の点線が予測誤差の上限下限,アスタリスク(＊)が実際の **y** の分析計故障を表す。

アラーム率が下がり検出率が上がると考えられる。

本ケーススタディにおいては，モデルとの距離（DM）として特にモデル構築用データの平均からのユークリッド距離（ED）を用いた場合を取り上げ，予測データのモデルとの距離から，そのデータの予測誤差を定量的に推定することで異常値検出精度が向上することを確認した。このように精度が向上した理由の一つとして，今回の系ではプラントにおける通常の状態が一つであったことが挙げられる。平均からの距離で，通常の状態か，それから外れた状態かを考慮できたため，ある程度妥当に予測誤差を推定できたといえる。複数の通常状態がある系においては，さらにデータ分布やデータ構造を考慮に入れることで，対応可能である。このことは4.5.4項で示す。

### 4.5.2 時間差分モデルのアンサンブル予測による予測誤差の推定

4.1.1項〔3〕で解説した時間差分（Time Difference, TD）モデルを予測誤差の推定に使用する手法を紹介する。4.5.1項においてモデル構築用データの中心からの距離に基づく予測誤差推定モデルについて解説したが，これらのモデルも回帰モデルと同様にモデル劣化（3.5節）の影響を受ける。モデル構築の際に時間差分形式を用いることで，その劣化の影響を軽減できる。ただ，データが時間変化を表す差分形式で表現されていると，あるプラント状態における時間変化とそれとは異なる状態における時間変化が同じ場合，それらは同様に扱われてしまい，プラント状態の変化前後の区別ができないといえる。つまり，通常状態のデータとプロセスの異常時のデータとが同じ予測精度であると判断されてしまう。

そこで複数の時間差分間隔に着目する。直近のデータからの時間差分だけではプロセス変動中において変動前後の状態の差異を表現できないが，変動前のデータからの時間差分も考慮することで，プロセス変動前後の関係を表現できると考えられる。そこで，さまざまな差分間隔の $\mathbf{X}$ により予測された $\mathbf{y}$ の予測値をすべて考慮する。得られた複数の予測値のばらつきが小さいときは精度良く予測でき，ばらつきが大きいときは精度が悪いと考えられるため，得られ

4.5 ソフトセンサーモデルの予測誤差の推定　　　151

た予測値の標準偏差（Standard Deviation, SD）を予測誤差の指標とする[64]。

なお，**y** の複数の予測値を用いて単純平均・線形加重平均・指数加重平均した値を最終的な予測値とすることで，TD モデルの予測精度が向上することも確認されている[64]。

本手法の概念図を**図 4.60** に示す。ある時間 $k$ における **y** の予測値を求める際，まず 4.1.1 項〔3〕の式 (4.3) によって得られた時間差分モデル $f$ に時間 $k-j$, $k-2j$, $\cdots$, $k-nj$ からの **X** の時間差分 $\Delta\mathbf{x}(k, k-j)$, $\Delta\mathbf{x}(k, k-2j)$, $\cdots$, $\Delta\mathbf{x}(k, k-nj)$ を入力し，**y** の時間差分の予測値 $\Delta y_{\mathrm{pred}}(k, k-j)$, $\Delta y_{\mathrm{pred}}(k, k-2j)$, $\cdots$, $\Delta y_{\mathrm{pred}}(k, k-nj)$ を計算する。

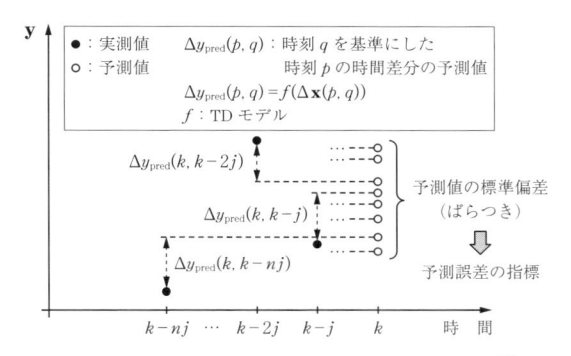

**図 4.60**　時間差分モデルを用いた DM の概念図[64]

$$
\left.
\begin{aligned}
\Delta y_{\mathrm{pred}}(k, k-j) &= f\bigl(\Delta\mathbf{x}(k, k-j)\bigr) \\
\Delta y_{\mathrm{pred}}(k, k-2j) &= f\bigl(\Delta\mathbf{x}(k, k-2j)\bigr) \\
&\vdots \\
\Delta y_{\mathrm{pred}}(k, k-nj) &= f\bigl(\Delta\mathbf{x}(k, k-nj)\bigr)
\end{aligned}
\right\}
\quad (4.38)
$$

ここで，$j$ はある単位時間，$n$ はある正の整数である。つぎに，$y(k-j)$, $y(k-2j)$, $\cdots$, $y(k-nj)$ を用いて，それぞれの時刻から計算される **y** の予測値を求める。

$$\left.\begin{array}{l} y_{\text{pred}}(k, k-j) = \Delta y_{\text{pred}}(k, k-j) + y(k-j) \\ y_{\text{pred}}(k, k-2j) = \Delta y_{\text{pred}}(k, k-2j) + y(k-2j) \\ \quad\quad\quad\quad\quad\quad \vdots \\ y_{\text{pred}}(k, k-nj) = \Delta y_{\text{pred}}(k, k-nj) + y(k-nj) \end{array}\right\} \quad (4.39)$$

そして，以下で表されるSDを4.5.1項で扱った予測誤差の指標であるモデルとの距離（Distance to Model, DM）として用いる．

$$\text{SD} = \sqrt{\frac{1}{n-1}\sum_{r=1}^{n}\left(y_{\text{pred}}(k, k-rj) - \mu\right)^2} \quad (4.40)$$

ここで，$\mu$は$\mathbf{y}$の予測値の平均である．

$$\mu = \frac{1}{n}\sum_{r=1}^{n} y_{\text{pred}}(k, k-rj) \quad (4.41)$$

予測値の分布がかたまっていればSDが小さくなり予測精度は高く，逆に広がっていればSDが大きくなり予測精度は低いと考えられる．4.5.1項の1)～6)のように，この指標と実際の予測誤差の関係を定量化することで，新しいデータに対するモデルの予測誤差を評価することが可能となる．ただ，SDはそれ自体が標準偏差であるため，SDの定数倍を推定された予測誤差としてもよい．この定数の値は，例えばモデル構築用データを用いて最適化される．

本手法においては，ある対象$\mathbf{y}$に対して一つの回帰モデル$f$のみ構築し，そのモデルは時間差分モデルであるため，4.1.1項〔3〕で述べたように基本的にモデルの再構築が不要である．そのため，ソフトセンサーの実用化という観点において，ソフトセンサーモデルの構築やメンテナンスが容易になるといえる．

■ 蒸留塔における運転データを用いたケーススタディ

本手法の有意性を確認するため，2.6.2項に示す三菱化学株式会社水島事業所の蒸留塔において実際に測定されたプラントデータを用いたケーススタディを行った．$\mathbf{X}$と$\mathbf{y}$としてそれぞれ表2.12に示す19変数と1変数を用いた．なお，$\mathbf{y}$の測定間隔は30分であり$\mathbf{X}$の測定間隔は1分である．2002年から2006年に測定されたデータを収集した．2003年1月から3月の間にプラントテス

## 4.5 ソフトセンサーモデルの予測誤差の推定

トが行われたため,その区間のデータをモデル構築用データとし,2003年4月から2006年12月までをモデル検証用データとした。$\mathbf{y}$の分析計故障時のデータはあらかじめ除去し,今回のDMと従来のDMの予測誤差の推定性能を比較した。なおプラントの動特性を考慮に入れるため,$\mathbf{X}$には各変数について0分から60分まで10分ごとに遅らせた変数を含めた。

DMとして表4.29の五つの指標を用いて結果を比較した。A1は4.5.1項で扱ったDMであり,このDMをB1において単純に時間差分形式に適用した。比較のため,A1,B1のDMにおけるユークリッド距離(Euclidian Distance,ED)を,それぞれ変数間の相関を考慮したマハラノビス距離(Mahalanobis Distance, MD)[118]としたA2,B2についても検討した。Cが本手法である。TDモデルを用いて$\mathbf{y}$の複数の時間差分の予測値を計算するため,30分から1 440分前まで30分ずつ遅らせた値を用いた。つまり,図4.60および式(4.38),(4.39)において$j$は30であり,$n$は48である。モデリング手法としてPartial Least Squares(PLS)法(5.9節参照)を使用した。

表4.29 比較したDMの指標[64]

| 手法 | DMの指標 | データ形式 | 予測モデル |
| --- | --- | --- | --- |
| A1 | Euclidian Distance(ED) | $\mathbf{X}$の値 | MWモデル |
| A2 | Mahalanobis Distance(MD) | $\mathbf{X}$の値 | MWモデル |
| B1 | ED | $\mathbf{X}$の時間差分 | TDモデル |
| B2 | MD | $\mathbf{X}$の時間差分 | TDモデル |
| C(本手法) | SD | $\mathbf{X}$の時間差分 | TDモデル(重み付き平均) |

A1とA2においては4.5.1項と同様に窓枠の数を500としたMWモデルで予測し,B1とB2においてはTDモデルで予測し,Cにおいては式(4.39)で計算された複数の予測値の重み付き平均[64]を最終的な予測値とした。それぞれの予測結果の詳細については文献64)を参照されたい。なお,モデル構築用データから最も近い距離をDMとした場合についても同様の計算を行ったが,A1,B1とほとんど結果は変わらなかった。

外乱やプラント点検のあった 2002 年のデータを用いた各指標と予測誤差の絶対値の関係を**図 4.61** に示す。A1 と A2 については，DM が大きくなると予測誤差の絶対値も大きくなり，分布も広がることが確認されたが，B1 と B2 については，この傾向はあまり見られなかった。時間差分を用いた場合，プロセス変動中にモデルとの距離が小さいためであると考えられる。一方，SD を

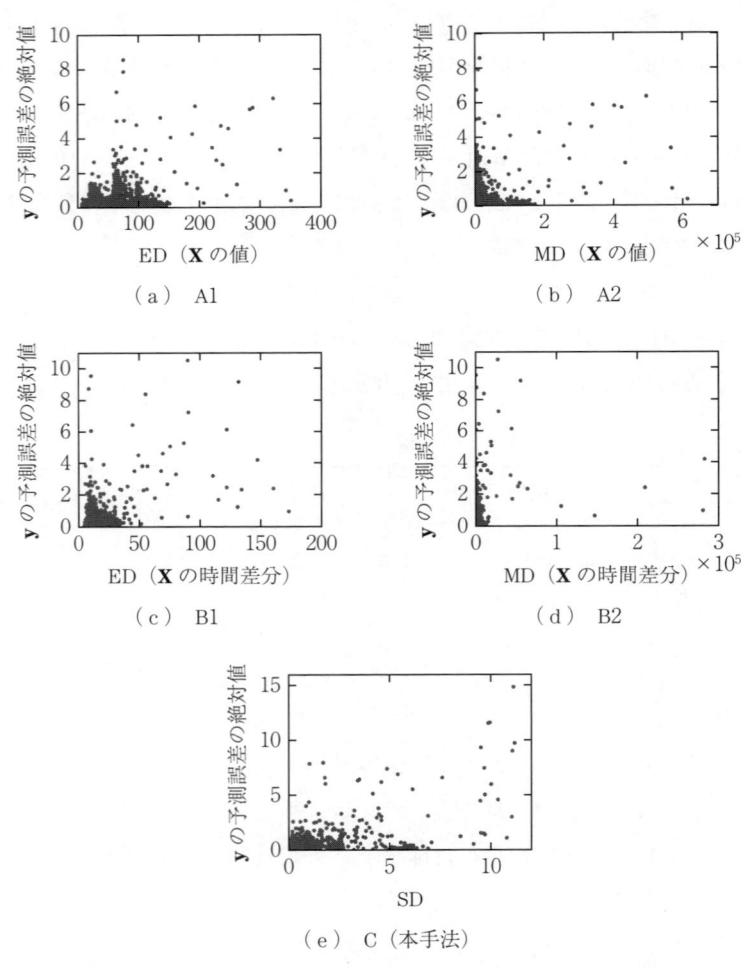

（a） A1

（b） A2

（c） B1

（d） B2

（e） C（本手法）

**図 4.61** 2002 年のデータを用いた各 DM と予測誤差の絶対値の関係[64]。記号 A1, A2, B1, B2, C については表 4.29 を参照されたい。

用いた場合，予測値の標準偏差が大きいほど誤差が大きいことが確認された。

表4.29に示す各指標の性能を比較するため，$coverage^{89)}$と$RMSE$との関係を確認した。まず，各指標の小さい順にデータを並び替え，順番にデータを増やしながら，$RMSE$の値を計算した。$i$番目の$coverage$の値は式(4.42)のように計算される。

$$coverage_i = \frac{i}{N_{all}} \tag{4.42}$$

$N_{all}$は全データ数である。つまり，$coverage_i$はDMによって予測誤差が小さいと推定された$i$番目までデータの割合を表す。この$i$個のデータで計算された$RMSE$が$coverage_i$に対応する。DMの値が小さいときに予測誤差が小さく，逆に大きいときに予測誤差が大きいことが望まれるため，$coverage$が小さいときに$RMSE$の値が小さく，$coverage$が大きいときに$RMSE$の値が大きくなる傾向がDMにとって望ましい。2002年のデータを用いた$coverage$と$RMSE$との関係を図4.62に示す。DMにとって望ましい傾向はB1以外に確認された。時間差分では，プラントの通常状態と変動中の状態との区別ができなかったと考えられる。本手法Cを用いることで，他の結果と比較して滑らかな右上がりの上昇を示していることがわかる。例えば$RMSE$が0.15や0.2となる$coverage$を見ると，手法Cの$coverage$の値が最も大きい。本手法を用いることで，より多くのデータをより高い精度で予測できることが確認された。

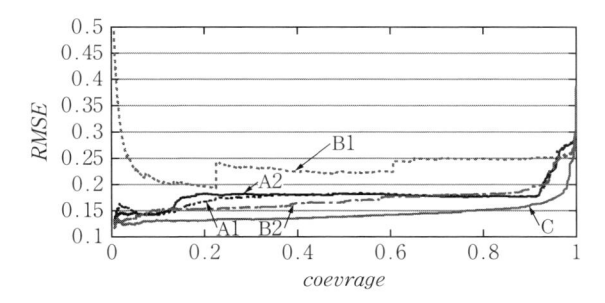

**図4.62** 2002年のデータを用いた$coverage$と$RMSE$の関係[64)]。記号A1, A2, B1, B2, Cについては表4.29を参照されたい。

同様にして，2003年から2006年までのデータを用いて *coverage* と *RMSE* の関係を調査した結果を図 4.63 に示す。C の予測精度の指標を用いることで，予測可能なデータを他の指標より選択的に識別でき，ほぼすべての *coverage* において本手法が最も予測精度が高いことがわかる。4.5.1 項のように複数の時間差分の間隔を用いた予測値の標準偏差を DM とすることで，従来手法より精度良く予測誤差を推定できる。

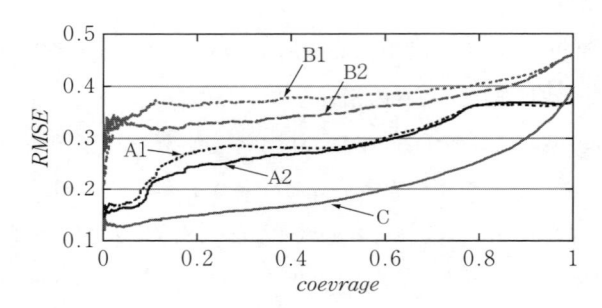

図 4.63　2003 年から 2006 年までデータを用いた *coverage* と *RMSE* の関係。記号 A1，A2，B1，B2，C については表 4.29 を参照されたい。

続いて，4.5.1 項の定量的な予測誤差推定手法を用いて 2002 年のデータから 501 サンプルごとに各 DM と予測誤差の標準偏差の関係を求めた。つまり，式 (4.36) における $m$ の値は 250 である。その結果を図 4.64 に示す。すべての図で全体的には右上がりの傾向が確認され，DM が大きいほど予測精度が大きくなることがわかる。しかし図 4.64（a），（b），（d）においては，DM が大きくなるごとに予測誤差の標準偏差が小さくなる傾向が見られ，図 4.64（c）においては例えば DM の値が 8 や 10.5 付近において DM が小さいときに予測誤差が急に大きくなる傾向が見られた。このような状況では，これらの DM を用いて予測精度を推定することは困難といえる。一方 SD においては，一貫して滑らかな右上がりの傾向が確認された（図 4.64（e）参照）。このような傾向は予測精度の指標として望ましい。

図 4.64 の DM と予測誤差の標準偏差の関係を直線で補間した後（4.5.1 項

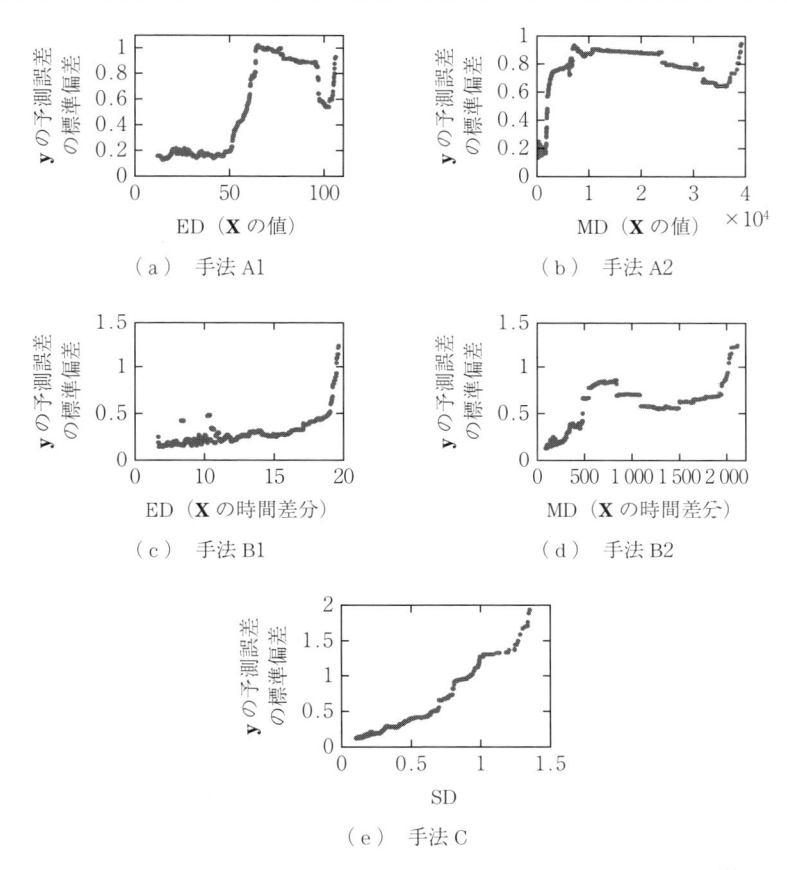

## 4.5 ソフトセンサーモデルの予測誤差の推定

(a) 手法 A1

(b) 手法 A2

(c) 手法 B1

(d) 手法 B2

(e) 手法 C

**図 4.64** 2002 年のデータを用いた各指標と予測誤差の標準偏差との関係[64]。記号 A1, A2, B1, B2, C については表 4.29 を参照されたい。

〔1〕の 6) 参照),2003 年 4 月から 2006 年 12 月における予測値の標準誤差の推定を行った。そして 45 の月において,実際の予測誤差が各 DM から推定された標準誤差の 3 倍内にあるデータの割合を月ごとに計算した。手法ごとに 3 倍内にあるデータの割合のヒストグラムをそれぞれ**図 4.65** に示す。図 4.65 (e) を他の手法における図と比較すると,本手法の分布が最もかたまっていることがわかる。さらに分布の中心が 99% 付近にある。なお,ここでは示さないが,1 倍,2 倍内のヒストグラムでも分布の中心が約 68%,95% であり,3 シグマ

(a) 手法 A1

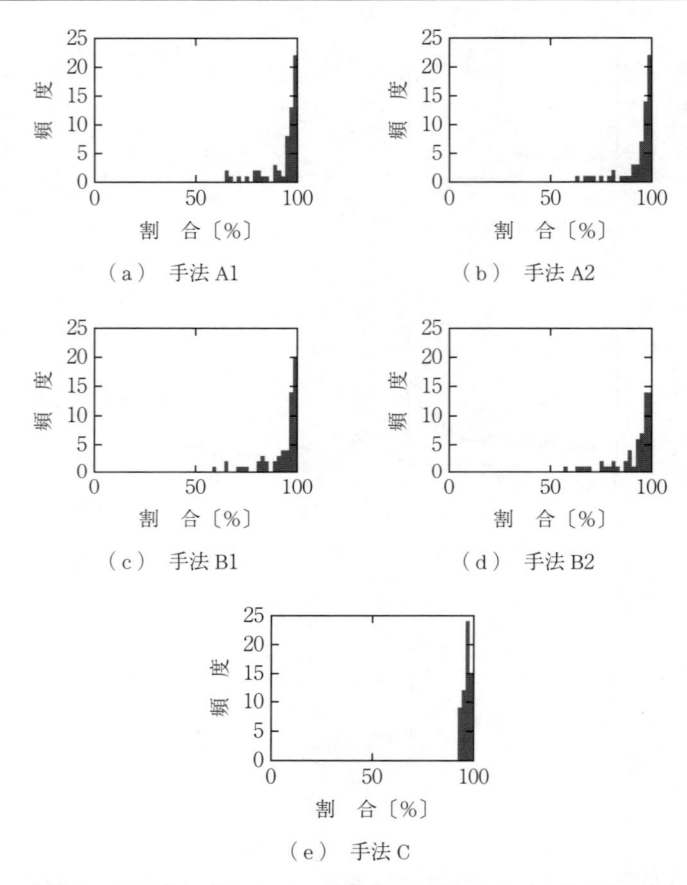

(b) 手法 A2

(c) 手法 B1

(d) 手法 B2

(e) 手法 C

**図 4.65** 2003年4月から2006年6月の各月において，実際の予測誤差が各DMから推定された標準誤差の3倍以内にある割合のヒストグラム[64]。記号 A1, A2, B1, B2, C については表 4.29 を参照されたい。

法（5.3 節参照）と組み合わせることで適切に異常値検出・診断が可能となることが示唆された。詳細は文献 64) を参照されたい。TD モデルによる複数の予測値の標準偏差を予測誤差の指標を用いることで，従来の指標と比較して長期的に適切に予測誤差を推定できることを確認した。なお，今回の指標は各種の回帰分析手法・適応型モデルとの併用が可能であり，汎用的に応用可能である。

### 4.5.3 アンサンブル予測による予測誤差の推定

4.5.2項において，TDモデルによるアンサンブル予測の結果を用いた予測誤差の推定手法を紹介した。TDモデルによるアンサンブル予測の際は回帰モデルは一つであったが，一般的なアンサンブル予測を行う際は回帰モデルを複数準備する。アンサンブル予測による予測誤差の指標の概念図を**図4.66**に示す。まず，モデル構築用のデータセットを用いていくつかの部分集合（サブセット）を作成する。例えば，データセットから全データより少数のデータを選択したり，全変数より少数の変数を選択したりしてサブセットを作成する。得られたそれぞれのサブセットを用いて回帰モデル（サブモデル）を構築する。予測する際は各サブモデルに予測データを入力することで，サブモデルの数だけ$\mathbf{y}$の予測値が得られる。これらの標準偏差が予測誤差の指標である。定量的構造物性相関（Quantitative Structure-Property Relationship，QSPR）の分野において，変数選択手法であるGenetic Algorithm-based Partial Least Squares法により，変数のサブセットを複数準備して，各サブモデルを構築した後に行ったアンサンブル予測により，予測誤差を適切に推定可能であることが示されている[56]。

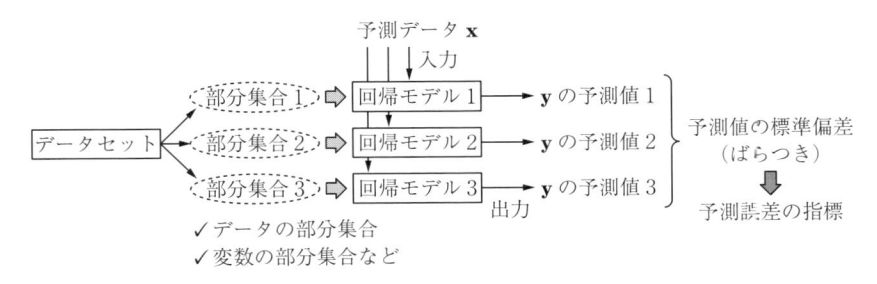

図4.66 アンサンブル予測による予測誤差の指標の概念図
（サブモデルの数が三つの場合）

### 4.5.4 データ密度による予測誤差の推定

4.5.1項においてDMとしてモデル構築用データからのユークリッド距離を使用し，4.5.2項ではユークリッド距離の代わりにマハラノビス距離を用いた

検討も行った。マハラノビス距離によりプロセス変数間の相関関係を考慮に入れることが可能であるが，平均からの距離を用いているため，プロセス変数間に非線形性がある場合や，データ分布が複数に分離している場合は適切にモデルとの距離を表現できるとはいえない。そこで本節では，データ密度に基づくDMを紹介する。データ密度の高い領域においてモデルはよく学習されており，その領域におけるモデルの予測精度は高いと考えられるが，データ密度の低い領域での学習は不十分であり，その領域における予測精度は低いといえる。

今回はDMとして$k$-Nearest Neighbor（$k$-NN）法による最も近い$k$個の距離の平均[92]およびOne-Class Support Vector Machine（OCSVM）の出力の逆数[92]を使用する。$k$-NN法およびOCSVM法についてはそれぞれ5.17節，5.18節を参照されたい。

各指標を用いたDMの性能を比較するため，指標の小さい順にデータを並び替えた後に計算される$coverage$[89]が用いられている。

$$coverage_i = \frac{i}{N_{\text{all}}} \qquad (4.43)$$

$N_{\text{all}}$は全データの数である。つまり，$coverage_i$はDMによって予測誤差が小さいと推定された$i$番目までデータの割合を表す。$coverage_i$に対応する$RMSE_i$はDMの値が小さい順に$i$個のデータを用いて以下のように計算される。

$$RMSE_i = \sqrt{\frac{\sum (y_{\text{obs}} - y_{\text{calc, pred}})^2}{i}} \qquad (4.44)$$

$y_{\text{obs}}$は$y$の実測値，$y_{\text{calc}}$は$y$の計算値または$y$の予測値を表す。$coverage$が小さいときに$RMSE$の値が小さく，$coverage$が大きいときに$RMSE$の値が大きくなる傾向がDMにとって望ましい。この関係を定量的に求めるため，Area Under Coverage and RMSE curve（AUCR）という指標が開発された[91]。AUCRの概念図を**図4.67**に示す。AよりBの方が，$coverage$が小さいときに$RMSE$が小さく，AUCRも小さい。AUCRが小さいAの方がDMとして望ましいといえる。

実際，$coverage$と$RMSE$との関係（図4.67（a）参照）は，散布図の形で

## 4.5 ソフトセンサーモデルの予測誤差の推定

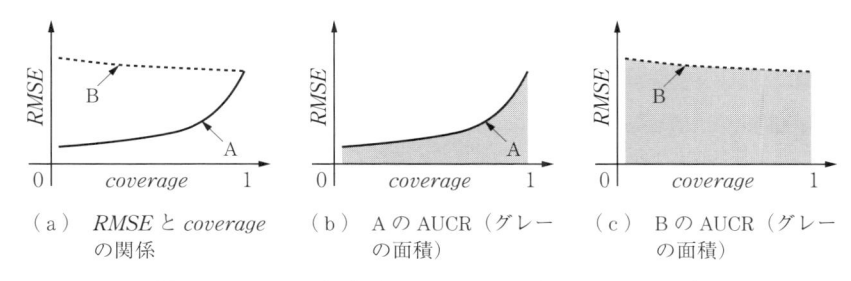

(a) $RMSE$ と $coverage$ の関係

(b) A の AUCR (グレーの面積)

(c) B の AUCR (グレーの面積)

**図 4.67** AUCR の概念図。B の AUCR より A の AUCR の方が小さいため A の DM の方が望ましい。

表現される。AUCR は以下の式で計算できる。

$$\text{AUCR} = \frac{1}{2}\sum_{i=m}^{n}\left(RMSE_i + RMSE_{i-1}\right)\left(coverage_i - coverage_{i-1}\right) \quad (4.45)$$

$m$ は最初の $RMSE$ を計算するデータ数であり、$RMSE$ の計算が安定するよう $m$ の値をある程度大きくする。少なくとも 30 や 50 は必要である。

〔1〕 シミュレーションデータを使用したケーススタディ

説明変数の数を二つとして、三つの種類の正規分布から発生させたデータを使用して DM の性能比較を行った[92]。各正規分布の平均を表 4.30 に示す。すべての標準偏差は 1 であり、各正規分布において $\mathbf{x}_1$ と $\mathbf{x}_2$ の間に相関関係はない。

各分布において異なる重みを持つ $\mathbf{x}_1$ と $\mathbf{x}_2$ の線形結合で $\mathbf{y}$ を作成した。各重みを**表 4.30** に示す。つまり、$\mathbf{x}_1$, $\mathbf{x}_2$ と $\mathbf{y}$ の間には非線形性が存在する。$\mathbf{y}$ の誤差を、データ $j$ ごとに平均 0、標準偏差 $\sigma_j$ の正規乱数から発生させた。ある分布から発生したデータの $\sigma_j$ は以下のように計算される。

$$\sigma_j = 0.1 d_j \quad (4.46)$$

$d_j$ は $j$ 番目のデータが所属している分布の平均と $j$ 番目のデータとの距離である。つまり、各分布に所属しているデータが分布の中心から離れているほど、そのデータの $\mathbf{y}$ の誤差は大きい。

各分布から 100 ずつデータを発生させてトレーニングデータとした。つまり、トレーニングデータ数は 300 である。同様の手順でトレーニングデータとは独立にテストデータを作成した。**図 4.68** に $\mathbf{x}_1$ と $\mathbf{x}_2$ のデータプロットを示

**表 4.30** 発生させたデータにおける各分布の平均, $\mathbf{y}$ への重み[92]

|  | 平 均 | | $\mathbf{y}$ への重み | |
| --- | --- | --- | --- | --- |
|  | $\mathbf{x}_1$ | $\mathbf{x}_2$ | $\mathbf{x}_1$ | $\mathbf{x}_2$ |
| 正規分布 1 | 1 | 1 | 1 | 1 |
| 正規分布 2 | 4 | 8 | 2 | 3 |
| 正規分布 3 | 6 | 4 | 3 | 2 |

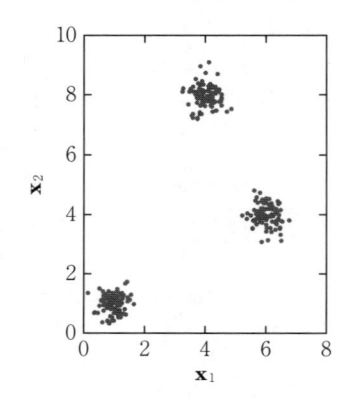

**図 4.68** $\mathbf{x}_1$ と $\mathbf{x}_2$ のデータプロット[92]

す。表 4.30 に示したようにデータ分布が三つに分かれている。

回帰分析手法として SVR 法（5.11 節参照）を使用した。$r_p^2$（5.19 節参照）の値は 0.998 となり，精度良くモデル検証用データの $\mathbf{y}$ の値を予測できた。

モデル構築用データの平均からのユークリッド距離（ED）・マハラノビス距離（MD）（4.5.2 項参照）を用いて，今回の DM である $k$-NN 法による最も近い $k$ 個のユークリッド距離（NNED）・マハラノビス距離（NNMD）・OCSVM の出力の逆数と比較した。NNED, NNMD においては，$k$-NN 法における $k$ の値を 1 から 1 ずつ 200 まで変化させた。OCSVM においては，$\nu$ の値を $2^{-20}$, $2^{-19}$, $\cdots$, $2^{-5}$, $2^{-4}$, 0.1, 0.2, $\cdots$, 0.8, 0.9 と変化させ，同時に $\gamma$ の値を $2^{-20}$, $2^{-19}$, $\cdots$, $2^4$, $2^5$ と変化させた。よって合計 676（$=26 \times 26$）の OSSVM モデルが構築されたことになる。

モデル構築用データの AUCR とモデル検証用データの AUCR との関係を**図 4.69** に示す。ED, MD の AUCR の値と比較して，NNED, NNMD の AUCR の値の方が $k$ の値に関係なく小さい。また，モデル構築用データから計算された AUCR の値が小さい $k$ の値を選択することで，モデル検証用データの AUCR の値も小さくなることがわかる。NNED, NNMD において，モデル構築用データのみから適切な $k$ の値を選択できることを確認した。

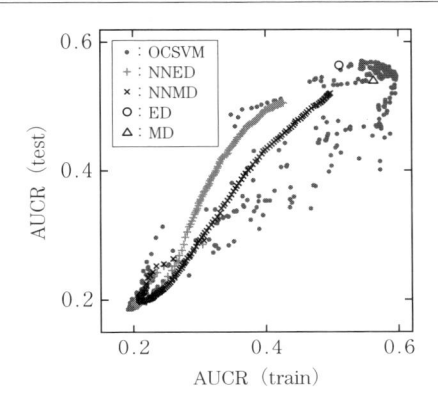

4.5 ソフトセンサーモデルの予測誤差の推定        163

**図 4.69** モデル構築用データの AUCR と
モデル検証用データの AUCR との関係
(シミュレーションデータ)[92]

OCSVM においても，モデル構築用データの AUCR の値が小さいときに，モデル検証用データの AUCR の値も小さい。モデル構築用データを用いて適切な $\nu$, $\gamma$ の値を設定可能である。NNED，NNMD，OCSVM によりデータ密度を考慮することで，データが複数分布している場合に対応できた。

**図 4.70** にモデル検証用データにおける各 DM の *coverage* と *RMSE* の関係を示す。NNED，NNMD における $k$ の値はモデル構築用データの AUCR の値が最小になったときの値であり，それぞれ 41, 22 である。OCSVM における $\nu$, $\gamma$ の値も同様にしてそれぞれ 0.7, $2^4$ であった。ED，MD の結果より，

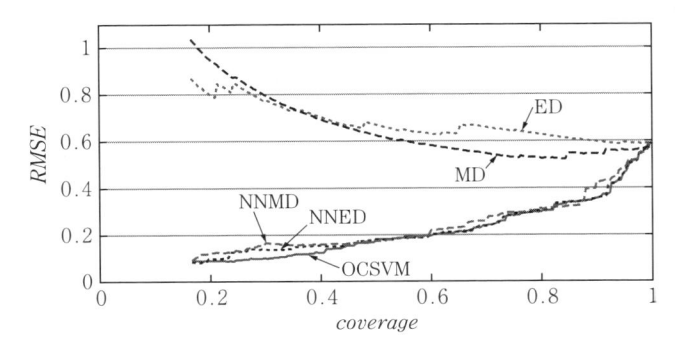

**図 4.70** モデル検証用データにおける *coverage* と *RMSE* の関係
(シミュレーションデータ)[92]

*coverage* が小さいにもかかわらず *RMSE* の値が大きくなってしまった。このような状況は DM として望ましくない。一方，OCSVM，NNED，NNMD においては *coverage* が小さいときに *RMSE* の値が小さく，*coverage* が大きくなるとともに *RMSE* も大きくなっており，DM として適切に機能している。各 *coverage* における *RMSE* の値を比較すると，ED，MD より OCSVM，NNED，NNMD の方が小さいことがわかる。データが複数に分布しており，かつ **X** と **y** の間に非線形関係があっても，OCSVM，NNED，NNMD により各データの予測誤差を適切に推定可能であることが確認された。

〔2〕 **ポリマー重合プラントにおいて測定されたデータを使用したケーススタディ**

4.3.2 項，4.4.2 項でも使用した三井化学株式会社のポリマー重合プラントにおいて測定されたデータを用いた解析が行われた[92]。**y** を密度とした結果を紹介する。**X** と **y** の間には非線形関係があり，多くの銘柄のポリマーが製造されているためデータは複数の領域に分布している。今回は 2005 年 1 月から 2008 年 5 月までのデータを収集し，時間でデータを並べて順番に一つずつモデル構築用データとモデル検証用データに分けた。

SVR モデルを構築してモデル検証用データの予測を行ったところ，$r_\mathrm{P}^2$ の値は 0.927 であり予測的なモデルが構築されたことがわかる。**図 4.71** に OCSVM，NNED，NNMD，ED，MD におけるモデル構築用データの AUCR とモデル検証用データの AUCR との関係を示す。シミュレーションデータ解析の結果と同様に，OCSVM，NNED，NNMD においてはモデル構築用データの ACUR の値が小さいときにモデル検証用データの AUCR の値も小さい。モデル構築用データの AUCR を計算することで，適切な $k$, $\nu$, $\gamma$ の値を設定可能である。また従来の ED，MD の AUCR の値と比較して，OCSVM，NNED，NNMD の AUCR の値が小さいことから，データ密度を考慮することで DM としての性能が向上することを確認した。

モデル検証用データを用いた際の *coverage* と *RMSE* の関係を**図 4.72** に示す。NNED，NNMD の $k$ の値および OCSVM の $\nu$, $\gamma$ の値はモデル構築用デー

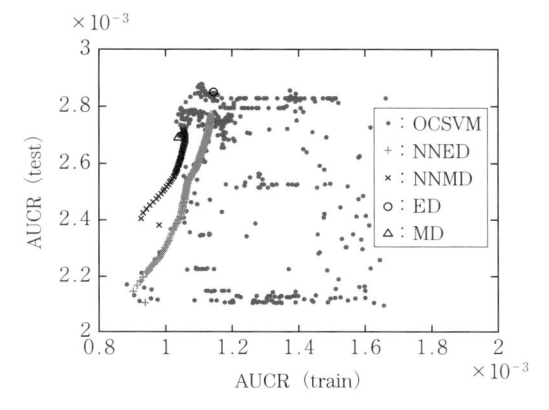

**図 4.71** モデル構築用データの AUCR とモデル検証用データの AUCR（ポリマー重合プラントデータ）との関係[92]

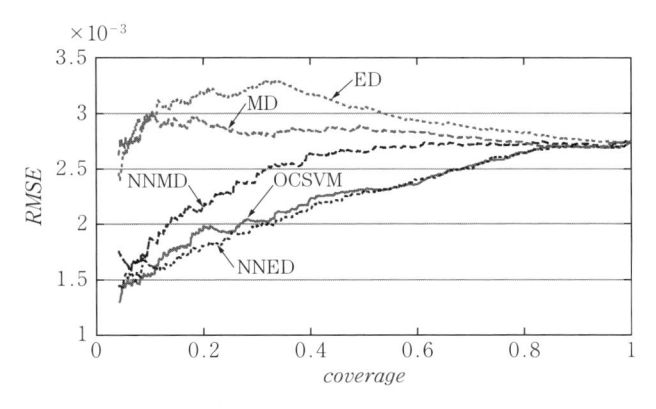

**図 4.72** モデル検証用データにおける *coverage* と *RMSE* の関係（ポリマー重合プラントデータ）[92]

タの AUCR が最も小さい値とした。NNED，NNMD における $k$ の値はそれぞれ 6，2 であり，OCSVM における $\nu$，$\gamma$ の値はそれぞれ 0.9，$2^0$ であった。ED，MD では *coverage* が小さいときに *RMSE* が大きかったが，OCSVM，NNED，NNMD では *coverage* が小さいときに *RMSE* も小さく *coverage* と一緒に *RMSE* も大きくなった。中でも OCSVM，NNED の *RMSE* の値が *coverage* ごとに小さかった。実データを使用した場合でも，データ密度を考慮することで適切にデータごとの予測誤差を推定できることを確認した。

## 4.6 ノイズ処理

3.2 節で取り上げたデータの前処理について，SG 法を用いたノイズ処理の具体例を紹介する。SG 法については 5.5 節を参照されたい。

今回は図 4.73 に示すシミュレーションデータを使用した。図 4.73（a）を sin 波の変動を持つノイズなしのプロセス変数の時間プロットとする。平均を 0，標準偏差を SN 比が 1 となる値として正規乱数を発生させノイズとした。横軸を時間としたプロットを図 4.73（b）に示す。図 4.73（a）と図 4.73（b）を単純に足し合わせた図 4.73（c）を，観測されるプロセス変数の時間プロットと仮定する。図 4.73（c）のデータに対して SG 法による処理を行った。

今回は，SG 法において事前に決定すべきパラメータである多項式の次数を 2，多項式近似するデータ幅を 30 とした。結果を図 4.74 に示す。SG 法により適切にノイズ処理が行われ，図 4.73（a）のデータをほぼ再現できていることがわかる。

続いて，ノイズを大きく（SN 比を小さく）して同様の検討を行った。今回のノイズとノイズを加えた後のプロセス変数の時間プロットを図 4.75 に示す。図 4.75（b）のデータに対して SG 法による処理を行った結果が図 4.76 である。図 4.74 の結果と比較するとノイズなしのデータとの誤差が大きい時間も見られるが，図 4.73（a）の変動の概形をある程度再現できており，さらにノイズが低減したことがわかる。SG 法を用いることで図 4.75（b）のように非常にノイズが大きいデータに対しても適切にノイズ処理できることが確認された。

ただ SG 法において，事前に決定すべきパラメータである多項式の次数および多項式近似するデータ幅として事前に適切な値を設定しなくてはならない。今回は試行錯誤して決定したが，今後は現状のデータセットやプロセスに関する知見などから，各パラメータの値を自動的に決定することが必要となるだろう。

## 4.6 ノイズ処理

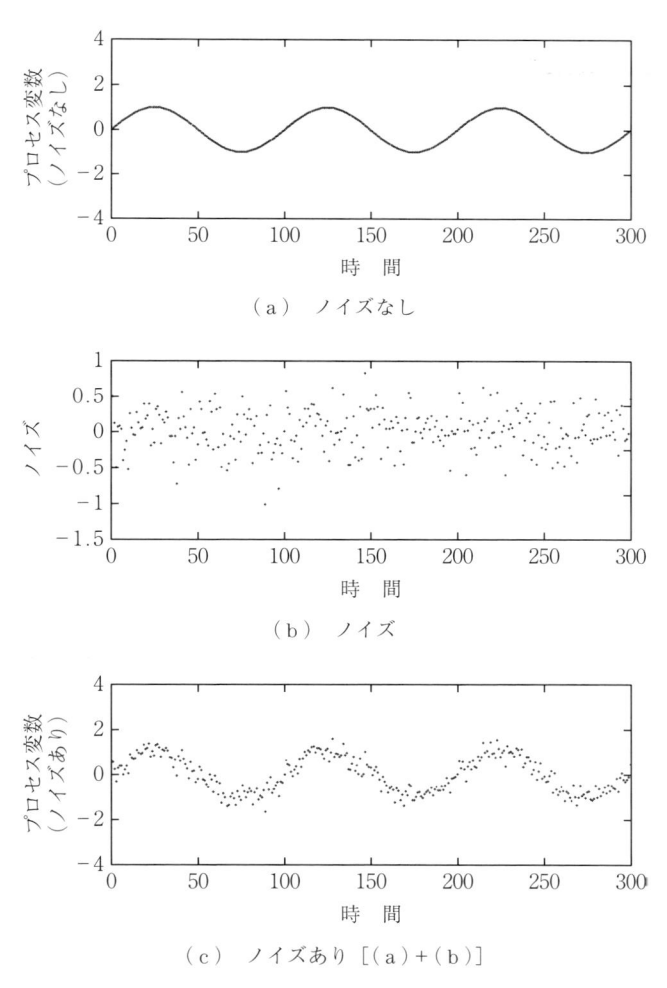

(a) ノイズなし

(b) ノイズ

(c) ノイズあり [(a)+(b)]

図 4.73 使用したシミュレーションデータ（ノイズは SN 比 = 1）

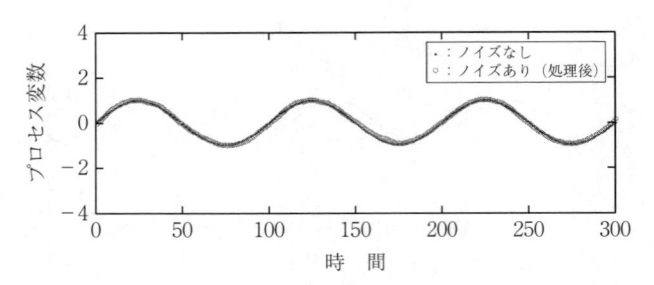

**図 4.74** 図 4.73（c）のデータに対する SG 法による処理の結果

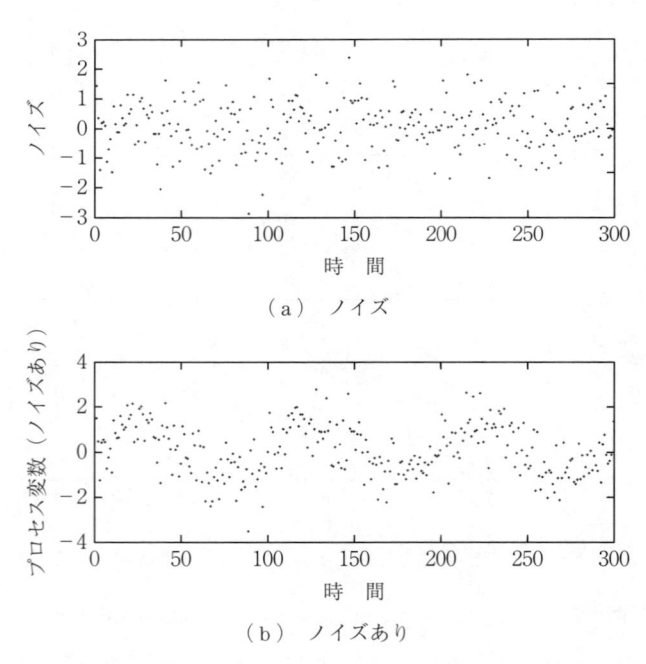

（a）ノイズ

（b）ノイズあり

**図 4.75** 使用したシミュレーションデータ（ノイズは SN 比=0.5）

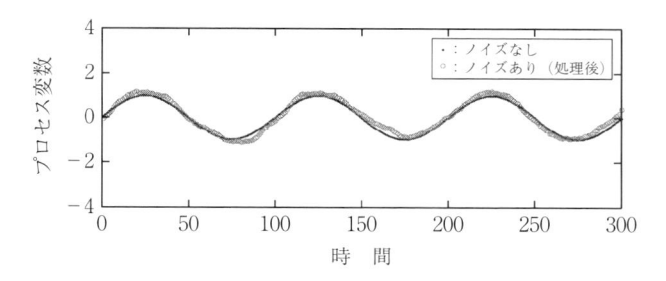

図 4.76　図 4.75（b）のデータに対する SG 法による処理の結果

## 4.7　外 れ 値 検 出

　3.2 節のデータの前処理における外れ値検出でも述べたが，$\mathbf{X}$ と $\mathbf{y}$ の間の関係式をモデル化する際に悪影響を与える外れ値を事前に適切に除去する必要がある．今回は，そのような外れ値はあるプロセス変数のデータ分布から外れるデータであると仮定して，そのようなデータの検出を試みた．

　検討した外れ値検出手法は，3 シグマ法・Hampel identifier・SG 法による処理前後の値の差に対して Hampel identifier を行う方法である．3 シグマ法・Hampel identifier・SG 法については，それぞれ 5.3 節，5.4 節，5.5 節を参照されたい．今回扱うデータは一つのプロセス変数を仮定したシミュレーションデータである．ただこのような簡単な系でも，特徴的なプロセス変数をシミュレートすることで，各手法の持つ特徴・問題点を浮き彫りにしてくれる．

　まずは，プロセス変数の値が平均 0，標準偏差 1 の正規乱数から発生すると仮定してデータを取得した．つぎにその中の 4 点を外れ値に変更した．その結果が図 4.77 である．アスタリスクで表される 4 点が外れ値である．このデータを用いて 4 点の外れ値の自動的な検出を試みる．

　各手法における外れ値検出結果を図 4.78 に示す．黒線が各手法における外れ値検出の上限・下限を表し，上限を超えたデータおよび下限を下回ったデータが外れ値として検出される．SG 法における事前に決定すべきパラメータである多項式の次数を 2，多項式近似するデータ幅を 30 とした．図 4.78（a）よ

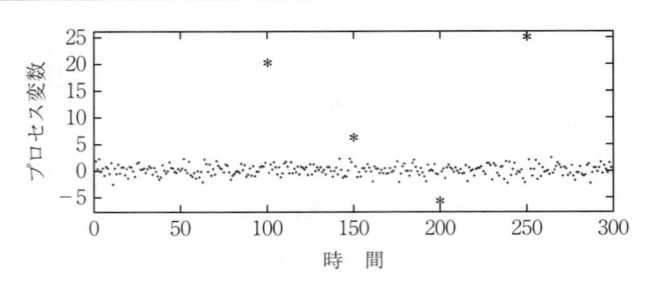

**図 4.77** 外れ値を含むプロセス変数の時間プロット（正規乱数）

り3シグマ法を用いた場合は，最初と最後の外れ値は検出される一方で2，3番目の外れ値は上限と下限の内側にあり検出されなかった。外れ値の影響により標準偏差が大きくなってしまったためである。このような状況においても，Hampel identifier を使用することで図 4.78（b）のように適切に外れ値を検出できたことがわかる。Hampel identifier では標準偏差ではなく，外れ値に対して頑健な中央絶対偏差（Median Absolute Deviation，MAD）を使用しているためである。また，図 4.78（c）より SG 法を行った後に Hampel identifier を行った場合でも，適切に外れ値を検出可能であった。

続いて**図 4.79** のように，sin 波のように変動するプロセス変数を想定し，そこに4点の外れ値を発生させた。このプロセス変数に対して各手法により外れ値検出を行った結果を**図 4.80** に示す。図 4.80（a）より Hampel identifier を使用した場合には2，3番目の外れ値しか検出されなかった。そもそもプロセス変数が sin 波の変動を持っており，値が正規分布に従わないため，Hampel identifier により得られるデータ分布の中心とばらつきが意味を持たないことから，データ分布から外れる値を検出できなかったといえる。一方，SG 法と Hampel identifier を組み合わせることで適切に外れ値が検出されたことがわかる（図 4.80（b）参照）。SG 法によりプロセス変数の変動が抽出され，SG 法前後の誤差により sin 波の変動の影響を受けずに外れ値を検出できた。SG 法と Hampel identifier を組み合わせることで適切に外れ値検出が可能であることが確認された。ただ，4.6 節でも述べたように試行錯誤などにより，事前に

(a) 3シグマ法

(b) Hampel identifier

(c) SG 法 + Hampel identifier

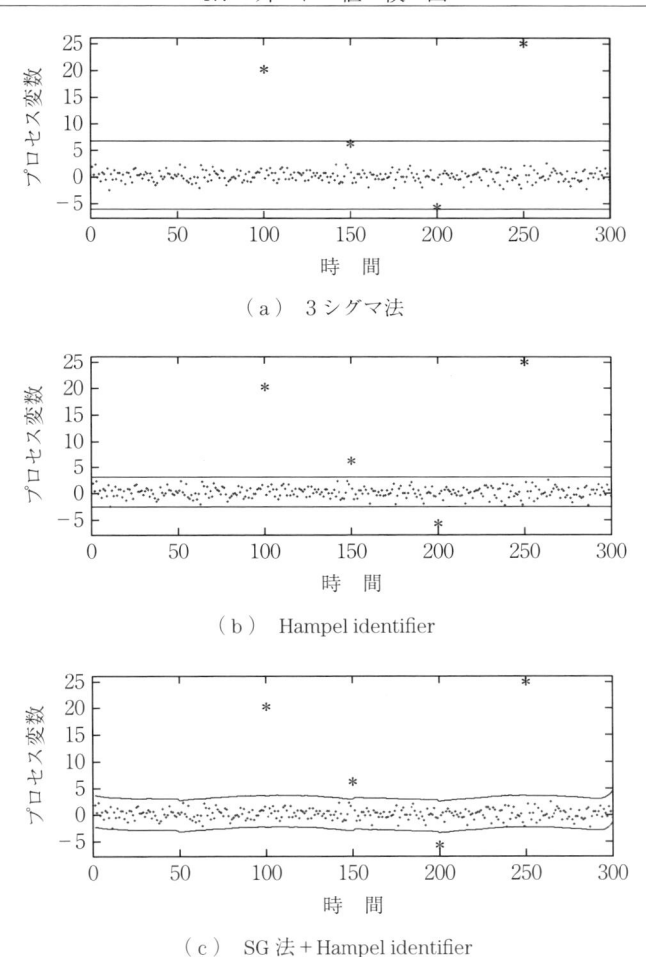

**図 4.78** 図 4.77 のデータに対する各手法による外れ値検出結果

SG 法のパラメータ（多項式の次数，多項式近似するデータ幅）を決定しなければならない。

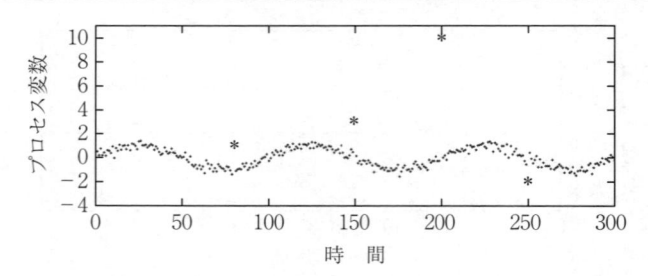

**図 4.79** 外れ値を含むプロセス変数の時間プロット（sin 波）

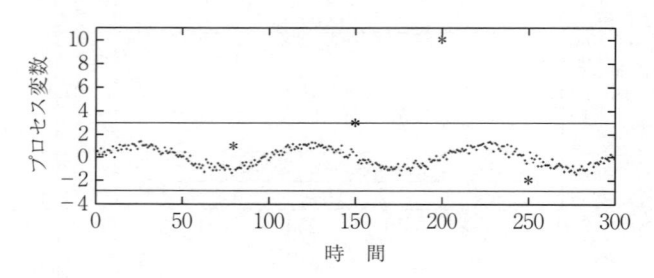

（a） Hampel identifier

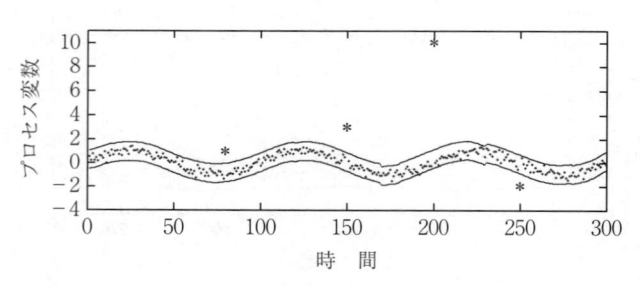

（b） SG 法 + Hampel identifier

**図 4.80** 図 4.79 のデータに対する各手法による外れ値検出結果

## 4.8 ソフトセンサーを活用した異常検出

4.7 節において，外れ値検出手法として 3 シグマ法・Hampel identifier・SG 法による処理前後の値の差に対して Hampel identifier を行う方法を検討した。実際のプラントにおいて，検出される外れ値を異常値として扱うことで，これ

## 4.8 ソフトセンサーを活用した異常検出

らの手法に異常検出が可能となる。このように一つの変数に管理限界を設定し,異常を検出することを単変量統計的プロセス管理と呼ぶ。

ただ,4.7節ではSG法とHampel identifierを組み合わせることでプロセスの変動中でも適切に外れ値を検出できることを確認したが,単変量統計プロセス管理ではプロセス変数間の相関関係を考慮しておらず,変数間の相関が大きい際に適切な異常検出ができない。**図4.81**に単変量統計的プロセス管理では対応できない例を示す。図4.81のように2箇所の温度1,2が相関を持つ場合,アスタリスク(＊)のデータはそれぞれの温度の管理限界内に入っているが,温度1と温度2とのプロットを見ると,データ分布から外れていることがわかる。各変数を個別に見るだけでは,この外れ値を検出することはできない。実際のプラントでは数多くのプロセス変数を管理しなければならず,そのすべての組の数は膨大であり一つひとつ管理することは非効率である。もちろん,3変数以上の組合せを管理しなければならないこともある。

そこで,多変量統計的プロセス管理(Multivariate Statistical Process Control,MSPC)が活用される。複数のプロセス変数およびその関係性を同時に管理するわけである。代表的なMSPC手法の一つとして,主成分分析(Principal Component Analysis,PCA)[75]を用いたプロセス管理手法が挙げられる。PCAについては5.6節を参照されたい。

まず,多変量のデータ(5.1節参照)にPCAにより主成分を抽出した後,以下の式で表されるHotelling's $T^2$ 統計量を計算する。

$$T^2 = \sum_{i=1}^{m} \frac{t_i^2}{\sigma_i^2} \tag{4.47}$$

ここで $m$ は用いる主成分の数,$\sigma_i$ は第 $i$ 主成分 $\mathbf{t}_i$ の標準偏差である。この $T^2$ 統計量に対して正常と異常を区別するための閾値を設定する。

一方,PCAモデルの残差に関しては,以下で表される $Q$ 統計量を計算する。

$$Q = \sum_{j=1}^{d} (x_j - \hat{x}_j)^2 \tag{4.48}$$

ここで,$d$ は変数の数,$\hat{x}_j$ は変数 $x_j$ のPCAによる推定値である。つまり,式

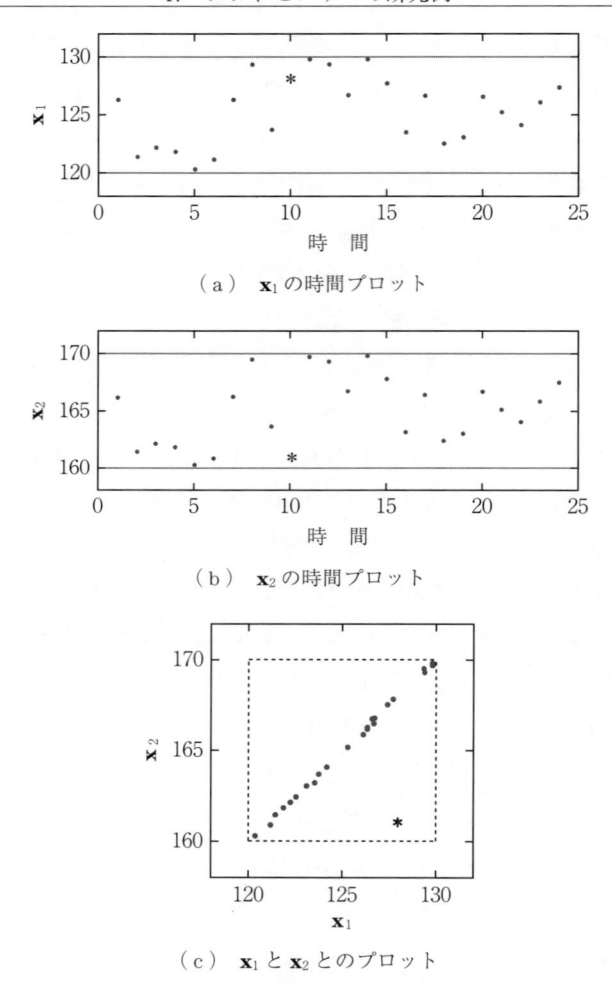

(a) $\mathbf{x}_1$ の時間プロット

(b) $\mathbf{x}_2$ の時間プロット

(c) $\mathbf{x}_1$ と $\mathbf{x}_2$ とのプロット

**図 4.81** 単変量統計的プロセス管理では対応できない例

(5.25) により主成分 $m$ までの $\mathbf{t}$ と $\mathbf{P}$ で計算された $\mathbf{x}$ である。$Q$ 統計量は二乗予測誤差（Squared Prediction Error, SPE）とも呼ばれ，データのうち PCA モデルでは表現できない部分を表す。$T^2$ 統計量と $Q$ 統計量を同時に監視し，いずれか一方でも管理限界を超えた場合に異常と判断する。$T^2$ 統計量と $Q$ 統計量の管理限界，つまり閾値を決定する方法として，分布に基づいて決める方

法,データに基づいて決める方法がある.例えば,データに基づいて99.9%管理限界としての閾値を決める場合,正常データが1 000個あるとすると,999番目のデータの $T^2$ 統計量・$Q$ 統計量の値をそれぞれの閾値と設定する.

PCA以外にも,Partial Least Squares(PLS)[172],独立成分分析(Independent Component Analysis,ICA)[173],[174],Kernel PCA(KPCA)[175],[176],Kernel ICA(KICA)[177],[178],One-Class Support Vector Machine(OCSVM)[179],[180] などの各種統計手法を駆使した多変量統計的プロセス管理に関する研究が行われている.なお,KPCA,KICA,OCSVMはプロセス変数間の非線形性およびデータ分布が複数に分離している場合にも対応可能である.

単変量・多変量の統計的プロセス管理では,各プロセス変数の実測値を容易に測定できることが仮定されている.例えばPCAに基づくMSPCにおいて,PCAを行った際のすべてのプロセス変数の測定値が得られないと,$T^2$ 統計量・$Q$ 統計量を計算することはできない.一つでも測定が困難なプロセス変数が含まれると,その変数の測定値が得られるまで異常検出は不可能である.一方で,濃度・密度などの測定困難な変数には重要な情報が含まれていることが多く(そのため測定が困難であっても測定するわけである),そもそもプロセス管理の目的の一つは濃度・密度などの製品品質を管理することである.

このような背景の下,測定困難な変数を含む系においてもオンラインで迅速な異常検出を行うことを目的として,ソフトセンサーを活用した異常検出手法が開発されている[181].この手法の概要を図4.82に示す.これまでに測定されたデータを用いて,ソフトセンサーモデルおよび異常検出モデル(例えば,PCAに基づくMSPCモデル)を構築する.プロセス管理の際は,まずオンラインで測定可能な $\mathbf{X}$ の実測値をソフトセンサーモデルに入力することで $\mathbf{y}$ の推定値を得る.その後,$\mathbf{X}$ の実測値と $\mathbf{y}$ の推定値を異常検出モデルに入力することで,$\mathbf{X}$ のデータが測定された際のプラントの状態が異常か正常かを診断する.この方法論を用いることで,もちろん予測的なソフトセンサーモデルが必要条件になるが,$\mathbf{X}$ の情報のみを使用して $\mathbf{y}$ を考慮したプラント管理が可能となる.

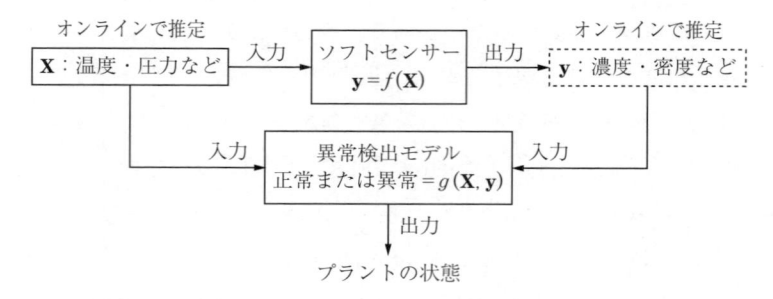

図 4.82 ソフトセンサーを組み合わせたプロセス管理手法

## ■ TE プロセスを用いたケーススタディ

本手法の産業プロセスにおける有効性を確認するため，Tennessee Eastman Process (TEP)[171] のシミュレーションデータを使用した解析を行った。TEP とは Eastman Chemical Company で作成された実際のプラントを模したプロセスであり，プロセス管理手法・プロセス制御手法の性能を比較するために広く使用されている。TEP の概念図を図 4.83 に示す。TEP は反応器・凝縮器・圧縮機・セパレーター・ストリッパーから成り，八つの成分 A，B，C，D，E，F，G，H が扱われる。気体反応物 A，B，C，D，E からいくつかの反応を経

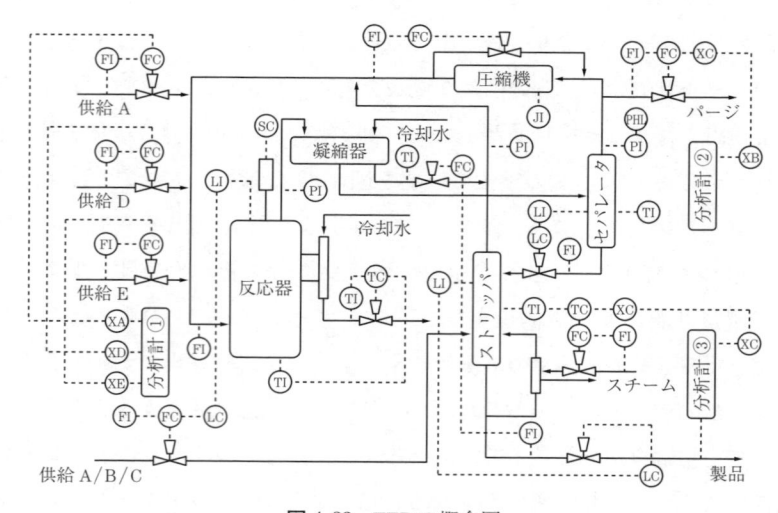

図 4.83 TEP の概念図

て，液体の製品 G，H と副生成物 F が生成される．反応式は以下の式で表される．

$$A(g) + C(g) + D(g) \rightarrow G(liq) \tag{4.49}$$

$$A(g) + C(g) + E(g) \rightarrow H(liq) \tag{4.50}$$

$$A(g) + E(g) \rightarrow F(liq) \tag{4.51}$$

$$3D(g) \rightarrow 2F(liq) \tag{4.52}$$

TEP では 11 の操作変数，22 の容易に測定可能なプロセス変数（流量・圧力・温度など），19 の組成を表すプロセス変数がある．また，TEP のシミュレーションには 21 種のプロセス異常が準備されている．各変数や異常の詳細については文献 171) を参照されたい．データは文献 182) のデータを使用した．

今回は 21 のプロセス異常の中で，4 番目の Reactor Cooling Water Inlet Temperature の Step（IDV4）を対象にした．$\mathbf{X}$ の変数として 11 の操作変数および 22 の容易に測定可能なプロセス変数の 33 変数とし，$\mathbf{y}$ の変数を分析計③ における G の組成とした．$\mathbf{X}$ の変数は 3 分ごと，$\mathbf{y}$ の変数は 15 分ごとに測定されている．また，$\mathbf{y}$ の変数には 15 分の測定時間が必要である．プロセスの動特性を考慮するため，$\mathbf{X}$ については 3 分前，6 分前，9 分前，12 分前，15 分前の変数を，$\mathbf{y}$ の変数については 15 分前の変数（測定済み）を $\mathbf{X}$ に追加した．

モデル構築用データは，異常なしの状態で運転した 1 500 分のデータ（500 データ）および異常発生後の 1 440 分のデータ（480 データ）である．モデル検証用データは，480 分後から異常が発生する全 2 880 分のデータ（960 データ）である．

**表 4.31** にソフトセンサーモデルの構築および構築されたモデルを用いた予測結果を示す．各統計量の詳細については 5.19 節を参照されたい．$r^2$ 値が 0.92，$r_{\mathrm{CV}}^2$ 値が 0.89 となり，予測的なモデルが構築されたことがわかる．$r_{\mathrm{P}}^2$ 値も 0.89 であり，構築したソフトセンサーモデルを用いることで高い精度で予測できることを確認した．$RMSE$，$RMSE_{\mathrm{CV}}$ と $RMSE_{\mathrm{P}}$ の差が小さいことから，3.3 節で取り上げたオーバーフィッティングも小さいと考えられる．**図**

**表 4.31** モデル構築および予測の結果

| | |
|---|---|
| $r^2$ | 0.92 |
| $RMSE$ | 0.54 |
| $r_{CV}^2$ | 0.89 |
| $RMSE_{CV}$ | 0.64 |
| $r_P^2$ | 0.89 |
| $RMSE_P$ | 0.65 |

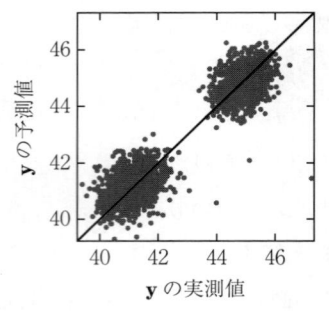

**図 4.84** yの実測値-予測値プロット

4.84にyの実測値と予測値とのプロットを示す。対角線から外れるデータがいくつか散見されたものの，yの実測値が大きいデータから小さいデータまで適切に予測できていることがわかる。

続いて，Xの変数のみとXとソフトセンサーを用いた異常検出モデルの比較を行った。異常検出モデルとしてPCA後の$T^2$統計量・$Q$統計量を採用した。PCAに使用したデータは正常データのみのモデル構築用データであり，各統計量における閾値は別の2880分のデータ（960データ）を使用して決定した。具体的には，統計量ごとに値の小さい順にデータをソートし，958番目のデータにおける統計量の値とした。正常データの99.7%が正常と判断されることになる。

表4.32に異常検出の結果を示す。正解率・精度・検出率は以下の式で表される。

$$\text{正解率} = \frac{TP+TN}{TP+FP+TN+FN} \tag{4.53}$$

$$\text{精度} = \frac{TP}{TP+FP} \tag{4.54}$$

**表 4.32** 異常検出の結果

| | 正解率 | 精度 | 検出率 |
|---|---|---|---|
| Xのみ | 18.6 | 91.3 | 2.6 |
| X＋ソフトセンサー | 99.1 | 99.7 | 99.3 |

$$\text{検出率} = \frac{TP}{TP+FN} \tag{4.55}$$

ここで，$TP$ はモデルが異常と判断し実際に異常であったデータ数，$TN$ はモデルが正常と判断し実際に正常であったデータ数，$FP$ はモデルが異常と判断したが実際は正常であったデータ数，$FN$ はモデルが正常と判断したが実際は異常であったデータ数を表す。それぞれ 1 に近いほどモデルの性能が高いことを示す。**X** のみを用いた場合，精度は高い一方で正解率と検出率が非常に低くなってしまった。**y** に関する情報が考慮されていないため対象の異常を検出できなかったと考えられる。このような場合でも，ソフトセンサーを活用することで正解率・精度・検出率が 99％ 以上となり，高精度な異常検出が達成されたことがわかる。ソフトセンサーによって推定された **y** を入力変数にすることで，対象の **y** に関する異常を検出できた。

図 4.85，図 4.86 にそれぞれ **X** のみの場合およびソフトセンサーを組み合わ

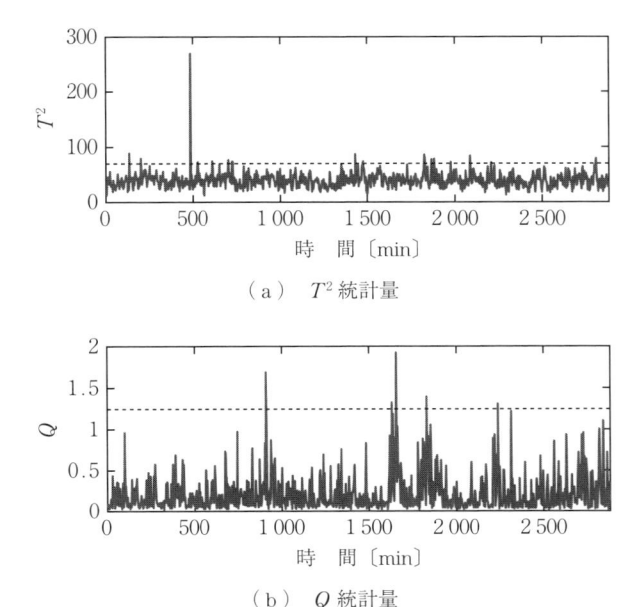

(a) $T^2$ 統計量

(b) $Q$ 統計量

図 4.85 **X** のみの場合における $T^2$ 統計量・$Q$ 統計量の時間プロット

(a) $T^2$ 統計量

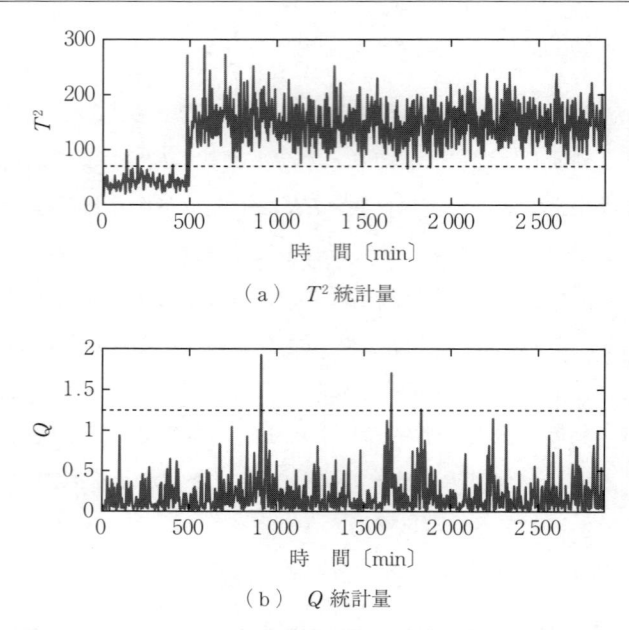

(b) $Q$ 統計量

**図 4.86** ソフトセンサーを併用した際の $T^2$ 統計量・$Q$ 統計量の時間プロット

せた場合における $T^2$ 統計量・$Q$ 統計量の時間プロットを示す。$\mathbf{X}$ のみの場合は，ときどき各統計量の値が閾値を超えているものの，480 分以降のそれ以外の時間においては実際には異常が発生しているにもかかわらず正常と判断されてしまう。一方，ソフトセンサー手法を活用した場合は，480 分前の正常時には $T^2$ 統計量のほとんどの値は閾値を超えず正常と診断され，異常発生直後に閾値を超えていることがわかる。ソフトセンサーと異常検出モデルを併用することで適切かつ早期に異常を検出できることを確認した。

# 5 ケモメトリックス

　本章では，本書で扱うさまざまなデータ解析手法などの詳細について，自己学習が可能な程度に解説を行った。本書の統計的理論の理解の助けとしていただきたい。以下では，ソフトセンサーを考える上で必要な，データセットの表現方法について説明した後に，データの前処理法，外れ値検出法，回帰分析法，クラス分類手法などのケモメトリックス手法を順次解説する。

## 5.1　データセットの表現

　本書におけるデータセットについての表現方法について説明する。簡単な例として，表 5.1 のように三つの時間において測定された温度と圧力のデータセットが得られた場合を考える。列として，表 5.1 における温度と圧力のことを変数と呼ぶ。行として，表 5.1 の 2014/1/1　0：00，2014/1/1　0：10，2014/1/1　0：20 における各変数の値のことをデータと呼ぶ。例えば，一つ目の変数は温度であり，2014/1/1　0：00 の温度のデータは 150 である，といったように使用する。なお，左から右に 1，2，…，上から下に 1，2，…と数える。

　誤解がない場合はデータセットのことをデータと省略して記述している箇所

表 5.1　仮想的なデータセット

| 時　間 | 温　度〔℃〕 | 圧　力〔MPa〕 |
|---|---|---|
| 2014/1/1　0：00 | 150 | 0.11 |
| 2014/1/1　0：10 | 145 | 0.12 |
| 2014/1/1　0：20 | 155 | 0.13 |

もある。

データセットの数値部分を以下のように行列 $\mathbf{X}$ と表す。

$$\mathbf{X} = \begin{bmatrix} x_1^{(1)} & x_2^{(1)} \\ x_1^{(2)} & x_2^{(2)} \\ x_1^{(3)} & x_2^{(3)} \end{bmatrix} = \begin{bmatrix} 150 & 0.11 \\ 145 & 0.12 \\ 155 & 0.13 \end{bmatrix} \tag{5.1}$$

この場合，$\mathbf{X}$ は 3 行 2 列の行列である。例えば，2013/1/1 0:20 の温度は 155℃ であり，$x_1^{(3)} = 155$ となる。また，$\mathbf{X}$ の中で温度または圧力だけ取り出し，下記のようなベクトルで表現する。

$$\mathbf{x}_1 = \begin{bmatrix} x_1^{(1)} \\ x_1^{(2)} \\ x_1^{(3)} \end{bmatrix} = \begin{bmatrix} 150 \\ 145 \\ 155 \end{bmatrix}, \quad \mathbf{x}_2 = \begin{bmatrix} x_2^{(1)} \\ x_2^{(2)} \\ x_2^{(3)} \end{bmatrix} = \begin{bmatrix} 0.11 \\ 0.12 \\ 0.13 \end{bmatrix} \tag{5.2}$$

$\mathbf{x}_1$ が温度ベクトル，$\mathbf{x}_2$ が圧力ベクトルである。$\mathbf{X}$ と $\mathbf{x}_1$ と $\mathbf{x}_2$ の関係は

$$\mathbf{X} = [\mathbf{x}_1 \quad \mathbf{x}_2] \tag{5.3}$$

となる。$\mathbf{X}$ が 1 変数の場合は，$\mathbf{x}$ と小文字で表記することにする。一方，データに着目して 2014/1/1 0:00，2014/1/1 0:10，2014/1/1 0:20 だけ取り出すと下記のようなベクトルで表現される。

$$\left. \begin{array}{l} \mathbf{x}^{(1)} = \begin{bmatrix} x_1^{(1)} & x_2^{(1)} \end{bmatrix} = \begin{bmatrix} 150 & 0.11 \end{bmatrix} \\ \mathbf{x}^{(2)} = \begin{bmatrix} x_1^{(2)} & x_2^{(2)} \end{bmatrix} = \begin{bmatrix} 145 & 0.12 \end{bmatrix} \\ \mathbf{x}^{(3)} = \begin{bmatrix} x_1^{(3)} & x_2^{(3)} \end{bmatrix} = \begin{bmatrix} 155 & 0.13 \end{bmatrix} \end{array} \right\} \tag{5.4}$$

$\mathbf{x}^{(1)}$ が 2014/1/1 0:00 ベクトル，$\mathbf{x}^{(2)}$ が 2014/1/1 0:10 ベクトル，$\mathbf{x}^{(3)}$ が 2014/1/1 0:20 ベクトルである。$\mathbf{X}$ と $\mathbf{x}^{(1)}$，$\mathbf{x}^{(2)}$，$\mathbf{x}^{(3)}$ の関係は

$$\mathbf{X} = [\mathbf{x}^{(1)\mathrm{T}} \quad \mathbf{x}^{(2)\mathrm{T}} \quad \mathbf{x}^{(3)\mathrm{T}}]^{\mathrm{T}} \tag{5.5}$$

となる。$^{\mathrm{T}}$ は転置を表し，ベクトルおよび行列の縦と横を入れ替えることを意味する。

データセットの表現を一般化する。$n$ 個のデータが $d$ 個の変数で表現される場合，$\mathbf{X}$ は式 (5.6) のように表現される。

## 5.1 データセットの表現

$$\begin{aligned}\mathbf{X} &= \begin{bmatrix} x_1^{(1)} & x_2^{(1)} & \cdots & x_d^{(1)} \\ x_1^{(2)} & x_2^{(2)} & \cdots & x_d^{(2)} \\ \vdots & \vdots & \ddots & \vdots \\ x_1^{(n)} & x_2^{(n)} & \cdots & x_d^{(n)} \end{bmatrix} \\ &= \begin{bmatrix} \mathbf{x}_1 & \mathbf{x}_2 & \cdots & \mathbf{x}_d \end{bmatrix} \\ &= \begin{bmatrix} \mathbf{x}^{(1)\mathrm{T}} & \mathbf{x}^{(2)\mathrm{T}} & \cdots & \mathbf{x}^{(d)\mathrm{T}} \end{bmatrix}^{\mathrm{T}} \end{aligned} \tag{5.6}$$

回帰分析を行う際は，説明変数 $\mathbf{X}$ に加えて目的変数 $\mathbf{y}$ を扱う。つまり，$\mathbf{y}$ はソフトセンサーで予測する変数である。本書においては $\mathbf{y}$ が1変数の場合のみ扱う。例えば，表5.1と同時刻に $\mathbf{y}$ である濃度が測定され，**表5.2**のようになったとする。この場合に $\mathbf{y}$ は以下のように表現される。

$$\mathbf{y} = \begin{bmatrix} y^{(1)} \\ y^{(2)} \\ y^{(3)} \end{bmatrix} = \begin{bmatrix} 0.78 \\ 0.82 \\ 0.79 \end{bmatrix} \tag{5.7}$$

一般化すると $\mathbf{y}$ は以下のようになる。

$$\mathbf{y} = \begin{bmatrix} y^{(1)} \\ y^{(2)} \\ \vdots \\ y^{(n)} \end{bmatrix} \tag{5.8}$$

表5.2 仮想的なデータセット（目的変数）

| 時　間 | 濃　度〔mol%〕 |
|---|---|
| 2014/1/1　0：00 | 0.78 |
| 2014/1/1　0：10 | 0.82 |
| 2014/1/1　0：20 | 0.79 |

記号として，本書では行列を大文字のボールド体（例えば $\mathbf{X}$），ベクトルを小文字のボールド体（例えば $\mathbf{x}$），スカラを小文字のイタリック体（例えば $x$）と表記する。

## 5.2 前処理

解析の前にデータセットに対して適切な前処理を行うことが重要である。例えば，温度について絶対温度か摂氏温度かで数値は異なるため，出力される結果も異なる場合がある。最もよく利用される前処理法であるオートスケーリングについて解説する。

まず，各変数からその平均値を引く。元の $i$ 番目の変数における $k$ 個目のデータの値を $x_i^{(k)}$ とすると，変換後の値 $x_i^{(k)\prime}$ は

$$x_i^{(k)\prime} = x_i^{(k)} - \mu_i \tag{5.9}$$

となる。ここで，$\mu_i$ は $i$ 番目の変数の平均値であり，以下のように計算される。

$$\mu_i = \frac{\sum_{k=1}^{n} x_i^{(k)}}{n} \tag{5.10}$$

ここで $n$ はデータ数である。式 (5.9) のように各変数からその平均値を引く操作はセンタリングと呼ばれる。続いて，各変数をその標準偏差で割る。変換後の値 $x_i^{(k)\prime\prime}$ は

$$x_i^{(k)\prime\prime} = \frac{x_i^{(k)\prime}}{\sigma_i} \tag{5.11}$$

となる。ここで，$\sigma_i$ は $i$ 番目の変数の標準偏差であり以下のように計算される。

$$\sigma_i = \sqrt{\frac{\sum_{k=1}^{n} \left( x_i^{(k)} - \mu_i \right)^2}{n-1}} \tag{5.12}$$

式 (5.11) のように各変数をその標準偏差で割る操作はスケーリングと呼ばれる。オートスケーリングとはセンタリングとスケーリングを行うことである。まとめると，変換後の値 $x_i^{(k)\prime\prime}$ は以下の式で表される。

$$x_i^{(k)\prime\prime} = \frac{x_i^{(k)} - \mu_i}{\sigma_i} \tag{5.13}$$

本書の中で特に明記されていない場合も，$\mathbf{X}$ はオートスケーリング後の $\mathbf{X}$ と

## 5.3 3シグマ法

統計的品質管理（Statistical Quality Control, SQC）の方法の一つとして3シグマ法が用いられる。ソフトセンサー解析においては異常値検出・外れ値検出に使用される。シグマとは標準偏差のことであり，分布のばらつきを表す。データの分布が正規分布に従う場合，平均からのずれがシグマの±3倍以下に含まれるデータの割合は99.7%となる。ある一変数 **x** の平均 $\mu$ と標準偏差 $\sigma$ は以下のように表される。

$$\mu = \frac{\sum_{k=1}^{n} x^{(k)}}{n} \tag{5.14}$$

$$\sigma = \sqrt{\frac{\sum_{k=1}^{n} \left(x^{(k)} - \mu\right)^2}{n-1}} \tag{5.15}$$

ここで，$x^{(k)}$ は **x** の $k$ 番目のデータ，$n$ はデータ数を表す。3シグマ法における上限管理限界（Upper Control Limit, UCL）と下限管理限界（Lower Control Limit, LCL）は以下のように表される。

$$\left. \begin{array}{l} UCL = \mu + 3\sigma \\ LCL = \mu - 3\sigma \end{array} \right\} \tag{5.16}$$

**x** の値がこれらの管理限界を超えた場合に異常と診断され，外れ値として検出される。

## 5.4 Hampel identifier

ある一変数 **x** の外れ値を検出する際，**x** に外れ値が含まれる中で，その外れ値を検出しなければならない。5.3節における3シグマ法において平均および標準偏差を計算するが，平均および標準偏差は外れ値の影響を受けやすいた

め,外れ値を含む状態で平均および標準偏差を計算すると,実際の分布の中心およびばらつきを表現できない。例えば,$\mathbf{x}$の中にある大きな値を持つデータが一点存在すると,そのデータに引きずられて平均および標準偏差は大きくなってしまう。データ例は4.7節を参照されたい。そこで,Hampel identifierでは平均値の代わりに中央値,標準偏差の代わりに中央絶対偏差(Median Absolute Deviation, MAD)の1.4826倍を使用する。中央値はデータを小さい順に並べたときに中央にある値である。データ数が偶数の場合は中央の二つのデータの平均となる。MADは以下の式により計算される。

$$MAD = \text{median}(|\mathbf{x} - \text{median}(\mathbf{x})|) \tag{5.17}$$

ここで median($\mathbf{a}$) は $\mathbf{a}$ の中央値を表す。中央値およびMADは外れ値の影響を受けにくいため,適切に外れ値を検出することが可能である。なお1.4826はデータ分布が正規分布の際に標準偏差と等しくするための係数である。3シグマ法とHampel identifierの具体的な比較例については4.7節を参照されたい。

4.1.1項〔1〕のMWモデルのように,ある窓幅のデータでHampel identifierを実施することを,窓枠を動かして繰り返し行う方法がMoving Hampel[69]である。

## 5.5 Savitzky-Goley (SG) 法

SG法[183]は平滑化(ノイズ処理)および数値微分の代表的な手法であり,おもにスペクトル解析の分野で用いられる。ソフトセンサー解析においてはおもにノイズ処理として使用される。ある一変数 $\mathbf{x}$ において,時刻 $t_i$ に値が $x_i$ であるとする。時間間隔は一定でありその間隔を $k$ とする。SG法では,$\mathbf{x}$ を時刻 $t$ の高次式で近似を行い滑らかな曲線を引くことで平滑化が達成され,その高次式を微分することで数値微分が達成される。ある $(t_i, x_i)$ における平滑化後の値とその $p$ 次微分値を求める際,以下の時刻 $t$ の $N$ 次関数 $f(t)$ を利用する。

$$f(t) = \sum_{j=1}^{N} b_j t^j \tag{5.18}$$

そして，$(t_i, x_i)$ とその前後の時刻の $M$ 点（合計 $2M+1$ 点）を用いて，最小二乗法により $b_j$ を求める．つまり，$\mathbf{x}$ を目的変数，$\mathbf{t}, \mathbf{t}^2, \cdots, \mathbf{t}^N$ を説明変数にして線形重回帰分析（5.8節参照）を行うわけである．得られた $f(t)$ に $t_i$ を代入することで $x_i$ の平滑値が得られる．また $f(t)$ を $p$ 回微分した後に $t_i$ を代入することで $p$ 次微分値が求められる．これを $\mathbf{x}$ のすべての値で実行することで，$\mathbf{x}$ 全体の平滑値および $p$ 次微分値が計算される．実際は，式 (5.18) の回帰係数は最小二乗法より効率的に求められる．この詳細は文献 184) を参照されたい．

## 5.6　主成分分析（**Principal Component Analysis，PCA**）

**X** が 2 もしくは 3 変数であれば各変数を軸にしてデータをプロットすることでデータの様子を見ることが可能であるが，4 変数以上になるとそれが難しい．PCA により 4 変数以上の多変量データをなるべく情報量の損失が少ないように二つもしくは三つの次元の空間に写像し，データの全体像を可視化することが可能となる．2 次元のデータを 1 次元に写像して低次元化する様子を**図 5.1** に示す．$x_1$，$x_2$ の軸で表現されていた 2 次元データが一つの $t_1$ 軸に写像されている．図 5.1（b）において，矢印（点線の軸への垂線）の先と原点との距離が新しい $t_1$ 軸の座標（スコア）である．なお，軸上にあるデータについ

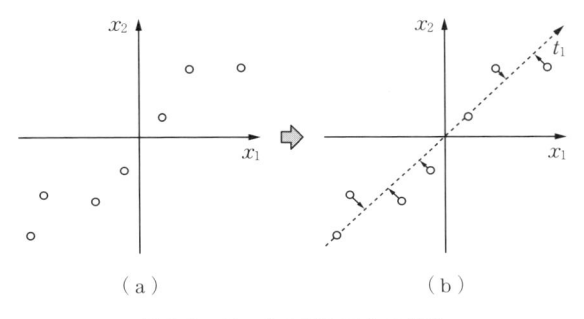

図 5.1　データの低次元化の様子

ては矢印の先ではなくその場所である。もちろん、$t_1$軸のみでデータを表現した場合、矢印の長さに相当するデータの情報の損失分が出てしまうが、元の空間で左下から右上にかけて存在するデータのだいたいの傾向を把握することができる。このように最初に決定された軸を第1主成分軸と呼ぶ。つぎの第2主成分軸は第1主成分軸と直交し、かつ損失する情報量が少なくなるように決定される。このように、すべての主成分軸と直交するようにつぎの主成分軸を求めることで、無相関化も同時に達成される。

PCAでは新しい軸におけるデータのばらつきが大きくなるように、つまり図5.1における原点と矢印の先との距離の2乗を全データで足し合わせた値が最大になるように、新しい軸が決定される。図5.1の矢印の長さの二乗の和が最小になるように新たな軸を決定するわけである。今回は図5.1のように**X**が2変数の場合で話を進めるが、3変数以上の場合についても拡張は容易である。新たな軸$t_1$は以下のように$x_1$と$x_2$の線形結合で表現される。

$$t_1 = x_1 p_1 + x_2 p_2 \tag{5.19}$$

$p_1$と$p_2$はローディングであり、式(5.20)のように二乗和が1という規格化条件を満たす。

$$p_1^2 + p_2^2 = 1 \tag{5.20}$$

スコアの二乗和が最大になる軸(第1主成分軸)を探すことは、$p_1$, $p_2$を決定することに対応する。つまり、以下の$S$を最大化する$p_1$, $p_2$を求める。

$$\begin{aligned} S &= \sum_{i=1}^{n} t_1^{(i)2} = \sum_{i=1}^{n} \left( x_1^{(i)} p_1 + x_2^{(i)} p_2 \right)^2 \\ &= p_1^2 \sum_{i=1}^{n} x_1^{(i)2} + 2 p_1 p_2 \sum_{i=1}^{n} x_1^{(i)} x_2^{(i)} + p_2^2 \sum_{i=1}^{n} x_2^{(i)2} \end{aligned} \tag{5.21}$$

$p_1$, $p_2$が式(5.20)を満たしながら$S$を最大化する必要があるためラグランジュの未定乗数法を用いる。つまり、$\lambda$を未知の定数として以下の$G$が最大となる$\lambda$, $p_1$, $p_2$を決定する。

$$G = S - \lambda \left( p_1^2 + p_2^2 - 1 \right)$$

## 5.6 主成分分析（Principal Component Analysis，PCA）

$$= p_1^2 \sum_{i=1}^n x_1^{(i)2} + 2p_1 p_2 \sum_{i=1}^n x_1^{(i)} x_2^{(i)} + p_2^2 \sum_{i=1}^n x_2^{(i)2} - \lambda \left( p_1^2 + p_2^2 - 1 \right) \quad (5.22)$$

$G$ を $\lambda$，$p_1$，$p_2$ で偏微分して整理すると以下の式が得られる．

$$\left. \begin{array}{l} \left( \sum_{i=1}^n x_1^{(i)2} - \lambda \right) p_1 + \left( \sum_{i=1}^n x_1^{(i)} x_2^{(i)} \right) p_2 = 0 \\ \left( \sum_{i=1}^n x_1^{(i)} x_2^{(i)} \right) p_1 + \left( \sum_{i=1}^n x_2^{(i)2} - \lambda \right) p_2 = 0 \end{array} \right\} \quad (5.23)$$

つまり

$$\left. \begin{array}{c} \begin{pmatrix} \sum_{i=1}^n x_1^{(i)2} - \lambda & \sum_{i=1}^n x_1^{(i)} x_2^{(i)} \\ \sum_{i=1}^n x_1^{(i)} x_2^{(i)} & \sum_{i=1}^n x_2^{(i)2} - \lambda \end{pmatrix} \begin{pmatrix} p_1 \\ p_2 \end{pmatrix} = 0 \\ \left( \mathbf{X}^\mathrm{T} \mathbf{X} - \lambda \mathbf{E} \right) \mathbf{p} = 0 \end{array} \right\} \quad (5.24)$$

である．ただし，$\mathbf{E}$ は 2 行 2 列の単位行列である．式 (5.24) が $p_1 = p_2 = 0$ 以外の解を持つためには，式 (5.24) における $\mathbf{p}$ の左の行列の行列式が 0 であることが必要である．つまり，$\lambda$ を固有値，$\mathbf{p}$ を固有ベクトルとする固有値問題に帰着するわけである．これを解くことで，第 1 主成分 $\mathbf{t}_1$ に対応する $\lambda_1$，$\mathbf{p}_1$，第 2 主成分 $\mathbf{t}_2$ に対応する $\lambda_2$，$\mathbf{p}_2$ が得られる．ほかにも PCA を実現するアルゴリズムとして Wold によって開発された NIPALS[75] などが存在する．

最終的に，PCA により $\mathbf{T}$ は以下のように表現される．

$$\mathbf{T} = \mathbf{X} \mathbf{P} \quad (5.25)$$

ただし

$$\left. \begin{array}{l} \mathbf{T} = \begin{bmatrix} \mathbf{t}_1 & \mathbf{t}_2 & \cdots & \mathbf{t}_m \end{bmatrix} \\ \mathbf{P} = \begin{bmatrix} \mathbf{p}_1 & \mathbf{p}_2 & \cdots & \mathbf{p}_m \end{bmatrix} \end{array} \right\} \quad (5.26)$$

である．$m$ は主成分の数である．$\mathbf{P}$ は直交行列より

$$\mathbf{X} = \mathbf{T} \mathbf{P}^\mathrm{T} \quad (5.27)$$

も成り立つ．

## 5.7 独立成分分析 (Independent Component Analysis, ICA)

ICA[147]とは,複数の測定変数を統計的に独立な成分の線形結合として表現する手法である。ここで独立とは,無相関とは異なる概念であることに注意する必要がある。$n$ 個の確率変数 $s_1, s_2, \cdots, s_n$ の同時確率分布が

$$P(s_1, s_2, \cdots, s_n) = \prod_{i=1}^{n} P_i(s_i) \tag{5.28}$$

と分解されるときに $s_1, s_2, \cdots, s_n$ は互いに独立であるといえる。

ICA では,まず前処理として $X$ を無相関化する。変換行列を $M$ とすると変換後の行列 $Z$ は

$$Z = XM + E \tag{5.29}$$

と表される。ここで $E$ は誤差である。一般に,無相関化は固有値分解によって実現される。PCA 後の $T$ をスケーリングした行列が $Z$ に対応する。$X$ の低次元化も同時にここで行われる。つぎに,この $Z$ を互いに独立な成分に変換する。

$$S = ZB + E \tag{5.30}$$

ここで $S$ は独立成分,$B$ は変換行列である。$B$ を計算する手法はいくつか提案されているが,本書では速く確実に収束する FastICA[185]を用いた。以上より $X$ と $S$ の関係は

$$\left. \begin{array}{l} S = XMB + E = XW + E \\ W = MB \end{array} \right\} \tag{5.31}$$

と表すことができる。ここで $W$ は分解行列である。この $W$ を用いることで,$X$ に内在する互いに独立な成分を抽出することが可能となる。

なお,PCA と ICA の相違については文献81)を参照されたい。

## 5.8 最小二乗法による線形重回帰分析

簡単に $\mathbf{X}$ を 2 変数として話を進める。ただ，$\mathbf{X}$ が 3 変数以上の場合にも容易に拡張可能である。データ数が $n$ の場合に $\mathbf{y}$ が $\mathbf{X}$ を用いて以下のように表現できる場合を考える。

$$
\left.\begin{aligned}
y^{(1)} &= x_1^{(1)} b_1 + x_2^{(1)} b_2 + f_1 \\
y^{(2)} &= x_1^{(2)} b_1 + x_2^{(2)} b_2 + f_2 \\
&\vdots \\
y^{(n)} &= x_1^{(n)} b_1 + x_2^{(n)} b_2 + f_n
\end{aligned}\right\} \tag{5.32}
$$

ただし

$$
\left.\begin{aligned}
\mathbf{y} &= \begin{bmatrix} y^{(1)} \\ y^{(2)} \\ \vdots \\ y^{(n)} \end{bmatrix}, \mathbf{x}_1 = \begin{pmatrix} x_1^{(1)} \\ x_1^{(2)} \\ \vdots \\ x_1^{(n)} \end{pmatrix}, \mathbf{x}_2 = \begin{pmatrix} x_2^{(1)} \\ x_2^{(2)} \\ \vdots \\ x_2^{(n)} \end{pmatrix}, \mathbf{X} = \begin{bmatrix} \mathbf{x}_1 & \mathbf{x}_2 \end{bmatrix} = \begin{pmatrix} x_1^{(1)} & x_2^{(1)} \\ x_1^{(2)} & x_2^{(2)} \\ \vdots & \vdots \\ x_1^{(n)} & x_2^{(n)} \end{pmatrix}, \\
\mathbf{f} &= \begin{pmatrix} f_1 \\ f_2 \\ \vdots \\ f_n \end{pmatrix}, \mathbf{b} = \begin{pmatrix} b_1 \\ b_2 \end{pmatrix}
\end{aligned}\right\} \tag{5.33}
$$

であり，$\mathbf{b}$ は回帰係数ベクトル，$\mathbf{f}$ は残差ベクトルである。$\mathbf{y}$，$\mathbf{X}$ の表現については 5.1 節を参照されたい。なお $\mathbf{y}$，$\mathbf{X}$ はオートスケーリング後である（5.1 節，5.2 節参照）。式 (5.33) より，式 (5.32) は以下のように表される。

$$
\begin{aligned}
\mathbf{y} &= \mathbf{x}_1 b_1 + \mathbf{x}_2 b_2 + \mathbf{f} \\
&= \mathbf{X} \mathbf{b} + \mathbf{f} \\
&= \mathbf{y}_{\text{calc}} + \mathbf{f}
\end{aligned} \tag{5.34}
$$

$\mathbf{y}_{\text{calc}}$ は，$\mathbf{y}$ の $\mathbf{X}$ で表現できる部分であり，以下の式で表される。

$$
\mathbf{y}_{\text{calc}} = \mathbf{x}_1 b_1 + \mathbf{x}_2 b_2
$$

$$= \mathbf{Xb} \tag{5.35}$$

線形の重回帰分析は $\mathbf{x}_1$, $\mathbf{x}_2$, $\mathbf{y}$ で規定される空間に $b_1$, $b_2$ を係数とした平面を作ることに対応する。

$b_1$ と $b_2$ は,残差 $f_1, f_2, \cdots, f_n$ の二乗和が最小になるように求められる。つまり,式 (5.32) より以下の $G$ が最小になるように決定される。

$$G = \sum_{i=1}^{n} f_i^2 = \sum_{i=1}^{n} \left( y_i - b_1 x_1^{(i)} - b_2 x_2^{(i)} \right)^2 \tag{5.36}$$

$G$ が最小値であることは $G$ が極小値であることを意味する。つまり,$G$ が最小になる $b_1$, $b_2$ を求めるには,$G$ を $b_1$, $b_2$ で偏微分した項を 0 とすればよい。

$$\left. \begin{aligned} \frac{\partial G}{\partial b_1} &= -2 \sum_{i=1}^{n} x_1^{(i)} \left( y_i - b_1 x_1^{(i)} - b_2 x_2^{(i)} \right) = 0 \\ \frac{\partial G}{\partial b_2} &= -2 \sum_{i=1}^{n} x_2^{(i)} \left( y_i - b_1 x_1^{(i)} - b_2 x_2^{(i)} \right) = 0 \end{aligned} \right\} \tag{5.37}$$

式 (5.37) を変形すると

$$\left. \begin{pmatrix} x_1^{(1)} & x_1^{(2)} & \cdots & x_1^{(n)} \\ x_2^{(1)} & x_2^{(2)} & \cdots & x_2^{(n)} \end{pmatrix} \begin{pmatrix} x_1^{(1)} & x_2^{(1)} \\ x_1^{(2)} & x_2^{(2)} \\ \vdots & \vdots \\ x_1^{(n)} & x_2^{(n)} \end{pmatrix} \begin{pmatrix} b_1 \\ b_2 \end{pmatrix} = \begin{pmatrix} x_1^{(1)} & x_1^{(2)} & \cdots & x_1^{(n)} \\ x_2^{(1)} & x_2^{(2)} & \cdots & x_2^{(n)} \end{pmatrix} \begin{pmatrix} y^{(1)} \\ y^{(2)} \\ \vdots \\ y^{(n)} \end{pmatrix} \\ \mathbf{X}^{\mathrm{T}} \mathbf{X} \mathbf{b} = \mathbf{X}^{\mathrm{T}} \mathbf{y} \right\} \tag{5.38}$$

となる。$^{\mathrm{T}}$ はその左の行列が転置行列であることを表す。式 (5.38) の両辺に左から $\mathbf{X}^{\mathrm{T}}\mathbf{X}$ の逆行列 $(\mathbf{X}^{\mathrm{T}}\mathbf{X})^{-1}$ を掛けると

$$\left. \begin{aligned} \left( \mathbf{X}^{\mathrm{T}} \mathbf{X} \right)^{-1} \mathbf{X}^{\mathrm{T}} \mathbf{X} \mathbf{b} &= \left( \mathbf{X}^{\mathrm{T}} \mathbf{X} \right)^{-1} \mathbf{X}^{\mathrm{T}} \mathbf{y} \\ \mathbf{b} &= \left( \mathbf{X}^{\mathrm{T}} \mathbf{X} \right)^{-1} \mathbf{X}^{\mathrm{T}} \mathbf{y} \end{aligned} \right\} \tag{5.39}$$

となり $\mathbf{b}$ が求められる。

## 5.9 Partial Least Squares（PLS）法

最小二乗法による重回帰分析では，式 (5.39) の $\mathbf{b}$ を求めるために $\mathbf{X}^T\mathbf{X}$ の逆行列が計算できなければならない。また，3.3 節で述べたように共線性の問題も存在する。そこで，PCA により $\mathbf{X}$ を無相関化した後に重回帰分析を行う方法が考案された。つまり，PCA の後に得られるスコア $\mathbf{T}$ を説明変数として $\mathbf{y}$ との間で重回帰分析を行うわけである。$\mathbf{T}$ の主成分間は無相関であるため，安定した回帰式を構築可能である。

PLS 法[70] では，PCA とは異なり $\mathbf{y}$ との共分散が最大になるようにスコア $\mathbf{T}$ が計算される。そのため最小二乗法や PCR と比較して，予測性に優れ安定したモデルを構築することが可能となる。

PLS モデルは，以下の二つの基本式から成り立つ。

$$\left.\begin{array}{l}\mathbf{X} = \displaystyle\sum_{a=1}^{A} \mathbf{t}_a \mathbf{p}_a^T = \mathbf{TP}^T + \mathbf{E} \\ \mathbf{y} = \displaystyle\sum_{a=1}^{A} \mathbf{t}_a q_a = \mathbf{Tq} + \mathbf{f}\end{array}\right\} \tag{5.40}$$

ここで，$A$ は PLS の成分数，$\mathbf{P}$ と $\mathbf{q}$ はそれぞれ $\mathbf{X}$ 側，$\mathbf{y}$ 側のローディング，$\mathbf{E}$，$\mathbf{f}$ はそれぞれ $\mathbf{X}$，$\mathbf{y}$ の誤差である。第 1 成分目のモデルは以下の式で表される。

$$\left.\begin{array}{l}\mathbf{X} = \mathbf{t}_1 \mathbf{p}_1^T + \mathbf{E}_1 \\ \mathbf{y} = \mathbf{t}_1 q_1 + \mathbf{f}_1\end{array}\right\} \tag{5.41}$$

$\mathbf{t}_1$ は，以下のように $\mathbf{X}$ の線形結合で表現される。

$$\mathbf{t}_1 = \mathbf{X}\mathbf{w}_1 \tag{5.42}$$

$\mathbf{w}_1$ は PLS の第 1 成分目に対応するウェイトベクトルであり，以下のようにその二乗和は 1 である。

$$\|\mathbf{w}_1\|^2 = \sum_{j=1}^{d} w_1^{(j)2} = 1 \tag{5.43}$$

ここで $d$ は説明変数の数, $w_1^{(j)}$ は $\mathbf{X}$ の $j$ 番目の変数に対応するウェイトである。PCA では $\mathbf{t}_1$ の分散が最大になるように第1成分が計算されたが, PLS では $\mathbf{y}$ と $\mathbf{t}_1$ との共分散 $S$ が最大になるように計算される。

$$S = \mathbf{y}^T \mathbf{t}_1 \tag{5.44}$$

ラグランジュの未定乗数法を用いて, $\lambda$ を未知の定数として以下の $G$ が最大となる $\lambda$, $\mathbf{w}_1$ を決定する。

$$G = \mathbf{y}^T \mathbf{t}_1 - \lambda\left(\|\mathbf{w}_1\|^2 - 1\right) = \mathbf{y}^T \mathbf{X} \mathbf{w}_1 - \lambda\left(\|\mathbf{w}_1\|^2 - 1\right)$$
$$= \sum_{i=1}^{n} \sum_{j=1}^{d} y_i x_j^{(i)} w_1^j - \lambda\left(\sum_{j=1}^{d} w_1^{(j)2} - 1\right) \tag{5.45}$$

各 $\mathbf{w}_1^{(j)}$ で $G$ を偏微分すると

$$w_1^{(j)} = \frac{\sum_{i=1}^{n} y_i x_j^{(i)}}{2\lambda} = \frac{\mathbf{x}_j^T \mathbf{y}}{2\lambda} \tag{5.46}$$

となる。式 (5.43) より $\mathbf{w}_1$ の大きさは1なので

$$\mathbf{w}_1 = \frac{\mathbf{X}^T \mathbf{y}}{\|\mathbf{X}^T \mathbf{y}\|} \tag{5.47}$$

と変形できる。式 (5.42) より $\mathbf{t}_1$ が計算される。$\mathbf{p}_1$ の各要素は $\mathbf{X}$ の各変数を $\mathbf{t}_1$ で単回帰 (5.8節の説明変数が一つの場合) することにより求められ, $q_1$ は $\mathbf{y}$ を $\mathbf{t}_1$ で単回帰することによって計算される。

$$\mathbf{p}_1 = \frac{\mathbf{X}^T \mathbf{t}_1}{\mathbf{t}_1^T \mathbf{t}_1}, \quad q_1 = \frac{\mathbf{y}^T \mathbf{t}_1}{\mathbf{t}_1^T \mathbf{t}_1} \tag{5.48}$$

第2成分を求める際は, 以下のように $\mathbf{X}$, $\mathbf{y}$ から第1成分 PLS モデルで表現できる部分を引いた後に, これまでと同様に $\mathbf{w}_2$, $\mathbf{p}_2$, $q_2$ を計算する。

$$\left.\begin{array}{l} \mathbf{X}_{\text{new}} = \mathbf{X} - \mathbf{t}_1 \mathbf{p}_1^T \\ \mathbf{y}_{\text{new}} = \mathbf{y} - \mathbf{t}_1 q_1 \end{array}\right\} \tag{5.49}$$

これを繰り返すことで第 $A$ 成分まで計算できる。最終的に PLS モデルの出力は以下のように表される。

$$\mathbf{y}_{\text{calc}} = \mathbf{X} \mathbf{b} \tag{5.50}$$

ただし

$$\left.\begin{array}{l}\mathbf{b} = \mathbf{W}\left(\mathbf{P}^{\mathrm{T}}\mathbf{W}\right)^{-1}\mathbf{q} \\ \mathbf{W} = \begin{bmatrix}\mathbf{w}_1 & \mathbf{w}_2 & \cdots & \mathbf{w}_A\end{bmatrix}\end{array}\right\} \tag{5.51}$$

である。

PLS モデル構築の際,最適な成分数を決めなければならない。その指標として,$r_{\mathrm{CV}}^2$ 値(5.19 節参照)が用いられる。最適成分数を決める一般的な方法として,$r_{\mathrm{CV}}^2$ 値が最大になるときの成分数を最適成分数とする方法や,$r_{\mathrm{CV}}^2$ 値が初めて極大となる成分数を最適成分数とする方法などがある。しかし,$r_{\mathrm{CV}}^2$ 値の上昇の割合が緩やかで極大とならない場合には,このような指標で最適成分数を決めると成分数が多くなり過ぎてしまう。したがって,例えば $r_{\mathrm{CV}}^2$ 値の上昇幅が 0.03 を下回る直前の成分数を用いる方法なども用いられている。

この PLS モデルの変数の重要度の指標として,標準回帰係数の値や下記の Variable Importance in the Projection (VIP)[70] が用いられている。

$$VIP_i = \sqrt{p\sum_{j=1}^{A}\left\{SS(q_j\mathbf{t}_j)\left(w_{ij}/\|w_j\|^2\right)\right\}\Big/\sum_{j=1}^{A}SS(q_j\mathbf{t}_j)} \tag{5.52}$$

ただし

$$SS(q_j\mathbf{t}_j) = q_j^2\mathbf{t}_j^{\mathrm{T}}\mathbf{t}_j \tag{5.53}$$

である。

## 5.10 Support Vector Machine(SVM)法

SVM[71] は識別関数の一つであり,あるデータが二つのクラス(1 のクラス,-1 のクラス)のどちらに属するか決定する。回帰分析とは異なり目的変数 $\mathbf{y}$ は 1 もしくは -1 のみを取り,構築された SVM に $\mathbf{X}$ の新しいデータを入力することで,そのデータが 1 のクラスか -1 のクラスかを判別するわけである。SVM 法では,モデル構築用データにおける 1 のデータ群と -1 のデータ群のなるべく中間に識別平面(1 のクラスと -1 のクラスとの境界)を決定することで,モデル構築用データへの適応性と汎化能力のバランスの取れた識別モ

デルが得られることが知られている。また，カーネルトリックという方法を用いることによって非線形なモデリングを行うことが可能である。

SVM法において，モデル構築用データにおける$\mathbf{X}$のあるデータを$\mathbf{x}^{(i)}$としたときに識別関数$f$は

$$f(\mathbf{x}^{(i)}) = \phi(\mathbf{x}^{(i)})\mathbf{w} + b \tag{5.54}$$

と表すことができる。ここで，$\phi$はある非線形関数，$\mathbf{w}$はウェイトベクトル（回帰分析における回帰係数に相当），$b$は定数項である。SVMにおいては，下の値を最小化するように学習が行われる。

$$\frac{1}{2}\|\mathbf{w}\|^2 + C\sum_{i=1}^{n}\xi_i \tag{5.55}$$

$n$はデータ数である。ただし制約条件は

$$y_i f(\mathbf{x}^{(i)}) \geq 1 - \xi_i \tag{5.56}$$

である。ここで$\xi_i$はスラック変数であり，$0 \leq \xi_i \leq 1$である$\mathbf{x}^{(i)}$は$f$によって正しいクラスに分類されていることを表し，$1 < \xi_i$である$\mathbf{x}^{(i)}$は$f$によって誤って分類されていることを表す。$y_i$は回帰分析の目的変数とは異なり，1または$-1$の値のみを取ることに注意する。式 (5.55) を最小化することによって，モデル構築用データへの適応性と汎化能力のバランスの取れた識別モデルが得られる。式 (5.55) の$C$は，二つの項の間で重み付けを調整するための係数であり，モデル構築用データの特徴に応じて最適化を行う必要がある。ラグランジュの未定乗数法を用いて，ラグランジュ乗数$\alpha_i, \beta_i\ (i = 1, 2, \cdots, n)$を導入すると

$$G = \frac{1}{2}\|\mathbf{w}\|^2 + C\sum_{i=1}^{n}\xi_i - \sum_{i=1}^{n}\alpha_i\{y_i f(\mathbf{x}^{(i)}) - 1 + \xi_i\} - \sum_{i=1}^{n}\beta_i\xi_i \tag{5.57}$$

が得られる。よって$\mathbf{w}, b, \xi_i$に関して$G$を最小化し，$\alpha_i, \beta_i$に関して$G$を最大化すればよい。$\mathbf{w}, b, \xi_i$のそれぞれで$G$を偏微分して0とした式をまとめると以下の式が得られる。

$$\mathbf{w} = \sum_{i=1}^{n}\alpha_i y_i \phi(\mathbf{x}^{(i)})^\mathrm{T} \tag{5.58}$$

$$\sum_{i=1}^{n} \alpha_i y_i = 0 \tag{5.59}$$

$$\alpha_i + \beta_i = C \quad (i=1,2,\cdots,n) \tag{5.60}$$

これらを式 (5.57) に代入すると

$$G = \sum_{i=1}^{n} \alpha_i - \frac{1}{2}\sum_{i=1}^{n}\sum_{j=1}^{n} \alpha_i \alpha_j y_i y_j K(\mathbf{x}^{(i)}, \mathbf{x}^{(j)}) \tag{5.61}$$

となる。ただし $K$ は

$$K(\mathbf{x}^{(i)}, \mathbf{x}^{(j)}) = \phi(\mathbf{x}^{(i)})\phi(\mathbf{x}^{(j)})^{\mathrm{T}} \tag{5.62}$$

でありカーネル関数と呼ばれる。$\alpha_i$, $\beta_i$ はラグランジュ定数であることから $\alpha_i \geq 0$, $\beta_i \geq 0$ であり，$\beta_i \geq 0$ と式 (5.60) から $\alpha_i \leq C$ である。けっきょく，以下の制約の下で式 (5.61) の $G$ を $\alpha_i$ に対して最大化する 2 次計画問題になっている。

$$0 \leq \alpha_i \leq C \tag{5.63}$$

$$\sum_{i=1}^{n} \alpha_i y_i = 0 \tag{5.64}$$

これにより $\alpha_i$ が求められ，式 (5.54)，(5.58)，(5.62) より $\mathbf{X}$ の新しいデータ $\mathbf{x}$ の識別結果は以下の式で与えられる。

$$f(\mathbf{x}) = \sum_{i=1}^{n} \alpha_i y_i K(\mathbf{x}^{(i)}, \mathbf{x}) + b \tag{5.65}$$

$\alpha_i$ が 0 以外の値を取るモデル構築用データをサポートベクターと呼ぶ。つまりサポートベクターのみで識別関数が決定される。式 (5.65) における $b$ は，サポートベクターの集合を $S$ とすると以下の式で与えられる。

$$b = \frac{1}{n_S}\sum_{i \in S}\left(y_i - \sum_{j \in S} \alpha_j y_j K(\mathbf{x}^{(i)}, \mathbf{x}^{(j)})\right) \tag{5.66}$$

$n_S$ はサポートベクターの数である。式 (5.66) の算出にはラグランジュ乗数法における Karush-Kuhn-Ticker 条件を使用した。なお，$C$ を設定する代わりにサポートベクターの割合の下限 $\nu \in (0,1]$ を指定する $\nu$-SVM[71] も存在する。

式 (5.65)，(5.66) より，識別関数には式 (5.54) で導入した非線形関数 $\phi$ を定める必要はなく，その内積であるカーネル関数（式 (5.61)）のみ設定すれ

ばよいことがわかる。いくつものカーネル関数が提案されているが，本書では，カーネル関数として広く用いられているガウシアンカーネルを使用している。ガウシアンカーネルを以下に示す。

$$K(\mathbf{x}^{(i)}, \mathbf{x}^{(j)}) = \exp\left(-\gamma \|\mathbf{x}^{(i)} - \mathbf{x}^{(j)}\|^2\right) \tag{5.67}$$

$\gamma$ はモデル構築用データから最適化すべきパラメータである。SVMを実現するプログラムとしてLIBSVM[186]が有名である。

以上より，SVMの構築のためには $C$, $\gamma$ または $\nu$, $\gamma$ を事前に設定しなければならない。本書では，$C$, $\gamma$ または $\nu$, $\gamma$ にそれぞれ値の候補を設定してグリッドサーチを行い，クロスバリデーション（5.19節参照）を行った際の正解率が最も高い $C$, $\gamma$ または $\nu$, $\gamma$ の組を使用した。

## 5.11 Support Vector Regression（SVR）法

SVR法[71]はSVM法を回帰分析へと応用した手法である。SVM法と同様に，カーネルトリックを用いることによって非線形なモデリングを行うことが可能となっている。

SVR法において，モデル構築用データにおける $\mathbf{X}$ のあるデータを $\mathbf{x}^{(i)}$ としたときに回帰式 $f$ は

$$f(\mathbf{x}^{(i)}) = \phi(\mathbf{x}^{(i)})\mathbf{w} + b \tag{5.68}$$

と表すことができる。ここで，$\phi$ はある非線形関数，$\mathbf{w}$ はウェイトベクトル（回帰係数），$b$ は定数項である。SVR法においては，下記の式を最小化するように学習が行われる。

$$\frac{1}{2}\|\mathbf{w}\|^2 + C\sum_{i=1}^{n} E_\varepsilon\left(f(\mathbf{x}^{(i)}) - y_i\right) \tag{5.69}$$

ただし，$n$ はモデル構築用データ数であり

$$E_\varepsilon\left(f(\mathbf{x}^{(i)}) - y_i\right) = \max\left(0, \left|f(\mathbf{x}^{(i)}) - y_i\right| - \varepsilon\right) \tag{5.70}$$

である。式(5.69)を最小化することによって，モデル構築用データへの当て

## 5.11 Support Vector Regression (SVR) 法

はまり（式 (5.69) の右の項の最小化）と汎化能力（式 (5.69) の左の項の最小化）とのバランスの取れた非線形回帰モデルが得られる。式 (5.69) の $C$ は，二つの項の間で重み付けを調整するための係数であり，式 (5.70) の $\varepsilon$ は許容する誤差を表し，それぞれ学習データの特徴に応じて最適化を行う必要がある。なお $\left| f(\mathbf{x}^{(j)}) - y_i \right|$ が $\varepsilon$ 以内の領域を $\varepsilon$ チューブと呼ぶ。

SVM 法と同様にスラック変数を導入する。

$$
\left.
\begin{aligned}
y_i &\leq f(\mathbf{x}^{(i)}) + \varepsilon + \xi_i \\
y_i &\geq f(\mathbf{x}^{(i)}) - \varepsilon - \xi_i^*
\end{aligned}
\right\}
\tag{5.71}
$$

ただし，$\xi_i \geq 0$, $\xi_i^* \geq 0$ である。これにより式 (5.69) は以下のように表現される。

$$
\frac{1}{2}\|\mathbf{w}\|^2 + C\sum_{i=1}^{n}\left(\xi_i + \xi_i^*\right)
\tag{5.72}
$$

ラグランジュの未定乗数法を用いて，ラグランジュ乗数 $\alpha_i$, $\alpha_i^*$, $\beta_i$, $\beta_i^*$ ($i=1, 2, \cdots, n$) を導入すると

$$
\begin{aligned}
G = &\, C\sum_{i=1}^{n}\left(\xi_i + \xi_i^*\right) + \frac{1}{2}\|\mathbf{w}\|^2 - C\sum_{i=1}^{n}\left(\beta_i \xi_i + \beta_i^* \xi_i^*\right) \\
&- \sum_{i=1}^{n} \alpha_i \left(\varepsilon + \xi_i + f(\mathbf{x}^{(i)}) - y_i\right) \\
&- \sum_{i=1}^{n} \alpha_i^* \left(\varepsilon + \xi_i^* - f(\mathbf{x}^{(i)}) + y_i\right)
\end{aligned}
\tag{5.73}
$$

が得られる。よって $\mathbf{w}$, $b$, $\xi_i$, $\xi_i^*$ に関して $G$ を最小化し，$\alpha_i$, $\alpha_i^*$, $\beta_i$, $\beta_i^*$ に関して $G$ を最大化すればよい。$\mathbf{w}$, $b$, $\xi_i$, $\xi_i^*$ のそれぞれで $G$ を偏微分して 0 とした式をまとめると以下の式が得られる。

$$
\mathbf{w} = \sum_{i=1}^{n}\left(\alpha_i - \alpha_i^*\right)\phi(\mathbf{x}^{(i)})^{\mathrm{T}}
\tag{5.74}
$$

$$
\sum_{i=1}^{n}\left(\alpha_i - \alpha_i^*\right) = 0
\tag{5.75}
$$

$$
\alpha_i + \beta_i = C \quad (i = 1, 2, \cdots, n)
\tag{5.76}
$$

$$
\alpha_i^* + \beta_i^* = C \quad (i = 1, 2, \cdots, n)
\tag{5.77}
$$

これらを式 (5.73) に代入すると

$$G = -\frac{1}{2}\sum_{i=1}^{n}\sum_{j=1}^{n}(\alpha_i - \alpha_i^*)(\alpha_j - \alpha_j^*)K(\mathbf{x}^{(i)}, \mathbf{x}^{(j)})$$

$$-\varepsilon\sum_{i=1}^{n}(\alpha_i + \alpha_i^*) + \sum_{i=1}^{n}(\alpha_i - \alpha_i^*)y_i \tag{5.78}$$

となる。ただし $K$ は式 (5.62) のカーネル関数である。$\alpha_i$, $\alpha_i^*$, $\beta_i$, $\beta_i^*$ はラグランジュ定数であることから $\alpha_i \geq 0$, $\alpha_i^* \geq 0$, $\beta_i \geq 0$, $\beta_i^* \geq 0$ であり, $\beta_i \geq 0$, $\beta_i^* \geq 0$ と式 (5.76), (5.77) から $\alpha_i \leq C$, $\alpha_i^* \leq C$ である。けっきょく, 以下の制約の下で式 (5.78) の $G$ を $\alpha_i$, $\alpha_i^*$ に対して最大化する2次計画問題になっている。

$$\left.\begin{array}{l} 0 \leq \alpha_i \leq C \\ 0 \leq \alpha_i^* \leq C \end{array}\right\} \tag{5.79}$$

これにより $\alpha_i$, $\alpha_i^*$ が求められ, 式 (5.62), (5.68), (5.74) より $\mathbf{X}$ の新しいデータ $\mathbf{x}$ に対する $\mathbf{y}$ の予測値は以下の式で与えられる。

$$f(\mathbf{x}) = \sum_{i=1}^{n}(\alpha_i - \alpha_i^*)K(\mathbf{x}^{(i)}, \mathbf{x}) + b \tag{5.80}$$

$\varepsilon$ チューブ内もしくは $\varepsilon$ チューブ外のモデル構築用データをサポートベクターと呼ぶ。サポートベクターのみで回帰式が決定される。$\varepsilon$ を設定する代わりに $\varepsilon$ チューブ外に存在するデータの割合の上限 $\nu$ を指定する方法[71] も存在する。

SVR でも SVM と同様に, 式 (5.68) で導入した非線形関数 $\phi$ を定める必要はなく, その内積であるカーネル関数 (式 (5.61) 参照) のみ設定すればよい。本書では SVM と同様にガウシアンカーネル (式 (5.67)) を使用している。SVR モデルを構築するための最適化プログラムとして, SVM と同様に LIBSVM[186] が有名である。

以上より, SVR モデルの構築のためには $\varepsilon$, $C$, $\gamma$ もしくは $\nu$, $C$, $\gamma$ を事前に設定しなければならない。本書では, $\varepsilon$, $C$, $\gamma$ もしくは $\nu$, $C$, $\gamma$ にそれぞれ値の候補を設定してグリッドサーチを行い, $r_{\mathrm{CV}}^2$ (5.19節参照) の値が最も大きい $\varepsilon$, $C$, $\gamma$ もしくは $\nu$, $C$, $\gamma$ の組を使用した。

## 5.12 Online SVR(OSVR)法

OSVR法[112]とは,SVRモデルが満たすべき条件(Karush-Kuhn-Ticker (KKT)条件)について,データが追加および削除された際にも成立するよう効率的にSVRモデルを更新する手法である。5.11節よりSVRモデルの構築の際,式(5.75),(5.79)を満たしながら式(5.78)の$G$を最大化する。ここで

$$\theta_i = \alpha_i - \alpha_i^*  \tag{5.81}$$

とすると,式(5.80)よりあるデータ$\mathbf{x}_i$の予測値は以下のように表現される。

$$f\left(\mathbf{x}^{(i)}\right) = \sum_{j=1}^{n} \theta_j K\left(\mathbf{x}^{(j)}, \mathbf{x}^{(i)}\right) + b  \tag{5.82}$$

ただし,式(5.75)より

$$\sum_{i=1}^{n} \theta_i = 0  \tag{5.83}$$

である。誤差関数$h$を

$$\begin{aligned} h(\mathbf{x}_i) &= f(\mathbf{x}_i) - y_i \\ &= \sum_{j=1}^{N} \theta_j K\left(\mathbf{x}^{(j)}, \mathbf{x}^{(i)}\right) + b - y_i \end{aligned}  \tag{5.84}$$

と定義すると,KKT条件は下記の式にまとめることができる。

$$h(\mathbf{x}_i) > \varepsilon, \quad \theta_i = -C  \tag{5.85}$$

$$h(\mathbf{x}_i) = \varepsilon, \quad -C < \theta_i < 0  \tag{5.86}$$

$$-\varepsilon < h(\mathbf{x}_i) < \varepsilon, \quad \theta_i = 0  \tag{5.87}$$

$$h(\mathbf{x}_i) = -\varepsilon, \quad 0 < \theta_i < C  \tag{5.88}$$

$$h(\mathbf{x}_i) < -\varepsilon, \quad \theta_i = C  \tag{5.89}$$

各モデル構築用データは式(5.85)〜(5.89)のどれかに当てはまることになる。式(5.85),(5.89)を満たすデータをError support vector(E),式(5.86),(5.88)を満たすデータをmargin Support vector(S),式(5.87)を満たすデータをRemaining vector(R)と呼ぶ。図5.2に各データの領域を示す。

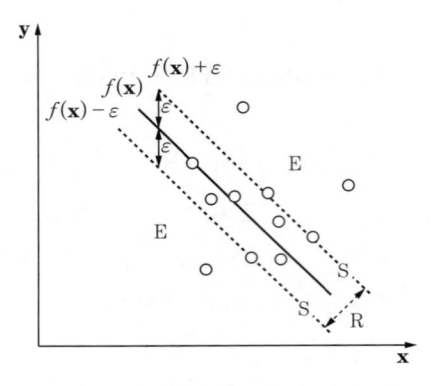

**図 5.2** OSVR 法における各データの領域

新しいデータ $\mathbf{x}_c$, $y_c$ が追加される場合を考える。$\mathbf{x}_c$ が R であれば，SVR モデル $\theta_i$, $b$ を更新しなくてよい。E または S であれば，新しいデータの $\theta_c$ の初期値を 0 として，$\theta_c$, $\theta_i$, $b$ を KKT 条件が満たされるように少しずつ変化させる。それらの変化により，各データは他の領域に移動する可能性がある。ただ，そのような移動がないと仮定した場合，$h(\mathbf{x}^{(i)})$, $\theta_c$, $\theta_i$, $b$ の変化量 $\Delta h(\mathbf{x}^{(i)})$, $\Delta \theta_c$, $\Delta \theta_i$, $\Delta b$ は式 (5.83), (5.84) より以下のように表される。

$$\Delta h(\mathbf{x}_i) = K(\mathbf{x}^{(c)}, \mathbf{x}^{(i)}) \Delta \theta_c + \sum_{j=1}^{n} K(\mathbf{x}^{(j)}, \mathbf{x}^{(i)}) \Delta \theta_j + \Delta b \qquad (5.90)$$

$$\Delta \theta_c + \sum_{j=1}^{n} \Delta \theta_j = 0 \qquad (5.91)$$

式 (5.85), (5.87), (5.89) より E および R のデータでは $\theta_i$ が変化しないため，式 (5.90) は

$$\Delta h(\mathbf{x}^{(i)}) = K(\mathbf{x}^{(c)}, \mathbf{x}^{(i)}) \Delta \theta_c + \sum_{j \in S} K(\mathbf{x}^{(j)}, \mathbf{x}^{(i)}) \Delta \theta_j + \Delta b \qquad (5.92)$$

と変形できる。

式 (5.86), (5.88) より S のデータでは $h(\mathbf{x}^{(i)})$ が変化しないため

$$\sum_{j \in S} K(\mathbf{x}^{(j)}, \mathbf{x}^{(i)}) \Delta \theta_j + \Delta b = -K(\mathbf{x}^{(c)}, \mathbf{x}^{(i)}) \Delta \theta_c \qquad \forall i \in S \qquad (5.93)$$

$$\sum_{j \in S} \Delta \theta_j = -\Delta \theta_c \qquad (5.94)$$

となる。式 (5.92), (5.95), (5.96) より，$\Delta \theta_c$, $\Delta \theta_i$, $\Delta b$ は以下のように表現

できる。
$$\Delta b = \delta \Delta \theta_c \tag{5.95}$$
$$\Delta \theta_i = \delta_i \Delta \theta_c, \quad \forall i \in S \tag{5.96}$$
ただし
$$\begin{bmatrix} \delta \\ \delta_{S_1} \\ \vdots \\ \delta_{S_M} \end{bmatrix} = - \begin{bmatrix} 0 & 1 & \cdots & 1 \\ 1 & K_{S_1 S_1} & \cdots & K_{S_1 S_M} \\ \vdots & \vdots & \ddots & \vdots \\ 1 & K_{S_M S_1} & \cdots & K_{S_M S_M} \end{bmatrix}^{-1} \begin{bmatrix} 1 \\ K_{S_1 c} \\ \vdots \\ K_{S_M c} \end{bmatrix} \tag{5.97}$$
$$\delta_i = 0, \quad \forall i \notin S \tag{5.98}$$
である。ここで $M$ は $S$ のデータ数であり，$K_{ij}$ は
$$K_{ij} = K(\mathbf{x}^{(j)}, \mathbf{x}^{(i)}) \tag{5.99}$$
で表される。式 (5.92)，(5.95)，(5.96) より，E および R における $\Delta h(\mathbf{x}^{(i)})$ は下記のように変形される。
$$\begin{aligned}\Delta h(\mathbf{x}^{(i)}) &= K(\mathbf{x}^{(c)}, \mathbf{x}^{(i)})\Delta \theta_c + \sum_{j \in S} K(\mathbf{x}^{(j)}, \mathbf{x}^{(i)})\Delta \theta_j + \Delta b \\ &= K(\mathbf{x}^{(c)}, \mathbf{x}^{(i)})\Delta \theta_c + \sum_{j \in S} K(\mathbf{x}^{(j)}, \mathbf{x}^{(i)})\delta_j \Delta \theta_c + \delta \Delta \theta_c \\ &= \left( K(\mathbf{x}^{(c)}, \mathbf{x}^{(i)}) + \sum_{j \in S} K(\mathbf{x}^{(j)}, \mathbf{x}^{(i)})\delta_j + \delta \right)\Delta \theta_c \\ &= \gamma \Delta \theta_c \end{aligned} \tag{5.100}$$
ただし
$$\gamma = K(\mathbf{x}^{(c)}, \mathbf{x}^{(i)}) + \sum_{j=1}^{n} K(\mathbf{x}^{(j)}, \mathbf{x}^{(i)})\delta_j + \delta \tag{5.101}$$
である。

式 (5.96)，(5.100) より各データにおける $\Delta \theta_c$ は
$$\Delta \theta_c = \delta_i^{-1} \Delta \theta_i, \quad \forall i \in S \tag{5.102}$$
$$\Delta \theta_c = \gamma^{-1} \Delta h(\mathbf{x}^{(i)}), \quad \forall i \notin S \tag{5.103}$$
となる。式 (5.102)，(5.103) によりデータごとに，現状の領域から別の領域に移動するための $\Delta \theta_i$ の絶対値の最小値を計算する。つまり E のデータであれば S に，S のデータであれば E または R に，R のデータであれば S に移動

しうる．各データで計算された $\Delta\theta_i$ の中で絶対値が最小となるデータを実際に移動する．この $\Delta\theta_i$ の絶対値の計算および $\Delta\theta_i$ の中で絶対値が最小となるデータの移動を，全データが式 (5.85) ～ (5.89) の KKT 条件を満たすまで繰り返し行う．モデル構築用データからデータを除去する場合も同様の繰返し計算を行い，KKT 条件を満たした時点で終了する．

## 5.13 Least Absolute Shrinkage and Selection Operator（LASSO）法

LASSO 法[78]は縮小推定法の一つであり，回帰係数 **b** の決定には，最小二乗法による回帰分析において正則化項を加えた，以下の式を最小化する．

$$\frac{1}{2}\|\mathbf{y} - \mathbf{Xb}\|^2 + \frac{\lambda}{2}\sum_{i=1}^{p}|b_i| \tag{5.104}$$

これにより，式 (5.34) と同様の回帰式を得ることができる．LASSO 法においては，$\lambda$ が十分に大きいときに式 (5.107) の第 2 項の影響により，各変数に対応する **b** の値が 0 になることがあるため，0 となる変数を除去することで変数選択が達成される．式 (5.107) の最小化問題は，以下の式の最小化問題と同等である．

$$\frac{1}{2}\|\mathbf{y} - \mathbf{Xb}\|^2 \tag{5.105}$$

ただし制約条件は

$$\sum_{i=1}^{p}|b_i| \leq \eta \tag{5.106}$$

である．ここで，$\eta$ はある定数である．本書では $\eta$ の値を 0 から 0.5 ずつ 10 まで変化させ，$r_{\mathrm{CV}}^2$（5.19 節参照）の値が最も大きい $\eta$ の値を採用した．

## 5.14 Stepwise 法による変数選択

Stepwise 法は，ある評価値を基準にして，逐次一つずつ変数の追加・削除を繰り返す変数選択手法である．モデル構築においては最小二乗法による線形

重回帰分析が用いられる。現状の変数によって構築されたモデルの評価値と，一つ変数を追加，または削除した場合に構築されたモデルの評価値とを比較することで，ある変数を追加するか，除去するかを決定する。

今回は，評価値として Mallows'Cp（Cp）[187]，Akaike's Information Criterion（AIC）[188]，Bayesian Information Criterion（BIC）[189]，$RMSE_{CV}$ を用いることで，stepwise 法の多様性を考慮した。さらに，変数がない状況からスタートする Forward-Backward stepwise（FB）と，すべての変数からスタートする Backward-Forward stepwise（BF）の両方を行った。それぞれ，評価値が改善されない場合に終了とした。

## 5.15 Genetic Algorithm-based PLS（GAPLS）法

遺伝的アルゴリズム（Genetic Algorithm，GA）[157]とは，生物の遺伝の様子を模倣した最適化手法である。0と1で表現された染色体に対し，突然変異や交叉といった操作を行い，新たな染色体を作り出す。そして各染色体について評価値を計算し，淘汰，選択を行う。これによって，優れた個体の周辺の空間が優先的に探索され，結果として最適に近い解が効率良く発見可能である。

GAPLS 法[80]とは，GA を用いた変数選択手法である。染色体の各ビットに **X** の各変数を割り当て，最適な PLS モデルを与える変数の組を探索する。染色体の評価関数としては，$N$-fold クロスバリデーションを行った際の $r_{CV}^2$ 値（5.19 節参照）を用いる。これにより，予測精度の高いモデルを構築することのできる変数の組合せが得られる。

## 5.16 Genetic Algorithm-based WaveLength Selection(GAWLS)法

GAWLS 法は GA を用いてモデルの $r_{CV}^2$ 値（5.19 節参照）を大きくする説明変数の組を領域単位で選び出す変数選択法である。おもにスペクトル解析の分野で用いられるが，本書ではプロセスの動特性を考慮した変数選択に応用され

ている（4.4.1項参照）。図 5.3 に GAWLS 法におけるコーディング法を示す。GAWLS 法では二つの実数値を用いて一つの変数領域を表現することで，モデル作成に必要な重要な変数を領域単位で選択することができる。染色体の適合度（評価関数）としては，GAPLS 法と同様に染色体に表現された波長領域について PLS 解析を行った後の $r_\text{CV}^2$ 値を用いる。

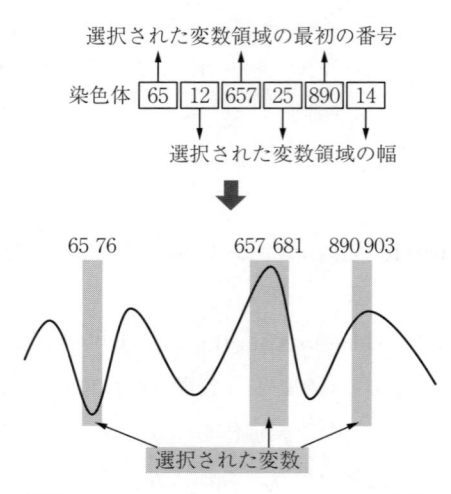

図 5.3 GAWLS 法におけるコーディング法

## 5.17 $k$-Nearest Neighbor（$k$-NN）法

$k$-NN 法はクラス分類手法の一つである。特徴は情報を圧縮せずに記憶し，それを基に分類を行うことである。あるデータのクラスを決定する際に，そのデータに対して最も近い $k$ 個のデータを取り出し，それら $k$ 個のデータの中で最も多いクラスとする手法である。データの次元があまり大きくない場合には，データの分布がまとまっていなくても良い予測性能を持つことが知られている。モデルはパラメータ $k$ の設定によって柔軟性が変化し，$k$ が大きいほど識別率は落ちるが，頑健なモデルとなりやすい。

## 5.18 One-Class SVM（OCSVM）法

OCSVM法[89]とは，SVMを領域判別問題に応用した手法であり，与えられたデータから高密度領域を推定可能である。カーネル関数を用いることで外れ値が原点付近に集まることを利用している。

OCSVM法において，モデル構築用データにおける$\mathbf{X}$のあるデータを$\mathbf{x}^{(i)}$としたときに識別関数$f$は，以下の式で表すことができる。

$$f(\mathbf{x}^{(i)}) = \phi(\mathbf{x}^{(i)})\mathbf{w} - b \tag{5.107}$$

ここで，$\phi$はある非線形関数，$\mathbf{w}$はウェイトベクトル，$b$は定数項である。$f(\mathbf{x}^{(i)}) > 0$のときに$\mathbf{x}^{(i)}$が高密度領域に含まれると判定する。OCSVMにおいては，式(5.108)の値を最小化するように学習が行われる。

$$\frac{1}{2}\|\mathbf{w}\|^2 + \frac{1}{\nu n}\sum_{i=1}^{n}\xi_i - b \tag{5.108}$$

$n$はデータ数である。ただし制約条件は

$$\left.\begin{array}{l} \phi(\mathbf{x}^{(i)})\mathbf{w} \geqq b - \xi_i \\ \xi_i \geqq 0 \end{array}\right\} \tag{5.109}$$

である。ここで$\nu$，$\xi_i$はそれぞれSVMと同様のサポートベクターの割合の下限を表すパラメータ・スラック変数である。$\nu \in (0, 1]$はモデル構築用データにおける外れデータ（$f(\mathbf{x}^{(i)}) \leqq 0$のデータ）の割合としても解釈され，$\nu$を基準に得られる領域の範囲を見積もることができる。ラグランジュの未定乗数法を用いて，ラグランジュ乗数$\alpha_i$，$\beta_i$（$i=1, 2, \cdots, n$）を導入すると

$$G = \frac{1}{2}\|\mathbf{w}\|^2 + \frac{1}{\nu n}\sum_{i=1}^{n}\xi_i - b - \sum_{i=1}^{n}\alpha_i\left\{\phi(\mathbf{x}^{(i)})\mathbf{w} - b + \xi_i\right\} - \sum_{i=1}^{n}\beta_i\xi_i \tag{5.110}$$

が得られる。よって$\mathbf{w}$，$b$，$\xi_i$に関して$G$を最小化し，$\alpha_i$，$\beta_i$に関して$G$を最大化すればよい。$\mathbf{w}$，$b$，$\xi_i$のそれぞれで$G$を偏微分して0とした式をまとめると以下の式が得られる。

$$\mathbf{w} = \sum_{i=1}^{n}\alpha_i\phi(\mathbf{x}^{(i)})^\mathrm{T} \tag{5.111}$$

$$\sum_{i=1}^{n}\alpha_i = 1 \tag{5.112}$$

$$\alpha_i + \beta_i = \frac{1}{\nu n} \quad (i=1, 2, \cdots, n) \tag{5.113}$$

これらを式 (5.110) に代入すると

$$G = -\frac{1}{2}\sum_{i=1}^{n}\sum_{j=1}^{n}\alpha_i\alpha_j K(\mathbf{x}^{(i)}, \mathbf{x}^{(j)}) \tag{5.114}$$

となる。ただし $K$ は式 (5.62) のカーネル関数である。$\alpha_i$, $\beta_i$ はラグランジュ定数であることから $\alpha_i \geqq 0$, $\beta_i \geqq 0$ であり,$\beta_i \geqq 0$ と式 (5.113) から $\alpha_i \leqq 1/\nu n$ である。けっきょく,以下の制約の下で式 (5.114) の $G$ を $\alpha_i$ に対して最大化する 2 次計画問題になっている。

$$0 \leqq \alpha_i \leqq \frac{1}{\nu n} \tag{5.115}$$

$$\sum_{i=1}^{n}\alpha_i = 1 \tag{5.116}$$

これにより $\alpha_i$ が求められ,式 (5.62),(5.107),(5.111) より $\mathbf{X}$ の新しいデータ $\mathbf{x}$ の判別結果は以下の式で与えられる。

$$f(\mathbf{x}) = \sum_{i=1}^{n}\alpha_i K(\mathbf{x}^{(i)}, \mathbf{x}) - b \tag{5.117}$$

$\alpha_i$ が 0 以外の値を取るモデル構築用データをサポートベクターと呼ぶ。サポートベクターのみで判別関数 $f$ が決定される。式 (5.117) における $b$ は,サポートベクターを $\mathbf{x}^{(S)}$ とすると以下の式で与えられる。

$$b = \sum_{i=1}^{n}\alpha_i K(\mathbf{x}^{(i)}, \mathbf{x}^{(S)}) \tag{5.118}$$

OCSVM 法でも SVM 法,SVR 法と同様に,式 (5.107) で導入した非線形関数 $\phi$ を定める必要はなく,その内積であるカーネル関数(式 (5.61) 参照)のみ設定すればよい。本書では,SVM と同様にガウシアンカーネル(式 (5.67) 参照)を使用している。OCSVM を構築するための最適化プログラムとして,SVM,SVR と同様に LIBSVM[186] が有名である。

以上より,OCSVM の構築のためには $\nu$,$\gamma$ を事前に設定しなければならな

い。本書では，$\nu$, $\gamma$にそれぞれ値の候補を設定してグリッドサーチを行い，クロスバリデーションを行った際の正解率が最も高い$\nu$, $\gamma$の組を使用した。

## 5.19 各種統計量

回帰モデルの精度，予測精度の指標として，本書では$r^2$値・$r_{\mathrm{CV}}^2$値・$RMSE$値・$RMSE_{\mathrm{CV}}$値を用いた。$r^2$値・$r_{\mathrm{CV}}^2$値・$RMSE$値・$RMSE_{\mathrm{CV}}$値は以下のように定義される。

$$r^2 = 1 - \frac{\sum_{i=i}^{n}\left(y_{\mathrm{obs}}^{(i)} - y_{\mathrm{calc}}^{(i)}\right)^2}{\sum_{i=i}^{n}\left(y_{\mathrm{obs}}^{(i)} - \overline{y}\right)^2} \tag{5.119}$$

$$r_{\mathrm{CV}}^2 = 1 - \frac{\sum_{i=i}^{n}\left(y_{\mathrm{obs}}^{(i)} - y_{\mathrm{pred}}^{(i)}\right)^2}{\sum_{i=i}^{n}\left(y_{\mathrm{obs}}^{(i)} - \overline{y}\right)^2} \tag{5.120}$$

$$RMSE = \sqrt{\frac{\sum_{i=i}^{n}\left(y_{\mathrm{obs}}^{(i)} - y_{\mathrm{calc}}^{(i)}\right)^2}{n}} \tag{5.121}$$

$$RMSE_{\mathrm{CV}} = \sqrt{\frac{\sum_{i=i}^{n}\left(y_{\mathrm{obs}}^{(i)} - y_{\mathrm{pred}}^{(i)}\right)^2}{n}} \tag{5.122}$$

ここで，$n$はデータ数，$y_{\mathrm{obs}}$は$y$の実測値，$y_{\mathrm{calc}}$は$y$の計算値，$y_{\mathrm{pred}}$は leave-one-out 法によるクロスバリデーションや $N$-fold クロスバリデーションを行った際の $y$ の予測値を表す。例えば $N$-fold クロスバリデーションの場合は，全データを $N$ 個の部分集合に分割して一つをモデル検証用データ，残り $(N-1)$ 個をモデル構築用データとして，モデル検証用データの **y** の予測値を計算する。これを $N$ 個の部分集合すべてが 1 回モデル検証用データになるまで繰り返すことで，全データの **y** の予測値が得られる。この予測値と実測値との間で計算された $r^2$, $RMSE$ が $r_{\mathrm{CV}}^2$, $RMSE_{\mathrm{CV}}$ である。$r_{\mathrm{CV}}^2$, $RMSE_{\mathrm{CV}}$ を使用することでモデルの予測性能の評価および適切なモデル選択が可能となる。なお，

$N$ をデータ数とした場合が leave-one-out 法によるクロスバリデーションである。

$r^2$ 値が 1 に近いほど，$RMSE$ 値が 0 に近いほどモデルの精度は高く，$r_{CV}^2$ 値が 1 に近いほど，$RMSE_{CV}$ 値が 0 に近いほどモデルの予測性は高いといえる。$r_{CV}^2$ を計算するためにはクロスバリデーションを行わなければならず，OSVR 法（5.12 節参照）のようにモデルを更新する場合に使用できない。そこでクロスバリデーションを行う必要のない，データの中点に基づく予測精度の指標も開発されている[190]。

回帰モデルの外部データに対する予測性の指標として，$r_P^2$ 値，$RMSE_P$ 値を用いた。$r_P^2$ はモデル検証用データを用いたときの $r^2$ であり，$RMSE_P$ は $r_P^2$ に対応する $RMSE$ である。$r_P^2$ 値が 1 に近いほど，$RMSE_P$ 値が 0 に近いほど外部データに対するモデルの予測性能は高いといえる。なお，対象とするデータが外部データであることが明らかな場合は，$r_P^2$，$RMSE_P$ をそれぞれ $r^2$，$RMSE$ と記載した。

# 引用・参考文献

1) 金子弘昌, 船津公人：Membrane Bioreactor における膜差圧予測モデル構築手法の開発, J. Comput. Chem., Jpn., **10**, 4, pp.131-140（2011）
2) 成 敬模, 金子弘昌, 船津公人：膜分離活性汚泥法における長期的膜差圧予測モデルの構築, J. Comput. Aided Chem., **13**, 1, pp.10-19（2012）
3) H. Kaneko and K. Funatsu：Visualization of Models Predicting Transmembrane Pressure Jump for Membrane Bioreactor, Ind. Eng. Chem. Res., **51**, 28, pp.9679-9686（2012）. DOI：10.1021/ie300727t
4) L. H. Chiang, E. L. Russell, and R. D. Braatz：Fault detection and diagnosis in industrial systems, London, Springer（2001）
5) 橋本伊織, 長谷部伸治, 加納 学：プロセス制御工学, 朝倉書店（2002）
6) 大嶋正裕：プロセス制御システム, コロナ社（2003）
7) ヤン・M. マチエヨフスキー著, 足立修一, 管野政明訳：モデル予測制御—制約のもとでの最適制御, 東京電機大学出版局（2005）
8) P. Kadlec, B. Gabrys, S. Strandt：Data-driven soft sensors in the process industry, Comput. Chem. Eng., **33**, pp.795-814（2009）
9) 日本学術振興会プロセスシステム工学第143委員会ワークショップNo.29「ソフトセンサー」2010年6月アンケート調査結果
10) 大北和弘：ソフトセンサーによる化学プラントの運転・品質管理 日本化学会情報化学部会誌, **24**, pp.31-33（2006）
11) M. Kano, K. Miyazaki, S. Hasebe, and I. Hashimoto：Inferential control system of distillation compositions using dynamic partial least squares regression, J. Process Control, **10**, pp.157-166（2000）
12) L. Fortuna, S. Graziani, and M. G. Xibilia：Soft sensors for product quality monitoring in debutanizer distillation columns, Control Eng. Practice, **13**, pp.499-508（2005）
13) L. Fortuna, P. Giannone, S. Graziani, and M. G. Xibilia：Virtual instruments based on stacked neural networks to improve product quality monitoring in a refinery, IEEE Trans. Instr. Meas., **56**, pp.95-101（2007）

14) B. Joseph and C. B. Brosilow : Inferential control of processes : Part I, Steady state analysis and design, AIChE J., **24**, pp.485-492 (1978)

15) T. Mejdell and S. Skogestad : Estimation of distillation compositions from multiple temperature measurements using partial-least-squares regression, Ind. Eng. Chem. Res., **30**, pp.2543-2555 (1991)

16) T. Mejdell and S. Skogestad : Composition estimator in a pilot-plant distillation column using multiple temperatures, Ind. Eng. Chem. Res., **30**, pp.2555-2564 (1991)

17) T. Mejdell and S. Skogestad : Output estimation using multiple secondary measurements : High-purity distillation, AIChE J., **39**, pp.1641-1653 (1993)

18) J. V. Kresta, T. E. Marlin, and J. F. MacGregor : Development of inferential process models using PLS, Comp. Chem. Eng., **18**, pp.597-611 (1994)

19) M. J. Kim, Y. H. Lee, I. S. Han, and C. H. Han : Clustering-based hybrid soft sensor for an industrial polypropylene process with grade changeover operation, Ind. Eng. Chem. Res., **44**, pp.334-342 (2005)

20) R. Sharmin, U. Sundararaj, S. Shah, L. V. Griend, and Y. J. Sun : Inferential sensors for estimation of polymer quality parameters : Industrial application of a PLS-based soft sensor for a LDPE plant, Chem. Eng. Sci., **61**, pp.6372-6384 (2006)

21) J. Shi, X. G. Liu, and Y. X. Sun : Melt index prediction by neural networks based on independent component analysis and multi-scale analysis, Neurocomputing, **70**, pp.280-287 (2006)

22) D. E. Lee, J. H. Song, S. O. Song, and E. S. Yoon : Weighted Support Vector Machine for Quality Estimation in the Polymerization Process, Ind. Eng. Chem. Res., **44**, pp.2101-2105 (2005)

23) J. Shi and X. G. Liu : Melt Index Prediction by Weighted Least Squares Support Vector Machines, J. Appl. Polym. Sci., **101**, pp.285-289 (2006)

24) K. B. McAuley and J. F. MacGregor : On-line inference of polymer properties in an industrial polyethylene reactor, AIChE J., **37**, pp.825-835 (1991)

25) J. L. Liu : On-line soft sensor for polyethylene process with multiple production grades, Control Eng. Practice, **15**, pp.769-778 (2007)

26) I. Lukec, K. S. Bionda, and D. Lukec : Prediction of sulphur content in the industrial hydrotreatment process, Fuel Process. Technol., **89**, pp.292-300 (2008)

27) A. Hagedorn, R. L. Legge, and H. Budman : Evaluation of spectrofluorometry as a tool for estimation in fed-batch fermentations, Biotechnol. Bioeng., **83**, pp.104-

111 (2003)

28) P. Dacosta, C. Kordich, D. Williams, and J. B. Gomm：Estimation of inaccessible fermentation states with variable inoculum sizes, Artif. Intell. Eng., **11**, pp.383-392 (1997)
29) L. Z. Chen, S. K. Nguang, X. M. Li, and X. D. Chen：Soft sensors for on-line biomass measurements, Bioprocess Biosyst. Eng., **26**, pp.191-195 (2004)
30) C. Karakuzu, M. Turker, and S. Ozturk：Modelling, on-line state estimation and fuzzy control of production scale fed-batch baker's yeast fermentation, Control Eng. Practice, **14**, pp.959-974 (2006)
31) Y. Kim, H. Bae, K. Poo, J. Kim, T. Moon, S. Kim, and C. Kim：Soft sensor using PNN model and rule base for wastewater treatment plant, Lecture Notes in Computer Science, **3973**, pp.1261-1269 (2006)
32) 澁澤 栄：精密農業，朝倉書店 (2006)
33) 河村智史，荒川正幹，船津公人：遺伝的アルゴリズムを用いた波長領域選択手法の開発，J. Comput. Aided Chem., **7**, pp.10-17 (2006)
34) 安藤正哉，荒川正幹，船津公人：可視および近赤外スペクトルを用いた土壌成分値予測モデルの構築，J. Comput. Aided Chem., **10**, pp.53-62 (2009)
35) 山下洋輔，荒川正幹，船津公人：近赤外スペクトルを用いた果物の内部品質解析，J. Comput. Aided Chem., **12**, pp.37-46 (2011)
36) M. Arakawa, Y. Yamashita, and K. Funatsu：Genetic algorithm-based wavelength selection method for spectral calibration, J. Chemom., **25**, pp.10-19 (2011)
37) 宮尾知幸，荒川正幹，船津公人：爆発物検出における統合モデルの構築，安全工学，**49**, pp.11-19 (2010)
38) P. Yuan, Z. Z. Mao, and F. L. Wang：Endpoint Prediction of EAF Based on Multiple Support Vector Machines, J. Iron Steel Res., **14**, pp.20-24 (2007)
39) D. Sbarbaro, P. Ascencio, P. Espinoza, F. Mujica, and G. Cortes：Adaptive soft-sensors for on-line particle size estimation in wet grinding circuits, Control Eng. Practice, **16**, pp.171-178 (2008)
40) S. J. Qin, H. Y. Yue, and R. Dunia：Self-validating inferential sensors with application to air emission monitoring, Ind. Eng. Chem. Res., **36**, pp.1675-1685 (1997)
41) B. G. J. Massart and O. M. Kvalheim：Ozone forecasting from meteorological variables, Predictive models by moving window PLS, Chemom. Intell. Lab. Syst., **42**, pp.179-190 (1998)

42) A. A. Khan, J. R. Moyne, and D. M. Tilbury：Virtual metrology and feedback control for semiconductor manufacturing processes using recursive partial least squares, J. Process Control, 18, pp.961-974（2008）
43) M. Kano, N. Showchaiya, S. Hasebe, and I. Hashimoto：Inferential control of distillation compositions：selection of model and control configuration, Control Eng. Practice, 11, pp.927-933（2003）
44) 加藤正朗，金子弘昌，船津公人：目的変数間の関係を活用したモデル劣化低減手法の開発，化学工学会第44回秋季大会（2012）
45) H. Kaneko, M. Arakawa, and K. Funatsu：Development of a new soft sensor method using independent component analysis and partial least squares, AIChE J., 55, pp.87-98（2009）
46) 金子弘昌，荒川正幹，船津公人：高精度ソフトセンサー開発のための独立成分分析とサポートベクターマシンを組み合わせた新規異常値検出手法の提案，化学工学論文集，35, pp.382-389（2009）
47) H. Kaneko, M. Arakawa, and K. Funatsu：Applicability domains and accuracy of prediction of soft sensor models, AIChE J., 57, pp.1506-1513（2011）
48) J. Gasteiger, T. Engel著，船津公人，佐藤寛子，増井秀行訳：ケモインフォマティックス―予測と設計のための化学情報学，丸善（2005）
49) 宮下芳勝，佐々木慎一：ケモメトリックス―化学パターン認識と多変量解析，共立出版（1995）
50) 植村圭祐，荒川正幹，船津公人：ケモインフォマティックス手法による新規触媒候補の提案，J. Comput. Aided Chem., 7, pp.69-77（2006）
51) 後藤 俊，荒川正幹，船津公人：ポリマー設計のための物性推算法と逆解析手法の開発，J. Comput. Aided Chem., 10, pp.30-37（2009）
52) 山城直也，宮尾知幸，荒川正幹，船津公人：二酸化炭素吸収液のためのアルカノールアミン構造の設計，J. Comput. Aided Chem., 10, pp.96-103（2009）
53) 荒川正幹，金子弘昌，船津公人：QSAR/QSPR モデルの逆解析と適用範囲，日本化学会情報化学部会誌，27, pp.69-73（2009）
54) T. Miyao, M. Arakawa, and K. Funatsu：Exhaustive Structure Generation for Inverse-QSPR/QSAR, Mol. Inf., 29, pp.111-125（2010）
55) 前田祐希，船津公人：流体シミュレーションおよび統計手法を用いた光電極による水素製造装置の設計，J. Comput. Aided Chem., 12, pp.1-10（2011）
56) 三島和晃，金子弘昌，船津公人：予測性を考慮した新規回帰分析手法の開発および二酸化炭素分離回収に用いるアミン化合物の分子設計，J. Comput.

Aided Chem., **14**, pp.1-10（2013）

57) T. Kishio, H. Kaneko, and K. Funatsu：Strategic Parameter Search Method Based on Prediction Errors and Data Density for Efficient Product Design, Chemom. Intelli. Lab. Syst., **127**, 1, pp.70-79（2013）

58) 木村一平，金子弘昌，船津公人：ソフトセンサーを用いた新規プロセス制御手法の開発，第 13 回計測自動制御学会制御部門大会（2013）

59) 岩本睦夫，河野澄夫，魚住 純：近赤外分光法入門，幸書房（2007）

60) A. Savitzky and M. J. E. Golay：Smoothing and Differentiation of Data by Simplified Least Squares Procedures, Anal. Chem., **36**, 8, pp.1627-1639（1964）

61) 吉村季織，高柳正夫：Microsoft Excel を用いたケモメトリクス計算（5），J. Comput. Chem. Jpn., **11**, 3, pp.149-158（2012）

62) J. H. Bramble and S. R. Hilbert：Bounds for a class of linear functionals with applications to hermite interpolation, Numerische Mathematik, **16**, pp.362-369（1971）

63) H. Kaneko, M. Arakawa, and K. Funatsu：Novel soft sensor method for detecting completion of transition in industrial polymer processes, Comput. Chem. Eng., **35**, pp.1135-1142（2011）

64) H. Kaneko and K. Funatsu：A Soft Sensor Method Based on Values Predicted from Multiple Intervals of Time Difference for Improvement and Estimation of Prediction Accuracy, Chemom. Intell. Lab. Syst., **109**, 2, pp.197-206（2011）

65) K. B. McAuley and J. F. MacGregor：On-line inference of polymer properties in an industrial polyethylene reactor. AIChE J., **37**, pp.825-835（1991）

66) http://www.omegasim.co.jp/product/vm/index.htm（2014 年 4 月現在）

67) 豊田秀樹編著：マルコフ連鎖モンテカルロ法，朝倉書店（2008）

68) F. R. Hampel：The influence curve and its role in robust estimation, J. Amer. Statist. Assoc., **69**, pp.382-393（1974）

69) R. K. Perarson：Outliers in process modeling and identification, IEEE Trans. Control Syst. Technol., **10**, pp.55-63（2002）

70) S. Wold M. Sjöström, and L. Eriksson：PLS-regression：a basic tool of chemometrics, Chemom. Intell. Lab. Syst., **58**, pp.109-130（2001）

71) C. M. Bishop：Pattern recognition and machine learning, New York：Springer（2006）

72) C. M. Bishop 著，元田 浩，栗田多喜夫，樋口知之，松本裕治，村田 昇監訳：パターン認識と機械学習 上，丸善（2007）

73) C. M. Bishop 著，元田 浩，栗田多喜夫，樋口知之，松本裕治，村田 昇監訳：パターン認識と機械学習 下，丸善（2008）
74) M. S. Tun, S. Lakshminarayanan, and G. Emoto：Data selection and regression method and its application ot softsensing using multirate industrial data, J. Chem. Eng. Jpn., **41**, pp.374-383（2008）
75) S. Wold：Principal component analysis, Chemom. Intell. Lab. Syst., **2**, pp.37-52（1987）
76) M. J. Kim, Y. H. Lee, I. S. Han, and C. H. Han：Clustering-based hybrid soft sensor for an industrial polypropylene process with grade changeover operation, Ind. Eng. Chem. Res., **44**, pp.334-342（2005）
77) M. Kano and K. Fujiwara：Virtual Sensing Technology in Process Industries：Trends and Challenges Revealed by Recent Industrial Applications, J. Chem. Eng. Jpn., **46**, pp.1-17（2013）
78) R. Tibshirani：Regression shrinkage and selection via the lasso, Stat. Soc., **58**, pp.267-288（1996）
79) R. R. Hocking：The analysis and selection of variables in linear regression, Biometrics, **32**, pp.1-49（1976）
80) K. Hasegawa, Y. Miyashita, and K. Funatsu：GA strategy for variable selection in QSAR studies：GA-based PLS analysis of calcium channel antagonists, J. Chem. Inf. Comput. Sci., **37**, pp.306-310（1997）
81) 金子弘昌，荒川正幹，船津公人：独立成分分析と遺伝的アルゴリズムを用いた新規回帰分析手法の開発，J. Comput. Aided. Chem., **8**, pp.41-49（2007）
82) H. Kaneko, M. Arakawa, and K. Funatsu：Development of a new regression analysis method using independent component analysis, J. Chem. Inf. Model., **48**, pp.534-541（2008）
83) I. V. Tetko, P. Bruneau, H. W. Mewes, D. C. Rohrer, and G. I. Poda：Can we estimate the accuracy of ADME-Tox predictions?, Drug Discovery Today, **11**, pp.700-707（2006）
84) T. W. Schultz, M. Hewitt, T. I. Netzeva, and M. T. D. Cronin：Assessing applicability domains of toxicological QSARs：definition, confidence in predicted values, and the role of mechanisms of action, QSAR Comb. Sci., **26**, pp.238-254（2007）
85) H. Zhu, A. Tropsha, D. Fourches, A. Varnek, E. Papa, P. Gramatica, T. Oberg, P. Dao, A. Cherkasov, and I. V. Tetko：Combinatorial QSAR modeling of chemical

toxicants tested against Tetrahymena pyriformis, J. Chem. Inf. Model., **48**, pp.766-784（2008）

86) I. V. Tetko, I. Sushko, A. K. Pandey, H. Zhu, A. Tropsha, E. Papa, T. Öberg, R. Todeschini, D. Fourches, and A. Varnek：Critical assessment of QSAR models of environmental toxicity against Tetrahymena pyriformis: Focusing on applicability domain and overfitting by variable selection, J. Chem. Inf. Model., **48**, pp.1733-1746（2008）

87) D. Horvath, G. Marcou, and A. Varnek：Predicting the predictability：A unified approach to the applicability domain problem of QSAR models, J. Chem. Inf. Model., **49**, pp.1762-1776（2009）

88) I. Sushko, S. Novotarskyi, R. Korner, A. K. Pandey, V. V. Kovalishyn, V. V. Prokopenko, and I. V. Tetko：Applicability domain for in silico models to achieve accuracy of experimental measurements. J. Chemom., **24**, pp.202-208（2010）

89) I. I. Baskin, N. Kireeva, and A. Varnek：The one-class classification approach to data description and to models applicability domain, Mol. Inf., **29**, pp.581-587（2010）

90) I. Sushko, et al.：Applicability Domains for Classification Problems：Benchmarking of Distance to Models for Ames Mutagenicity Set, J. Chem. Inf. Model., **50**, 12, pp.2094-2111（2010）

91) H. Kaneko and K. Funatsu：Applicability Domain of Soft Sensor Models Based on One-Class Support Vector Machine, AIChE J., **59**, 6, pp.2046-2050（2013）

92) H. Kaneko and K. Funatsu：Estimation of Predictive Accuracy of Soft Sensor Models Based on Data Density, Chemom. Intell. Lab. Syst., **128**, pp.111-117（2013）

93) H. Kaneko and K. Funatsu：Maintenance-free soft sensor models with time difference of process variables, Chemom. Intell. Lab. Syst., **107**, pp.312-317（2011）

94) H. Kaneko and K. Funatsu：Classification of the Degradation of Soft Sensor Models and Discussion on Adaptive Models, AIChE J., **59**, 7, pp.2339-2347（2013）

95) B. S. Dayal and J. F. MacGregor：Recursive exponentially weighted PLS and its applications to adaptive control and prediction, J. Process Control, **7**, pp.169-179（1997）

96) S. J. Qin：Recursive PLS algorithms for adaptive data modeling, Comput. Chem. Eng., **22**, pp.503-514（1998）

97) S. J. Mu, Y. Z. Zeng, R. L. Liu, P. Wu, H. Y. Su, and J. Chu：Online dual updating with recursive PLS model and its application in predicting crystal size of purified

terephthalic acid (PTA) process, J. Process Control, **16**, pp.557-566 (2006)

98) Y. F. Fu, H. Y. Su, and J. A. Chu : MIMO soft-sensor model of nutrient content for compound fertilizer based on hybrid modeling technique, Chin. J. Chem. Eng., **15**, pp.554-559 (2007)

99) J. L. Liu : On-line soft sensor for polyethylene process with multiple production grades, Control Eng. Practice, **15**, pp.769-778 (2007)

100) H. Kaneko and K. Funatsu : Adaptive Soft Sensor Model Using Online Support Vector Regression with the Time Variable and Discussion on Appropriate Hyperparameters and Window Size, Comput. Chem. Eng., **58**, pp.288-297 (2013)

101) C. Cheng and M. S. Chiu : A New Data-based methodology for nonlinear process modeling, Chem. Eng. Sci., **59**, pp.2801-2810 (2004)

102) K. Fujiwara, M. Kano, S. Hasebe, and A. Takinami : Soft-sensor development using correlation-based just-in-time modeling, AIChE J., **55**, pp.1754-1765 (2009)

103) S. Schaal, C. G. Atkeson, and S. Vijayakumar : Scalable techniques from onparametric statistics for real time robot learning, Appl. Intell., **17**, pp.49-60 (2002)

104) S. Kim, M. Kano, H. Nakagawa, and S. Hasebe : Estimation of active pharmaceutical ingredients content using locally weighted partial least squares and statistical wavelength selection, Int. J. Pharm., **421**, pp.269-274 (2011)

105) P. Kadlec and B. Gabrys : Architecture for development of adaptive on-line prediction models, Memetic Computing, **1**, pp.241-269 (2009)

106) P. Kadlec and B. Gabrys : Local learning-based adaptive soft sensor for catalyst activation prediction, AIChE J., **57**, pp.1288-1301 (2011)

107) G. Ratko, S. Drazen, and K. Petr : Adaptive soft sensor for online prediction and process monitoring based on a mixture of Gaussian process models, Comput. Chem. Eng., **58**, pp.84-97 (2013)

108) H. Kaneko and K. Funatsu : Development of Soft Sensor Models Based on Time Difference of Process Variables with Accounting for Nonlinear Relationship, Ind. Eng. Chem. Res., **50**, 18, pp.10643-10651 (2011)

109) J. P. Randy : Multiple outlier detection for multivariate calibration using robust statistical techniques, Chemom. Intell. Lab. Syst., **52**, pp.87-104 (2000)

110) H. Kaneko and K. Funatsu : Database Monitoring Index for Adaptive Soft Sensors and the Application to Industrial Process, AIChE J., **60**, pp.160-169 (2014)

111) F. Coletti, S. Macchietto, and G. T. Polley : Effects of fouling on performance of retrofitted heat exchanger networks, Comput. Chem. Eng., **35**, pp.907-917 (2011)

112) J. Ma, J. Theliler, and S. Perkins : Accurate on-line support vector regression, Neural Comput., **15**, pp.2683-2703 (2003)

113) S. Iplikci : Online trained support vector machines-based generalized predictive control of non-linear systems, Int. J. Adapt. Control Signal Process., **20**, pp.599-621 (2006)

114) M. C. Neto, Y. S. Jeong, M. K. Jeong, and L. D. Han : Online-SVR for short-term traffic flow prediction under typical and atypical traffic conditions, Expert Syst. Appl., **36**, pp.6164-6173 (2009)

115) F. Ernst and A. Schweikard : Forecasting respiratory motion with accurate online support vector regression, Int. J. CARS, **4**, pp.439-447 (2009)

116) O. A. Omitaomu, M. K. Jeong, and A. B. Badiru : Online support vector regression with varying parameters for time-dependent data, IEEE Trans. Syst., Man, Cybern. A, Syst., Humans, **41**, pp.191-197 (2011)

117) D. Ruppert and M. P. Wand : Multivariate Locally Weighted Least Squares Regression, Ann. Statist., **22**, 3, pp.1346-1370 (1994)

118) R. D. Maesschalck, D. Jouan-Rimbaud, and D. L. Massart : The Mahalanobis distance, Chemom. Intell. Lab. Syst., **50**, pp.1-18 (2000)

119) J. Shawe-Taylor and N. Cristianini : Kernel Methods for Pattern Analysis, Cambridge University Press (2004)

120) H. Kaneko and K. Funatsu : Discussion on Time Difference Models and Intervals of Time Difference for Application of Soft Sensors, Ind. Eng. Chem. Res., **52**, 3, pp.1322-1334 (2013)

121) 岡田剛嗣, 金子弘昌, 船津公人：モデルの予測信頼性を考慮した適応的ソフトセンサー手法の開発, J. Comput. Chem., Jpn., **11**, 1, pp.24-30 (2012)

122) H. Kaneko, S. Inasawa, N. Morimoto, M. Nakamura, H. Inokuchi, Y. Yamaguchi, and K. Funatsu : Statistical Approach to Constructing Predictive Models for Thermal Resistance Based on Operating Conditions, Ind. Eng. Chem. Res., **51**, 29, pp.9906-9912 (2012)

123) B. L. Yeap, D. I. Wilson, G. T. Polley, and S. J. Pugh : Mitigation of crude oil refinery heat exchanger fouling through retrofits based on thermohydraulic fouling models, Chem. Eng. Res. Des., **82**, pp.53-71 (2004)

124) A. P. Watkinson : Deposition from crude oils in heat exchangers, Heat Transfer

Eng., **28**, pp.177-184 (2007)
125) E. M. Ishiyama, F. Coletti, S. Macchietto, W. R. Paterson, and D. I. Wilson : Impact of deposit ageing on thermal fouling: Lumped parameter model, AIChE J., **56**, pp.531-545 (2010)
126) F. Coletti, E. M. Ishiyama, W. R. Paterson, D. I. Wilson, and S. Macchietto : Impact of deposit ageing and surface roughness on thermal fouling : Distributed model, AIChE J., **56**, pp.3257-3273 (2010)
127) F. Coletti and S. Macchietto : A dynamic, distributed model of shell-and-tube heat exchangers undergoing crude oil fouling, Ind. Eng. Chem. Res., **50**, pp.4515-4533 (2011)
128) D. I. Wilson and A.P. Watkinson : A study of autoxidation reaction fouling in heat exchangers, Can. J. Chem. Eng., **74**, pp.236-246 (1994)
129) I. C. Rose, A. P. Watkinson, and N. Epstein : Testing a mathematical model for initial chemical reaction fouling using a dilute protein solution, Can. J. Chem. Eng., **78**, pp.5-11 (2000)
130) S. Asomatning and A. P. Watkinson : Pertoleum stability and heteroatom species effects in fouling of heat exchangers by asphaltenes, Heat Transfer Eng., **21**, pp.10-16 (2000)
131) A. P. Watkinson, B. Navaneetha-Sundaram, and D. Posarac : Fouling of a sweet crude oil under inert and oxygenated conditions, Energy & Fuels, **14**, pp.64-69 (2000)
132) A. M. Fitzgerald, J. Barnes, I. Smart, and D. I. Wilson : A model experimental study of coring by palm oil fats in distribution lines, Trans. IChemE, Part C, **82**, pp.207-212 (2004)
133) R. Y. Nigo, Y. M. J. Chew, N. E. Houghton, W. R. Paterson, and D. I. Wilson : Experimental studies of freezing fouling of model food fat solutions using a novel spinning disc apparatus, Energy & Fuels, **23**, pp.6131-6145 (2009)
134) H. Yu and R. Sheikholeslami : Modeling of calcium oxalate and amorphous silica composite fouling, AIChE J., **51**, pp.1214-1220 (2005)
135) G. J. Lee, L. D. Tijing, B. C. Pak, B. J. Baek, and Y. I. Cho : Use of catalytic materials for the mitigation of mineral fouling, Int. J. Heat Mass Transfer, **33**, pp.14-23 (2006)
136) J. D. Doyle, K. Oldring, J. Churchley, and S. A. Parsons : Struvite formation and the fouling propensity of different materials, Water Res., **36**, pp.3971-3978 (2002)

137) H. U. Zettler, M. Weib, Q. Zhao, and H. Müller-Steinhagen : Influence of surface properties and characteristics on fouling in plate heat exchangers, Heat Transfer Eng., **26**, pp.3-17 (2005)

138) P. Saikhwan, T. Geddert, W. Augustin, S. Scholl, W. R. Paterson, and D. I. Wilson : Effect of surface treatment on cleaning of a model food soil, Surf. Coat. Technol., **201**, pp.943-951 (2006)

139) M. B. Lakhdar, R. Cerecero, G. Alvarez, J. Guilpart, D. Flick, and A. Lallemand : Heat transfer with freezing in a scraped surface heat exchanger, Appl. Therm. Eng., **25**, pp.45-60 (2005)

140) M. R. Malayeri and H. Müller-Steinhagen : Initiation of $CaSO_4$ scale formation on heat transfer surfaces under pool boiling conditions, Heat Transfer Eng., **28**, pp.240-247 (2007)

141) J. Aminian and S. Shahhosseini : Neuro-based formulation to predict fouling threshold in crude preheaters, Int. J. Heat Mass Transfer, **36**, pp.525-531 (2009)

142) S. S. Yang, W. C. Lu, N. Y. Chen, and Q. N. Hu : Support vector regression based QSPR for the prediction of some physicochemical properties of alkyl benzenes, J. Mol. Struct., **719**, pp.119-127 (2005)

143) G. T. Polley, D. I. Wilson, B. L. Yeap, and S. J. Pugh : Evaluation of laboratory crude oil threshold fouling data for application to refinerypreheat trains., Appl. Therm. Eng., **22**, pp.777-788 (2002)

144) M. R. J. Nasr and M. Majidi : Modeling of crude oil fouling in preheatexchangers of refinery distillation units, Appl. Therm. Eng., **26**, pp.1572-1577 (2006)

145) L. F. Melo, T. R. Bott, and C. A. Bernardo : Fouling Science and Technology Dordrecht, Kluwer Academic Publishers (1988)

146) 金子弘昌,船津公人：ソフトセンサーのためのデータベース管理指標の開発, J. Comput. Aided Chem., **14**, 1, pp.11-22 (2013)

147) P. Comon : Independent component analysis, A new concept?, Signal Processing, **36**, pp.287-314 (1994)

148) J. Chen and X. Z. Wang : A New Approach to Near-Infrared Spectral Data Analysis Using Independent Component Analysis, J. Chem. Inf. Comput. Sci., **41**, pp.992-1001 (2001)

149) X. Shao, W. Wang, Z. Hou, and W. Cai : A new regression method based on independent component analysis, Talanta, **69**, pp.676-680 (2006)

150) M. Kano, S. Tanaka, S. Hasebe, and I. Hashimoto : Monitoring independent

components for fault detection, AIChE J., **49**, pp.294-298 (2003)
151) M. Kano, S. Hasebe, I. Hashimoto, and H. Ohno : Evolution of multivariate statistical process control : application of independent component analysis and external analysis, Comput. Chem. Eng., **28**, pp.1157-1166 (2004)
152) J. M. Lee, C. K. Yoo, and I. B. Lee : Statistical monitoring of dynamic processes based on dynamic independent component analysis, Chem. Eng. Sci., **59**, pp.2995-3006 (2004)
153) J. M. Lee, S. J. Qin, and I. B. Lee : Fault detection and diagnosis based on modified independent component analysis, AIChE J., **52**, pp.3501-3514 (2006)
154) A. J. Chen, Z. H. Song, and P. Li : Soft Sensor Modeling Based on DICA-SVR, Lecture Notes in Computer Science, **3644**, pp.868-877 (2005)
155) A. Kulkarni, V. K. Jayaraman, and B. D. Kulkarni : Knowledge incorporated support vector machines to detect faults in Tennessee Eastman process, Comput. Chem. Eng., **29**, pp.2128-2133 (2005)
156) Y. Zhang : Fault detection and diagnosis of nonlinear processes using improved kernel independent component analysis (KICA) and support vector machine (SVM), Ind. Eng. Chem. Res., **47**, pp.6961-6971 (2008)
157) D. Whitley : A genetic algorithm tutorial, Stat. Comput., **4**, pp.65-85 (1994)
158) A. Raich and A. Char : Statistical process monitoring and disturbance diagnosis in multivariable continuous processes, AIChE J., **42**, pp.995-1009 (1996)
159) I. G. Chong and C. H. Jun : Performance of some variable selection methods when multicollinearity is present, Chemom. Intell. Lab. Syst., **78**, pp.103-112 (2005)
160) C. M. Andersen and R. Bro : Variable selection in regression-a tutorial, J. Chemom., **24**, pp.728-737 (2010)
161) 金子弘昌, 船津公人：波長領域選択手法を応用したソフトセンサー手法の開発, J. Comput. Chem., Jpn., **11**, 1, pp.31-42 (2012)
162) H. Kaneko and K. Funatsu : A New Process Variable and Dynamics Selection Method Based on a Genetic Algorithm-based Wavelength Selection Method, AIChE J., **58**, 6, pp.1829-1840 (2012)
163) 金子弘昌, 船津公人：Genetic Algorithm-based WaveLength Selection と Support Vector Regression を組み合わせた変数領域選択手法の開発, J. Comput. Chem., Jpn., **10**, 4, pp.122-130 (2011)
164) H. Kaneko and K. Funatsu : Nonlinear Regression Method with Variable Region

Selection and Application to Soft Sensors, Chemom. Intell. Lab. Syst., **121**, 1, pp.26-32 (2013)

165) W. Ni, S. D. Brown, and R. Man : Stacked partial least squares regression analysisfor spectral calibration and prediction, J. Chemom., **23**, pp.505-517 (2009)

166) Y. P. Du, Y. Z. Liang, J. H. Jiang, R. J. Berry, and Y. Ozaki : Anal. Chim. Acta, **501**, p.183 (2004)

167) N. Kang, S. Kasemsumran, Y. A. Woo, H. J. Kim, and Y. Ozaki : Chemometr. Intell. Lab. Syst., **82**, p.90 (2006)

168) S. Kasemsumran, Y. P. Du, K. Maruo, and Y. Ozaki : Chemom. Intell. Lab. Syst., **82**, p.97 (2006)

169) C. R. Houck, J. A. Joines, and M. G. Kay : A genetic algorithm for function optimization : A matlab implementaion ; NCSU-IE TR 95-09 ; Meta-heuristic Research and Applications Group : North Carolina State University (1995)

170) G. Li, V. Aute, and S. Azarm : An accumulative error based adaptive design of experiments for offline metamodeling, Struct. Multidiscip. O., **40**, pp.137-155 (2010)

171) L. H. Chiang, E. L. Russell, and R.D. Braatz : Fault Detection and Diagnosis in Industrial Systems, Springer (2000)

172) H. Kamohara, A. Takinami, M. Takeda, M. Kano, S. Hasebe, and I. Hashimoto : Product Quality Estimation and Operating Condition Monitoring for Industrial Ethylene Fractionator, J. Chem. Eng. Jpn., **37**, pp.422-428 (2004)

173) M. Kano, S. Tanaka, S. Hasebe, I. Hashimoto, and H. Ohno : Monitoring Independent Components for Fault Detection, AIChE J., **49**, pp.969-976 (2003)

174) H. Kaneko, M. Arakawa, and K. Funatsu : Development of a new soft sensor method using independent component analysis and partial least squares, AIChE J., **55**, pp.87-98 (2009)

175) J. M. Lee, C. K. Yoo, S. W. Choi, P. A. Vanrolleghem, and I. B. Lee : Nonlinear process monitoring using kernel principal component analysis. Chem. Eng. Sci., **59**, pp.223-234 (2004)

176) Z. Q. Ge, C. J. Yang, Z. H. Song : Improved kernel PCA-based monitoring approach for nonlinear processes, Chem. Eng. Sci., **64**, pp.2245-2255 (2009)

177) Y. Zhang, J. An, and H. Zhang : Monitoring of time-varying processes using kernel independent component analysis, Chem. Eng. Sci., **88**, pp.23-32 (2013)

178) G. Li, J. Zhao, F. Zhang, Z. Ni : Batch-to-Batch Iterative Learning Control Based

on Kernel Independent Component Regression Model, Advanced Data Mining and Applications, Lecture Notes in Computer Science, **8347**, pp.157-164（2013）
179) S. Kittiwachana, D. L. S. Ferreira, G. R. Lloyd, L. A. Fido, D. R. Thompson, R. E. A. Escott, and R. G. Brereton：One class classifiers for process monitoring illustrated by the application to online HPLC of a continuous process, J. Chemom., **24**, pp.96-110（2010）
180) J. Yu：A Support Vector Clustering-Based Probabilistic Method for Unsupervised Fault Detection and Classification of Complex Chemical Processes Using Unlabeled Data, AIChE J., **59**, pp.407-419（2013）
181) 増田泰之，金子弘昌，船津公人：ソフトセンサーを活用したプラントにおける異常の早期検出，化学工学会第45回秋季大会，岡山大学（2013年9月）
182) E. L. Russell, L. H. Chiang, and R. D. Braatz：Fault detection in industrial processes using canonical variate analysis and dynamic principal component analysis, Chemom. Intell. Lab. Syst., **51**, pp.81-93（2000）
183) A. Savitky and M. J. E. Golay：Anal. Chem., **36**, p.1627（1964）
184) 吉村季織，高柳正夫：J. Comput. Chem. Jpn., **11**, pp.149-158（2012）
185) J. A. Westerhuis, S. P. Gurden, and A. K. Smilde：Generalized contribution plots in multivariate statistical process monitoring, Chemom. Intell. Lab. Syst., **51**, pp.95-114（2000）
186) C. C. Chang and C. J. Lin：LIBSVM：a Library for Support Vector Machines (2001), Software available at http://www.csie.ntu.edu.tw/~cjlin/libsvm
187) C. L. Mallows：Some comments on Cp, Technometrics, **15**, pp.661-675（1973）
188) H. Akaike：Factor analysis and AIC, Psychometrika., **52**, pp.317-332（1987）
189) G. Schwarz：Estimating the dimension of a model, Ann. Statist., **6**, pp.461-464（1978）
190) H. Kaneko and K. Funatsu：Criterion for Evaluating the Predictive Ability of Nonlinear Regression Models without Cross-Validation, J. Chem. Inf. Model., **53**, 9, pp.2341-2348（2013）

# 索引

## 【あ】
アンサンブル予測　159
## 【い】
異常値検出モデル　104
異常値検出を考慮した
　データベース管理　108
遺伝的アルゴリズム　124, 205
## 【お】
オートスケーリング　184
オーバーフィッティング
　24, 41, 45
## 【か】
ガウシアンカーネル　198, 200
下限管理限界　185
仮想計測技術　8
過適合　24
管理限界　174
## 【き】
逆解析　21
共線性　46
局所PLS　73
近赤外光　18
## 【く】
グレイボックスモデル　9
## 【け】
ケモインフォマティクス　21
ケモメトリックス　21
## 【さ】
サポートベクターマシン　105
3シグマ法　43, 112, 169, 185

## 【し】
時間遅れ　122
時間差分　54, 150
シグマ　185
重回帰分析　192
主成分分析　173
シューハート管理図　5
上限管理限界　185
## 【す】
スケーリング　184
## 【せ】
精密農業　17
線形重回帰分析　46
センタリング　184
## 【そ】
ソフトセンサー　7
ソフトセンサー識別
　モデル　80
ソフトセンサーモデルとの
　距離　141
ソフトセンシング技術　8
## 【た】
ダイナミックシミュレータ
　26
多変量統計的プロセス管理
　173
多変量プロセス管理手法　80
単変量統計的プロセス管理
　173
単変量プロセス管理　4
## 【ち】
中央絶対偏差　186

中央値　186
## 【て】
定量的予測誤差推定手法　142
適応型モデル　51, 54
データ収集　35, 41
データセット　181
データベース（の）管理
　52, 96
データ前処理　35, 43
データ密度　160
## 【と】
統計的品質管理　185
統計モデル　9
動特性の選択　123
独立成分分析　105
トランジション　12, 115
トランジション終了判定
　モデル　116
## 【に】
二乗予測誤差　174
## 【の】
ノイズ処理　166
## 【は】
ハイブリッドモデル　9
爆発物　18
外れ値　24
外れ値検出　169
バーチャルメトロロジー　8
## 【ひ】
標準回帰係数　195
標準偏差　185

## 【ふ】

| | |
|---|---|
| ファウリング | 3, 15 |
| 物理モデル | 9, 89 |
| ブラックボックスモデル | 9 |
| プラント | 2 |
| プロセス監視 | 5 |
| プロセス管理 | 1, 4 |
| プロセス制御 | 5 |
| プロセス設計 | 55 |
| プロセス変数選択 | 124 |

## 【へ】

| | |
|---|---|
| 平滑化 | 186 |
| 平均 | 185 |
| 変数選択 | 123 |

## 【ほ】

| | |
|---|---|
| ポリマー重合プラント | 12 |
| ホワイトボックスモデル | 9 |

## 【ま】

| | |
|---|---|
| 膜分離活性汚泥法 | 3, 15 |
| マハラノビス距離 | 153, 162 |

## 【も】

| | |
|---|---|
| モデル | |
| ――の適用範囲 | 49, 114 |
| ――のメンテナンス | 52, 54 |
| ――の劣化 | 37, 50, 54 |
| モデル運用 | 50 |
| モデル解析 | 48 |
| モデル検証 | 37 |
| モデル構築 | 37, 45 |

## 【ゆ】

| | |
|---|---|
| ユークリッド距離 | 142, 153, 162 |

## 【よ】

| | |
|---|---|
| 汚れ係数 | 84 |
| 予測値の標準偏差 | 151 |

---

## 【A】

| | |
|---|---|
| Active Pharmaceutical Ingredient | 14 |
| adaptive model | 51, 54 |
| aGAVDS | 125 |
| API | 14 |
| Area Under Coverage and RMSE curve | 160 |
| AUCR | 160 |
| average GAVDS | 125 |

## 【C】

| | |
|---|---|
| $coverage$ | 155, 160 |

## 【D】

| | |
|---|---|
| Database Monitoring Index | 96 |
| Distance to Model | 141 |
| DM | 141 |
| DMI | 96 |

## 【E】

| | |
|---|---|
| ED | 142, 153 |
| Ensemble Prediction Method | 80 |
| EPM | 81 |
| Euclidian Distance | 142, 153 |

## 【G】

| | |
|---|---|
| GA | 124, 205 |
| GAPLS | 205 |
| GAVDS | 124 |
| GAVDS-SVR | 136 |
| GAWLS | 205 |
| GAWLS-SVR | 136 |
| Genetic Algorithm | 124, 205 |
| Genetic Algorithm-based process Variables and Dynamics Selection | 124 |

## 【H】

| | |
|---|---|
| Hampel identifier | 43, 169, 186 |
| Hotelling's $T^2$ 統計量 | 173 |

## 【I】

| | |
|---|---|
| ICA | 105, 190 |
| ICA-SVM | 107, 110 |
| Independent Component Analysis | 105 |

## 【J】

| | |
|---|---|
| JIT | 54, 57 |
| Just-In-Time | 54 |

## 【K】

| | |
|---|---|
| $k$-Nearest Neighbor | 116, 160 |
| $k$-NN | 116, 160, 206 |

## 【L】

| | |
|---|---|
| LASSO | 123, 204 |
| LCL | 185 |
| Least Absolute Shrinkage and Selection Operator | 123 |
| Lower Control Limit | 185 |
| LWPLS | 73 |

## 【M】

| | |
|---|---|
| MAD | 186 |
| Mahalanobis Distance | 153 |
| MBR | 3, 15 |
| MD | 153 |
| Median Absolute Deviation | 186 |
| Membrane Bioreactor | 3, 15 |
| MLR | 46 |
| Moving Hampel | 43 |
| Moving Window | 54 |
| MSPC | 173 |
| Multiple Linear Regression | 46 |
| Multivariate Statistical Process Control | 173 |
| MW | 54, 55 |

## 【N】

| | |
|---|---|
| Near Infrared Spectroscopy | 14 |
| NIR | 14 |

## [O]

| | |
|---|---|
| OCSVM | 116, 160, 207 |
| One-Class Support Vector Machine | 160 |
| One-Class SVM | 116 |
| Online Support Vector Regression | 100 |
| Online SVR | 72 |
| OSVR | 72, 100, 201 |

## [P]

| | |
|---|---|
| Partial Least Squares | 11 |
| PAT | 8, 15 |
| PCA | 173, 187 |
| PLS | 11, 193 |
| Principal Component Analysis | 173 |
| Process Analytical Technology | 8, 15 |

## [Q]

| | |
|---|---|
| QbD | 15 |
| Quality by Design | 15 |
| $Q$ 統計量 | 173 |

## [R]

| | |
|---|---|
| $r^2$ | 209 |
| RANGE | 116 |
| Range based approach | 116 |
| $r_{CV}^2$ | 209 |
| Real Time Release Testing | 14 |
| Receiver Operating Characteristic 曲線 | 146 |
| $RMSE$ | 209 |
| $RMSE_{CV}$ | 209 |
| $RMSE_P$ | 210 |
| ROC 曲線 | 146 |
| $r_P^2$ | 210 |
| RTRT | 14 |

## [S]

| | |
|---|---|
| SD | 151 |
| SG 法 | 166, 169, 186 |
| SPE | 174 |
| SQC | 185 |
| Squared Prediction Error | 174 |
| Standard Deviation | 151 |
| Statistical Quality Control | 185 |
| Stepwise | 123, 129, 204 |

## [S] (cont.)

| | |
|---|---|
| Support Vector Machine | 80, 105, 116 |
| Support Vector Regression | 11, 72 |
| SVM | 80, 105, 116, 195 |
| SVR | 11, 72, 198 |

## [T]

| | |
|---|---|
| TD | 54, 57, 150 |
| Tennessee Eastman Process | 176 |
| TEP | 176 |
| Time Difference | 54, 150 |

## [U]

| | |
|---|---|
| UCL | 185 |
| Upper Control Limit | 185 |

## [V]

| | |
|---|---|
| Variable Importance in the Projection | 195 |
| VIP | 195 |
| Virtual Methorology | 8 |

―― 著者略歴 ――

**船津　公人**（ふなつ　きみと）
1978 年　九州大学理学部化学科卒業
1980 年　九州大学大学院理学研究科修士課程
　　　　修了（化学専攻）
1983 年　九州大学大学院理学研究科博士課程
　　　　修了（化学専攻）
　　　　理学博士（九州大学）
1984 年　豊橋技術科学大学助手
1990 年　豊橋技術科学大学講師
1992 年　豊橋技術科学大学助教授
2004 年　東京大学教授
2011 年　ストラスブール大学招聘教授
2017 年　奈良先端科学技術大学院大学教授
　　　　（兼務）
2021 年　東京大学名誉教授
2021 年　奈良先端科学技術大学院大学データ
　　　　駆動型サイエンス創造センター長，
　　　　特任教授
　　　　現在に至る

**金子　弘昌**（かねこ　ひろまさ）
2007 年　東京大学工学部化学システム工学科卒業
2009 年　東京大学大学院工学系研究科修士課程修了
　　　　（化学システム工学専攻）
2011 年　東京大学大学院工学系研究科博士課程修了
　　　　（化学システム工学専攻）
　　　　博士（工学）
2011 年　東京大学助教
2017 年　明治大学専任講師
2020 年　明治大学准教授
　　　　現在に至る

ソフトセンサー入門 ― 基礎から実用的研究例まで ―
Introduction to Soft Sensors ― From Fundamentals to Practical Study Examples ―
Ⓒ Kimito Funatsu, Hiromasa Kaneko 2014

2014 年 7 月 31 日　初版第 1 刷発行　　　　　　　　　　　　　　　　　★
2023 年 6 月 25 日　初版第 2 刷発行

| | | |
|---|---|---|
| 検印省略 | 著　者 | 船　津　公　人 |
| | | 金　子　弘　昌 |
| | 発行者 | 株式会社　コロナ社 |
| | | 代表者　牛来真也 |
| | 印刷所 | 新日本印刷株式会社 |
| | 製本所 | 有限会社　愛千製本所 |

112-0011　東京都文京区千石 4-46-10
発行所　株式会社　コロナ社
CORONA PUBLISHING CO., LTD.
Tokyo Japan
振替 00140-8-14844・電話 (03) 3941-3131 (代)
ホームページ　https://www.coronasha.co.jp

ISBN 978-4-339-06633-3　C3043　Printed in Japan　　　　　　（横尾）

JCOPY ＜出版者著作権管理機構 委託出版物＞

本書の無断複製は著作権法上での例外を除き禁じられています。複製される場合は，そのつど事前に，出版者著作権管理機構（電話 03-5244-5088, FAX 03-5244-5089, e-mail: info@jcopy.or.jp）の許諾を得てください。

本書のコピー，スキャン，デジタル化等の無断複製・転載は著作権法上での例外を除き禁じられています。購入者以外の第三者による本書の電子データ化及び電子書籍化は，いかなる場合も認めていません。
落丁・乱丁はお取替えいたします。

# 計測・制御テクノロジーシリーズ

(各巻A5判,欠番は品切または未発行です)

■計測自動制御学会 編

| 配本順 | | | | 頁 | 本体 |
|---|---|---|---|---|---|
| 1. (18回) | 計測技術の基礎 (改訂版) —新SI対応— | 山崎 弘郎 田中 充 | 共著 | 250 | 3600円 |
| 2. (8回) | センシングのための情報と数理 | 出口 光一郎 本多 敏 | 共著 | 172 | 2400円 |
| 3. (11回) | センサの基本と実用回路 | 中沢 信明 松井 利一 山田 功 | 共著 | 192 | 2800円 |
| 4. (17回) | 計測のための統計 | 寺本 顕武 椿 広計 | 共著 | 288 | 3900円 |
| 5. (5回) | 産業応用計測技術 | 黒森 健一 | 他著 | 216 | 2900円 |
| 6. (16回) | 量子力学的手法によるシステムと制御 | 伊丹・松井 乾・全 | 共著 | 256 | 3400円 |
| 7. (13回) | フィードバック制御 | 荒木 光彦 細江 繁幸 | 共著 | 200 | 2800円 |
| 9. (15回) | システム同定 | 和田・奥 田中・大松 | 共著 | 264 | 3600円 |
| 11. (4回) | プロセス制御 | 高津 春雄 | 編著 | 232 | 3200円 |
| 13. (6回) | ビークル | 金井 喜美雄 | 他著 | 230 | 3200円 |
| 15. (7回) | 信号処理入門 | 小畑 秀文 浜田 望 田村 安孝 | 共著 | 250 | 3400円 |
| 16. (12回) | 知識基盤社会のための人工知能入門 | 國藤 進 中田 豊久 羽山 徹彩 | 共著 | 238 | 3000円 |
| 17. (2回) | システム工学 | 中森 義輝 | 著 | 238 | 3200円 |
| 19. (3回) | システム制御のための数学 | 田村 捷利 武藤 康彦 笹川 徹史 | 共著 | 220 | 3000円 |
| 21. (14回) | 生体システム工学の基礎 | 福岡 豊 内山 孝憲 野村 泰伸 | 共著 | 252 | 3200円 |

定価は本体価格+税です。
定価は変更されることがありますのでご了承下さい。

図書目録進呈◆

# バイオインフォマティクスシリーズ

(各巻A5判)

■監修　浜田　道昭

| 配本順 | | | 頁 | 本体 |
|---|---|---|---|---|
| 1.（3回） | バイオインフォマティクスのための生命科学入門 | 福永　津嵩　岩切　淳一 共著 | 206 | 3100円 |
| 2.（1回） | 生物ネットワーク解析 | 竹本　和広 著 | 222 | 3200円 |
| 3.（2回） | 生物統計 | 木立　尚孝 著 | 268 | 3800円 |
| 4.（4回） | システムバイオロジー | 宇田　新介 著 | 198 | 3000円 |
| | ゲノム配列情報解析 | 三澤　計治 著 | | |
| | エピゲノム情報解析 | 齋藤　裕　中戸　隆一郎 共著 | | |
| | トランスクリプトーム解析 | 尾崎　遼　松本　拡高 共著 | | |
| | RNA配列情報解析 | 佐藤　健吾 著 | | |
| | タンパク質の立体構造情報解析 | 富井　健太郎 著 | | |
| | プロテオーム情報解析 | 吉沢　明康 著 | | |
| | ゲノム進化解析 | 岩崎　渉 著 | | |
| | ケモインフォマティクス | 山西　芳裕・金子　聡子　岩田　通夫・海東　和麻 共著 | | |
| | 生命情報科学におけるプライバシー保護 | 清水　佳奈 著 | | |
| | 多因子疾患のゲノムインフォマティクス ―ゲノムワイド関連解析，ポリジェニックリスクスコア，ゲノムコホート研究― | | | |

定価は本体価格＋税です。
定価は変更されることがありますのでご了承下さい。

図書目録進呈◆